JN240788

エディトリアル技術教本 改訂新版

板谷成雄

本づくりを志すすべての人へ

本書は，2008年に刊行した『エディトリアル技術教本』（以下，前版）の改訂新版です。

前版の刊行から15年以上が経過したこの間，出版を取り巻く環境は大きく変貌しました。たとえば，前版刊行時には軌道に乗り始めたばかりだった「電子書籍」は，現在では有力な出版形態として定着しています。

出版物の製作環境もデジタル化がさらに進み，たとえば製版フィルムなどアナログ的なものが消えていき，新技術に取って代わられました。

こうした変化を受けて，前版の内容の中で時代にそぐわず役に立たなくなったものに修正を加え，現在の出版物製作の事情に合った内容に改訂する意図で，前版の構成はほぼ残しつつも全項目について再編集，再執筆したのが本書です。

出版社の編集者として，またフリーランスの装丁デザイナー・編集者として本の製作に携わってきた筆者の経験の中から，本づくりに必要な「普遍的な知識と知恵」を抽出して収録しています。今日のDTPによる本づくりにおいては，以前の活字組版〜写植版下の時代から変わらない知識もあれば，DTP技術登場以降に古い知識が淘汰され新しい知識として定着したものもあります。本書では，製作工程を中心に本づくり全体の知識を広く知るべきという趣旨のもと，部分に深入りすることを避け，さらに歴史的に集積されてきたことがらと，最新技術により実現可能なことがらとを，有機的に結びつけて理解できるように努めました。

本づくりについてはさまざまな文献が出版されており，Webサイトでも多様なノウハウが披露されていますので，工程の中のある部分にフォーカスした内容を習得したいのであれば，それらの情報が有用でしょう。そうした前提に立ち，本書ではあくまでも普遍的な知識を集約する，基礎的なことがら＝「素養」については本書1冊があれば済むというコンセプトのもと，アプリケーションの操作については最小にとどめ，特殊な加工技術などについても記述を控えました。各項目の内容については，それぞれ複数の文献などで裏付けをとるなど精査の上執筆しましたが，考察が足りず至らないところがあろうかと思います。ご指摘いただければ幸いに存じます。

本書が，編集者，エディトリアルデザイナー，その周辺の人たちにとって共通の認識となり，個々の実務者の技量・技術を上げ，本づくりを共に担う人同士の意思の疎通の向上に貢献できることを願っています。

2024年10月

板谷成雄

本書の内容と構成

本書は，「これから出版物の編集や製作に携わろうと考えている人」が，出版物やそれを構成する文字や画像そのものについて理解し，各工程における基礎的な知識＝「素養」を身につけられること，さらに，「すでに出版業務に携わっている編集者やデザイナー」などが，実務の中で基本を再確認できることを目指し，編集，製作業務全般においてのよりどころになるハンドブックとして役立ててもらうことを意図している。

業務の中で基本的な確認が必要なとき，独特の用語の意味を知りたいとき，各工程をそもそもどう考えるかを疑問に感じたとき，などなど，本書が解決に導けることは数多あると考えている。

出版には多くの工程があり携わる人も多い。出版物製作に携わる上では，企画から流通まで，各シーンでどういうことがなされるのか，ひととおりの知識を俯瞰した上でおのおのの専門分野に注力するのが望ましいと考える。そのような意識で本書は編纂された。

内容は，ごく普通の出版物製作での基礎的で普遍的な知識を集約したものであり，組版，レイアウト，造本などに工夫を凝らした出版物の製作ノウハウなどには言及せず，デザインの指南書でもない。また，コンピュータでの本づくり（DTP）におけるアプリケーションの操作法などもあまり紹介していない。それらについては専門の文献などを参照されたい。

＊　＊　＊

本書は9つのテーマで構成されている。

●本づくりの予備知識

出版物の構造や本づくりの流れを知り，出版には欠かせない印刷と製本の知識を得る序章。印刷技術の萌芽から現在のDTPに至る組版・印刷の発達史も基幹の知識として理解しておきたい。

●文字

出版物のメインをなすものは文字である。ここでは文字そのものについて把握すべきことを網羅した。製作工程では必須の文字校正についてもここに収録した。

●組版

出版物の製作は，まずは文字をどう並べるかを考えるところから始まる。ここでは文字のサイズ，1行の文字数，行数などからなる「版面」の概念を整理した。見出し，柱，ノンブル，注釈といった版面に付随する要素についても確認できるようにした。

●組版原則

文字を組むにあたっては数々の約束ごとがある。この組版原則の理解の有無が，読みやすい，読みにくいの分岐点になると言ってもいい。多くの類書では「文字」あるいは「組版」などの章に含まれている「組版原則」を本書ではあえて別立てとした。これが本づくりのいわばキモにあたると考えるからである。組版原則は，活字組版時代からの歴史を通して読みやすさ（と作業のしやすさ）を追求して先人たちが営々と培ってきた叡知の集積である。にもかかわらず，それがDTP組版時代への移行の中で必ずしもスムーズに伝承されてきてはおらず，DTPの初期には「DTPはきたない組版の代名詞」と言われたこともあった。アプリのなせるままに「流し込む」のではなく，能動的に「組む」という意識が重要である。編集者，デザイナーが組版原則の知識と知恵を包括的に習得することは，もっとも読みやすく，かつ，美しい組版の実現，ひいては出版物の品質の向上に大いに資するものといえよう。

●図表類・写真

文字とともに出版物の重要な要素である画像についての基本的知識をまとめた。

●色

カラーの印刷物をハンドリングする上で知っておきたい事項をまとめた。

●用紙

紙の製品である出版物の製作には欠かせない用紙の扱い方を理解するのは苦手という人が多い。大きさ，種類，用紙独特の数量計算などをまとめた。

●書体・記号

数多ある書体の中から主に普通の出版物に使われる書体をセレクトして簡易な見本帳とし，また，記号の適切な使用に資するためその種類や役割を整理した。

●資料

以上の各テーマに入れることのできなかった，装丁，加工，PDF，流通，原価計算，電子書籍，著作権，出版契約などの情報を網羅した。最後に本づくりの知識の獲得に役立つ多くの文献を紹介した。

contents

目次

▼色文字は図表

色

用　紙

書体・記号

＊本書に記載されている会社名，製品名はそれぞれが各社の商標および登録商標です。
＊本書では「™」「®」「©」などは割愛させていただきます。

本づくりの予備知識

structure of books and magazines

本の構造・紙(誌)面の構造

● 書籍の構造

①本文
②本扉（大扉）：書名・著者名が入る
③見返し（効き紙）：表紙と中味（本文）をつなぐ役目を果たすのが見返しで，表紙に糊付けされている側が効き紙。並製本では見返しがないものもある
④見返し（遊び）：見返しの本文側
⑤表紙
⑥カバー（ジャケット）：書名・著者名などの他，後ろ側には流通のためのバーコードや定価などが記される。本来は本を保護する役目のものだったが，現在は「本の顔」となっている。前側の折り返し部分を「前ソデ」，後ろ側の折り返し部分を「後ソデ」といい，内容・著者紹介・類書・近刊書・装丁者名などが入ることがある
⑦帯：キャッチコピー，推薦文，内容の抄録などが入る宣伝用の意味合いが強いが，天地幅を広くしてカバーと一体のデザインとし書名などを入れたものもある
⑧花布（はなぎれ）：上製本の本文の背の天地に貼られる補強・装飾用の布きれ。「ヘドバン」ともいう
⑨スピン（しおりひも）
⑩前表紙（表1）：本の始まり側の表紙のおもて
⑪前見返し：本の始まり側の見返し
⑫後表紙（表4）：本の終わり側の表紙のおもて
⑬後見返し：本の終わり側の見返し
⑭表紙の平（ひら）
⑮表紙の背
⑯みぞ：上製本の多くは表紙の開きをよくするため溝を入れる

● 雑誌の構造

⑰表1：前表紙のおもて

▼書籍の造本

書籍は，多くの場合はその本1冊限りのものであり，店頭には比較的長く置かれ，1冊に要する読書時間も長く，読まれたあとは書棚に置かれて保存される，あるいは図書館に所蔵され多くの人の手に取られる，という性質を持っている。
長期保存という点では，書籍にはカバーがあり，上製本や函入りがあるなど，保存性が考えられ，堅牢なものである。これは，本がいったん市場に出た後に出版社に返品されるものの，また注文などで再出荷されるといった流通の仕組みとも関連がある。
本文に関しては，文章量が多いため，比較的淡々としたオーソドックスなレイアウトがなされ，読み続けても飽きのこない組版，読書のじゃまをしないようなデザインが好ましい傾向にある。使われている書体はせいぜい2～3種類，本文はスミ(黒)1色刷が多い。

▼本の構造

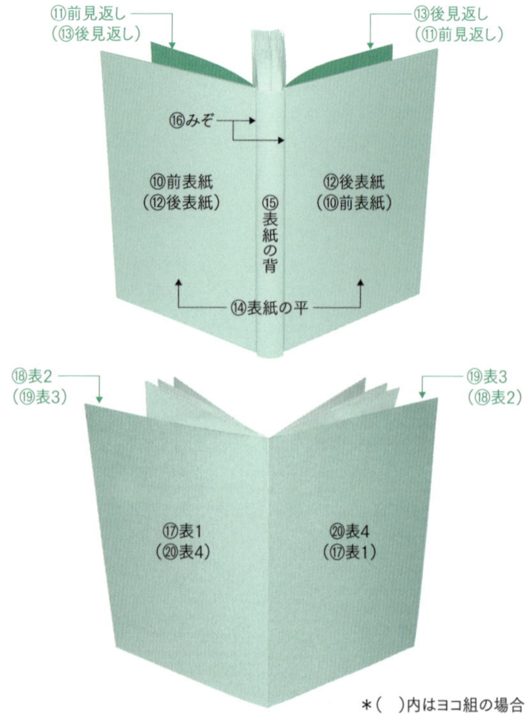

＊(　)内はヨコ組の場合

⑱表2：前表紙の裏
⑲表3：後表紙の裏
⑳表4：後表紙のおもて。雑誌では表2，表3，表4は広告に使われることが多い

● 紙(誌)面の構造

㉑天（天小口）：上側。「小口」とは「切り口」の意味
㉒地（地小口，罫下）：下側
㉓ノド：綴じられている部分
㉔小口（前小口）：左右の切口
㉕本文
㉖段（コラム）：雑誌では複数段になることが多い
㉗段間：中央に細線が入ることもある
㉘版面：「はんめん」あるいは「はんづら」といい，紙（誌）面上の本文スペースの全体を示し，レイアウトの基準となる。本文サイズ・1行の字詰・行数・行間のアキ・段数・段間のアキによって定まる
㉙柱：版面外の余白に置かれる。書籍では書名や章名など，雑誌では誌名・巻号や記事の表題などを記す
㉚ノンブル：ページを表す数字
㉛大見出し（タイトル・題字・表題）
㉜サブタイトル（副題）：表題を補完して内容をわかりやすくするもの
㉝リード：内容を簡潔にまとめた文章で本文への導入の役目を果たす
㉞著者名（筆者名）
㉟小見出し（中見出し）：本文を読みやすくするため，適宜入れられる見出し
㊱写真（角版）：形状が長方形などの写真
㊲写真（裁ち落とし）：天・地・小口いっぱいに余白なしでレイアウトされた写真
㊳写真（切り抜き）：物の輪郭などに沿ってトリミングされ背景を消した写真
㊴キャプション：図版類の説明書き
㊵表組

▼雑誌の造本

雑誌の多くは週刊，月刊といった定期刊行物で短命な出版物である。短期間でいかに読者をとらえるかが重要で，長期保存の性格が希薄なため，造本は簡易で脆弱である。

雑誌は比較的短い記事の集合体であり，広告も入り，1冊の中の変化がめまぐるしい。こういった性質を反映し，レイアウトは大胆で視覚に訴える傾向にある。紙（誌）面を構成する各要素の大小の比率が大きく，動きのあるデザインとなり，多くの書体が存在し，多様な飾りも使われる。

▼ムック（MOOK）

magazine（雑誌）とbook（書籍）の合成語で，雑誌と書籍の中間的な性質を持つ本。表4には書籍用のISBNコードを記したものがほとんどで，流通は書籍と同様の扱い（雑誌コードが併記されているものもある）。内容は書籍のように1つのテーマで成り立つものが多いが，造本は雑誌に近似し，多くの写真，ダイナミックな展開など雑誌的なレイアウトである。

▼紙(誌)面の構造

本づくりの流れ

出版物の製作工程は以下の通りである。

● 企画

読者対象を見据えて，いつ，誰に向けて，どのようなテーマ，内容で，どのような形の本をつくるのかを考える。同時に製作にかかる予算，部数と価格，製作にあたるスタッフ，販売方法などについても検討する。

● 素材集め

出版物は通常，文字（文章）原稿（テキスト）と写真・イラストレーション・図版など（ビジュアル）で構成されるが，それらを用意する。それぞれの専門家に依頼することになるが，予算や日程などの制約により編集者などが兼任する場合もある。

● 編集

集まった素材を企画の意図に合わせて構成する。テキストの順番や主従関係を定め，目次・台割表（ページの順序と内容・進行状況が一覧できる表）を作成する。

その上で見出しを付け，誤記を改め，表記の統一をし，疑問点の解決をする。

また，ビジュアルをどこにどのような「格」（扱う大きさなどのランク）で配置していくのかも決める。

● レイアウト（サムネイル～フォーマット）

編集から素材を受け取ったデザイナーは，編集の方針に従って文章・写真・図版などをページ上に配置しページを作成する。

まずデザインを推敲するために，「サムネイル」（thumbnail＝親指の爪ほど小さいものという意味）といわれる小さなスケッチを描いてみる。これは任意の紙に手描きし，ページの展開を俯瞰することができるものである。

サムネイルで推敲した上でレイアウトの方針を決める。この段階でデザイナーと編集者の間で，レイアウトの方針についての確認作業が行なわれる。その際にデザイナーは，「カンプ」（comprehensiveの略で，プレゼンテーション用に実際の印刷物に近い形で作製した体裁見本。現在はプリンタで出力し仕上りの大きさに切ったものが多い）を作製することもある。

▼台割表の例

折	ノンブル	内容
1折	1	本扉
	2	白
	3	まえがき
	4	まえがき
	5	まえがき
	6	白
	7	目次扉
	8	目次
	9	目次
	10	協力者名
	11	1章扉
	12	白
	13	1章本文
	14	〃
	15	〃
	16	〃
2折	17	〃
（中略）		
14折	218	〃
	219	あとがき
	220	あとがき
	221	索引
	222	索引
	223	奥付
	224	広告

▼出版物の製作工程

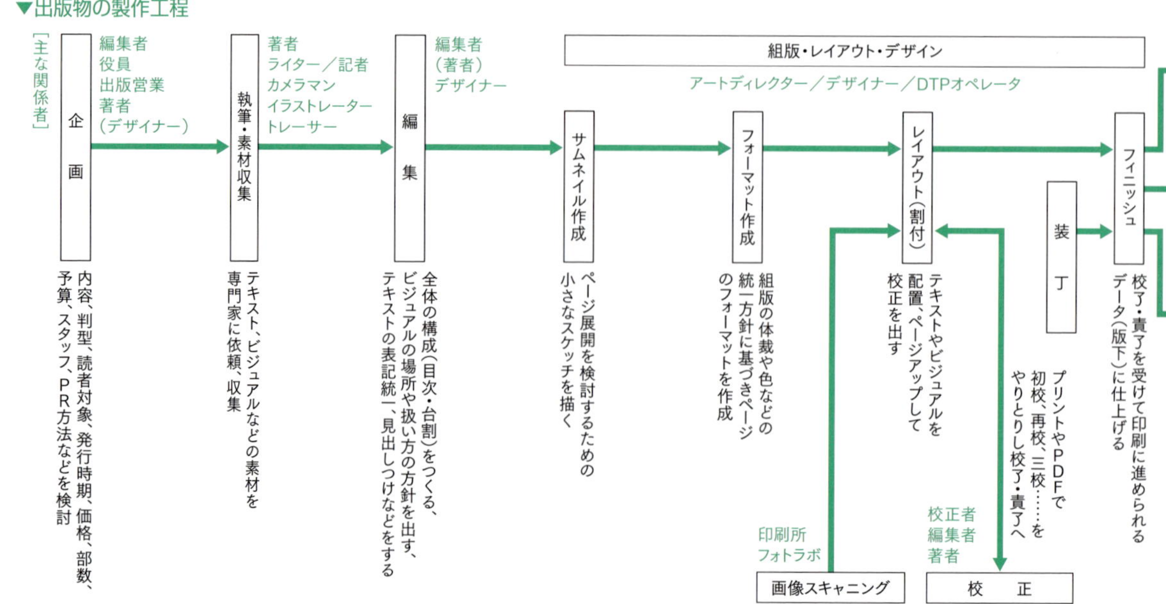

レイアウトの方針が定まったら，紙（誌）面のフォーマットを確定する。

本文の組方はもとより，見出しの体裁，余白，柱・ノンブル，写真の入れ方など，全ページ共通の要素の体裁を統一させ，レイアウトを進める基準を定めておく。また，色の使い方の方針もフォーマットの一部なので定めておく。

● レイアウト（割付～フィニッシュ）

フォーマットに従って，実際のテキストやビジュアルを具体的にページに配置していく作業がレイアウト（割付）である。

レイアウト用アプリケーション（以下，アプリ）を使い，ページを追いながら設定版面に合わせてテキストデータを流し込み，適宜画像データを配置していく。

レイアウトが完了した段階でプリントを出力（あるいはPDFを作成 参照▶156ページ）し，校正を行う。校正は通常は1～2回行なって「校了」あるいは「責了」になる。

レイアウトの校了後，製版・印刷工程に渡すためのデータ（版下）として仕上げるのがフィニッシュである。

● 製版～印刷～加工

フィニッシュされたレイアウトデータから実際にインキを付けて刷るための刷版を出力する。本番の印刷前に試し刷をして発色などを確認する色校正の工程が入ることもある。参照▶96ページ

刷版を印刷機にセットして印刷し，加工・製本工程を経て出版物はできあがる。

主として取次店を経由して全国の書店などに配布され，読者の手に渡る。

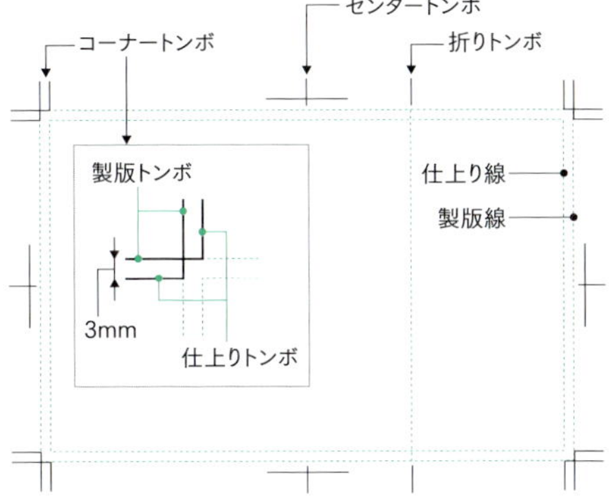

▼版下

印刷物の製作が現在のコンピュータを使うDTP工程に変わる以前は，「フィニッシュ」とは「版下」を仕上げることだった。四辺中央にセンタートンボ，四隅にコーナートンボを付した台紙に，写真植字でつくられた文字の印画紙を貼り込み，写真などの入るスペース枠を描き入れた台紙が版下である。

それにトレーシングペーパーを掛け，カラーなどの製版指定を書き入れた。

製版工程では，この版下をカメラで撮影し，写真をはめ込み，印刷色数分の製版フィルムを作製した。

現在は版下を作ることはほぼなくなったが，データであっても，かつての版下のようにセンタートンボ，コーナートンボなどを入れる。トンボは，0.1mm程度の細線である。

［センタートンボ］四辺の中央に置かれ，多色刷では各版が同位置に刷られているか（見当合わせ）の確認に使われる

［コーナートンボ］四隅に置かれ，仕上りを示す。通常は3ミリ幅で，内側（仕上りトンボ）が最終の仕上り，外側（製版トンボ）は，色面や写真などが裁ち落としになる場合にここまでレイアウトすることになる

［折りトンボ］ここで折られる目安となる

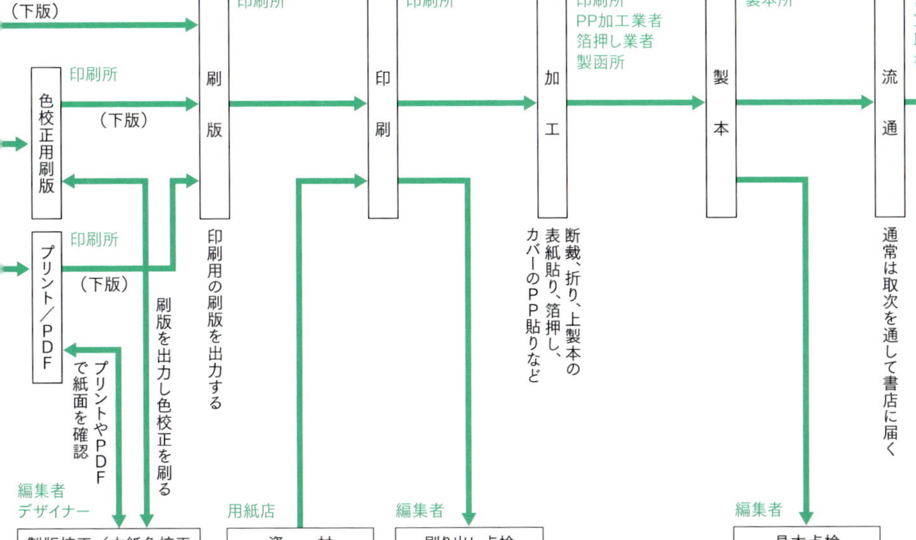

▼下版

組版，レイアウトのデータは校了／責了になると印刷に進められる状態にフィニッシュされ印刷工程に渡されるが，これを「下版」という。組版・製版部門を上階に，重い印刷機は1階など下階に設置している印刷所が多く，印刷用に整えられた版が上階の組版・製版部門から下階の印刷部門に「下ろされる」ところからこの語が発生したという説がある。

組版・印刷の歴史

●活字組版の時代

文字情報を大量に複製し広く頒布するという印刷～出版の技術は，15世紀半にグーテンベルク（独）が発明した「活版印刷術」を端緒とし現在につながる。それ以前の出版物は人の手で写して複製していたため少部数に留まり，政治家，宗教者，富裕層などしか手にすることができなかった。活版印刷術の発明によって，これが大衆の手の届くものになっていき，人類の知力の向上に大いに寄与するものになった。

グーテンベルクによる活版印刷は，活字合金（鉛，錫，アンチモンによる合金で，流動性があり固化時の収縮度が小さい）製の1文字1本の活字を鋳造し，それを並べて組版し，インキを付けて紙に転写するものである。文字の形を統一でき，印刷後にはばらばらに（解版）して再利用できるという長所を持っている。

活字は，グーテンベルク以前にも11世

▼活字と写植

［活字］

［手動写植の文字盤］

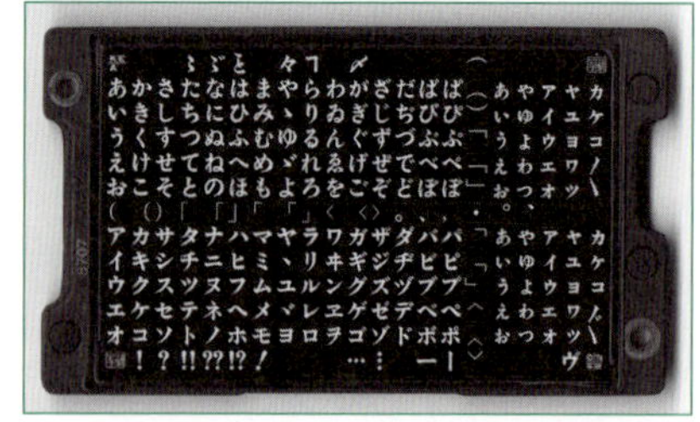

＊これは写研のアンチック体（かな書体）の文字盤

▼組版・DTP略史

105頃	蔡倫（中国後漢）が製紙法を確立
751頃	新羅（朝鮮）で「無垢浄光大陀羅尼経」印刷・刊行か（世界最古の印刷物）
770	日本で「百万塔陀羅尼」印刷・刊行（刊行時期が明確な世界最古の印刷物）
11世紀半	畢昇（中国北宋）が泥土を膠で固めた活字（陶製活字，膠泥活字）による印刷を発明したとされ，その後に木活字が発明される
13世紀	高麗（朝鮮）で金属活字が使われるようになったという記録が存在（1377年頃，現存する最古の金属活字印刷本『直指心体要節』刊行）
15世紀半	グーテンベルク（独）が活字合金による活版印刷術を発明（1455年頃，『四十二行聖書』〈グーテンベルク聖書〉刊行）
15～16世紀	アルド・マヌーツィオ（伊）が約20年間に約120点の本を刊行
17世紀	徳川家康が朝鮮伝来の銅活字を模した銅活字を鋳造し「駿河版」といわれる出版物を刊行
1798	ゼネフェルダー（ボヘミア）が石版印刷術（平版印刷の原型）を発明
1870	本木昌造が長崎に活版製造所を設立
1879	クリッチュ（チェコ）がグラビア印刷を考案
1904	ルーベル（米）がオフセット印刷機を考案
1924	石井茂吉，森澤信夫が邦文写真植字機を発明
1978	東芝がJW-10（初の日本語ワードプロセッサ）を発表
1984	Macintosh 128Kを発売（Apple），PostScriptを発表（Adobe）
1985	LaserWriterを発売（Apple），PageMakerを発売（Aldus／Desktop Publishingの提唱），イメージセッタにPostScriptを搭載（Linotype）
1986	Macintosh Plusを発売（Apple），漢字Talk 1.0が登場（Apple／日本語化）
1987	Macintosh IIを発売（Apple／カラー表示化），Illustratorを発売（Adobe），QuarkXPressを発売（Quark）
1988	FreeHandを発売（Aldus），NTTがISDNサービス開始
1989	Macintosh SE/30, IIcx, IIci，漢字Talk6を発売（Apple），LaserWriter NTX-Jを発売（Apple／日本語PostScriptフォント搭載プリンタ），PageMaker 3.0Jを発売（Aldus），QuarkXpress 2.0Jを発売（Quark）
1990	Photoshopを発売（Adobe）
1992	PDF（Portable Document Format）を開発（Adobe）
1993	Adobe-Japan 1-0を発表（8284グリフ），日本工業規格（現・日本産業規格）で「日本語文書の行組版方法」制定（JIS X 4051，現「日本語文書の組版方法」）
1994	PowerMacintoshを発売（Apple），Acrobat Readerを配布開始（Adobe）
1995	Windows95を発売（Microsoft／WIN-DTPスタート）
1997	OpenTypeフォントを発表（Microsoft, Adobe）
1998	iMacを発売（Apple），Windows98を発売（Microsoft）
1999	InDesignを発売（Adobe）
2001	MacOS Xを発売（Apple）
2002	LETSを開始（フォントワークス／フォントの定額制サービス）
2003	Adobe Creative Suiteを発売（Adobe CS／Illustrator, Photoshop, InDesign, GoLive, Acrobatが1パッケージに）
2005	MORISAWA PASSPORTを開始（モリサワ／フォントの定額制サービス）
2007	1965年に定められたJIS「印刷校正記号」（JIS Z 8208）が改訂される，iPhoneを発売（Apple），Amazon Kindleを発売

2010	iPadを発売（Apple），この年「電子書籍元年」といわれる
2012	日本版Kindleストアを開設（Amazon），Adobe Creative Cloud（CC）（DTPアプリの定額制サービス）を開始（翌年Adobe CS終了）
2019	Adobe-Japan 1-7を発表（23060グリフ）
2024	写研書体がOpenType化されモリサワから順次リリース開始

紀半の中国で陶製活字が，13世紀の朝鮮で銅活字がつくられているが，世界的な普及には至っていない。文字数の多い漢字文化圏では木版印刷が主流であった。

日本では，幕末～明治維新期に近代の活版印刷の技術が実用化された。

● 写真植字（写植）～オフセット印刷へ

この本来の活字による組版・印刷は，1970年代までは主流であったものの，活字の保管スペースが必要で，組版が重い，技術の修得に時間がかかる，後継者難などの理由で，1960年代から急速に発展してきた写植による組版～版下製作～オフセット印刷に取って代わられるようになる。

写植は，ネガ状の文字を並べた文字盤に光を通し，文字の像を印画紙に焼き付けるものである。文字盤と印画紙の間に拡大・縮小・変形のレンズがあり，さまざまな大きさや変形の文字をつくることができた。

1980年代になると，写植の主流が手動からコンピュータ制御による電算写植に変わる。電算写植はさまざまな組体裁に柔軟に対応でき，大量の文字情報の処理が簡易になり，出版物の組版に積極的に導入されるようになった。さらにコンピュータ制御のスキャナ，画像処理システムと結合することにより，トータルな組版～レイアウト～製版システムが構築された。

● Desktop Publishing（DTP）

1984年にApple Computer社がパーソナルコンピュータMacintoshを発表，85年にプリンタのLaserWriterを発表した。これは，前年にAdobe Systems社が発表したPostScript（ポストスクリプト）というページ記述言語（出力のためのプログラム）の仕組みを取り入れたプリンタで，画面表示のままに印刷できるものであった。同年にAldus社がレイアウト用アプリケーション（アプリ）のPageMakerをリリース，これは文字組版とともに画像を取り込むことができ，同社は“Desktop Publishing”というキャッチフレーズを提唱，DTP時代が幕を開けた。その後定番アプリのIllustrator，QuarkXPress，Photoshopが登場，DTPでの出版物製作の流れが加速した。

DTPは，出版物の素材である文字と画像をデジタル化し，組版～レイアウト～製版の工程をシームレスにしたものである。大きな設備や人的投資が不要で，やがてマシンやアプリの性能が従来工程（電算写植）に匹敵するほどに向上し，また廉価になったことで，従来工程を完全に凌駕した。

DTPは，印刷前の工程を一貫してコンピュータで行うという意味で，“Desktop Prepress”であるともいわれている。

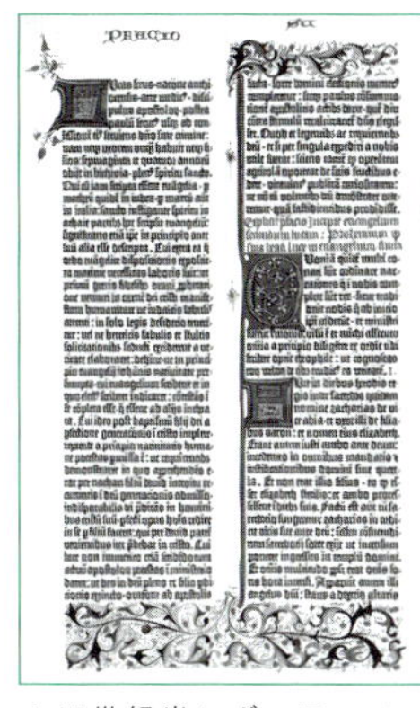

＊15世紀半にグーテンベルクにより印刷・刊行された『四十二行聖書』（『グーテンベルク聖書』とも言われる）の一葉。活版印刷術による西洋初の印刷聖書。書体は本書以前の筆写により作られていた「写本」の文字に類似しており，写本同様の華麗な装飾も施されている。以降15世紀内に刊行された初期活版印刷本のことを「インキュナブラ」（揺籃期本）という

「コデックス装」の由来は？　現在の本は，一定量の紙が綴じられ表紙が付けられた形態をしている。この形態の起源をたどれば，4世紀頃の古代ローマにさかのぼることができる。書写本の形態が，それ以前の主流だったパピルスなどをつなぎ合わせた巻物状（rotulus）から冊子状（codex）に変わったのである。『出版事典』（出版ニュース社）には，「コーデックス codex ラテン語で樹幹を意味し，起源的には蠟板（ろうばん）図書が木の板からできているので，これをコーデックスと呼ぶところからその名が起こった。古代ローマ人は，その発明した蠟板の図書形式をパピルス，パーチメントにも応用し，このため従来これらは巻子本形式であったのが折冊型の図書に一変した。以後この形式の図書を一般にコーデックスと称し，中世以来多くの貴重なコーデックスが伝承された。この書形はまた今日の紙本に受継がれた。」とある。
ところで最近，開きのよい製本様式として「コデックス装」なるものが普及してきている。なぜ「コデックス装」なのか，その由来を調べたが詳細は不明で，日本でだけの名称のようでもある。本の大半が本来の「コデックス＝綴じた冊子本」なのに1つの製本様式のみを「コデックス装」と称してよいのか？　大いにもやもやしているのは筆者だけだろうか。参照▸22ページ

DTPシステムの構築

DTPによる出版物の製作には，ハードウェアとソフトウェア（アプリケーション）を揃える必要がある。

● DTPに必要なハードウェアなど

①パソコン：MacintoshでもWindowsでも構わない。現在は双方間のデータの授受が可能で，アプリの操作も同様である。DTPでは容量の大きい写真データなどを扱うので，高性能のマシンが望ましく，メモリ（RAM）の容量も大きくしておく

②入力装置：マウス，キーボード，ペンタブレットなどがある。ペンタブレットは図版のトレースやイラストレーションの描画に有用

③スキャナ（入力）：反射原稿（紙焼），透過原稿（ポジフィルム）双方に対応するものを用意

④モニタ（出力）：A4判見開き（＝A3判）がストレスをあまり感じることなく表示できる24インチ以上が望ましい

⑤プリンタ（出力）：大量のページを高速でプリント可能なレーザープリンタが望ましい

⑥外部記憶装置：パソコンの内蔵ディスクの容量補完とデータのバックアップ（複製）のための外付HDD（ハードディスクドライブ）やSSD（ソリッドステートドライブ），データの持ち運びに多用されるUSBメモリなどが必要

⑦クラウドストレージ：オンラインストレージ。インターネット上でのファイル共有サービスと契約すれば，ファイルの転送，データのバックアップ，他のパソコンとのデータ共有に有用

⑧通信環境：さまざまなデータをインターネットで授受するため，FTTH（光通信回線）やWi-Fiサービスと契約する

⑨LAN：複数のパソコンを使う場合は，パソコン間のデータのやりとりや，プリンタ，通信の共用のためにLAN（Local Area Network）を構築する

⑩サブマシン：メインのパソコンを補完するためのサブマシン（たとえばメインがデスクトップ型ならばサブはノート型にするなど）があればメインマシンに不具合が生じた場合などに対応が可能。また2つのパソコンを同時に稼働させて効率よく作業ができることもある

⑪タブレット：「準サブマシン」ともいえ，通信やネットブラウズはもちろんのこと，テキスト原稿の入力，スタイラスペンとの併用でPDFでの校正入力，写真撮影などができる

⑫スマートフォン：簡単なテキスト入力，写真撮影が可能

⑬デジタルカメラ

● DTPに必要なアプリケーション（アプリ）

①Adobe Illustrator：ドロー系アプリで，図形をベクトルデータで描く。グラフ，イラストレーション，線画などの作成に使う

▼ハードウェアの構築

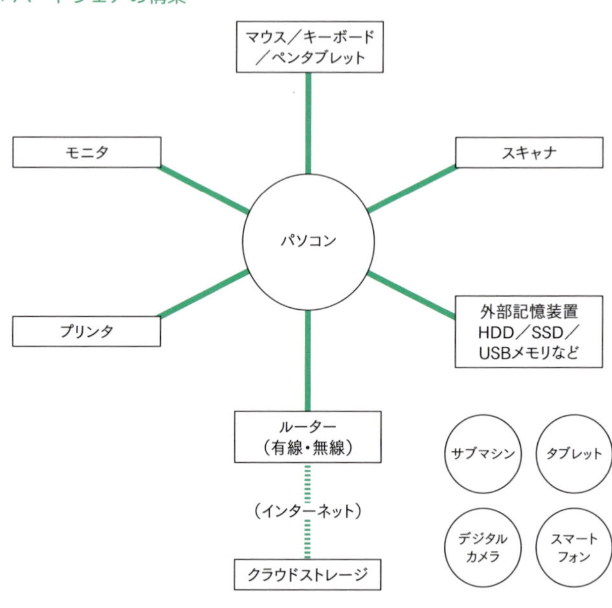

②Adobe Photoshop：ペイント系アプリで，写真など階調原稿のレタッチ，モード変換，イラストレーションの描画などに使う

③Adobe InDesign：レイアウト用アプリの主流。テキストを組み，図版を割付ける機能，図版を作成する機能，出力機能などを有する

以上の3つのアプリはいずれもAdobe社もので，「(現在の) DTP三種の神器」と称されるが，2012年以降はAdobe Creative Cloud (CC) として毎年 (月払いもあり) 使用料を支払うサブスクリプション (以下サブスク，定額制) で供給されている。Adobe CCにはこれらの3アプリに加えてPDFを扱うAcrobat Proなども含まれている (それぞれ単体での利用も可能)。

④フォント：書体。明朝系，ゴシック系，欧文，記号フォントなどを揃える。DTPの黎明期から年月を経てさまざまなフォント形式が生まれたが，現在はOpenType形式がスタンダード。DTPで広く使われているフォントは，サブスクで供給されているものが多い

⑤ワープロおよびエディタ：テキストデータの作成用

⑥Acrobat Pro：PDF作成・閲覧用。印刷用データをPDF形式で入稿するのが主流になりつつある

⑦Adobe Acrobat Reader：PDF閲覧用でAdobe社が無料で提供している。PDFによる校正作業が可能 参照▶156ページ

⑧Microsoft Office：ビジネス用の定番アプリ群で大多数のユーザーが使用。Word (ワープロ)，Excel (表計算)，PowerPoint (プレゼンテーション) などが含まれており，テキスト，表組，図版など出版物の素材はこれらのアプリで作成されることが多いのでDTP作業側でも用意しておくとよい。サブスクでの供給もある。なお，Microsoft Officeのアプリでは通常流通している紙の書籍・雑誌などの出版物のデータを作成することは不可能に近い

⑨メールアプリ，Webブラウザ，辞書など

▼あると便利なアプリ

[OCR] 印刷物，コピーなどから文字を読み込んで，編集できるデジタルテキストデータに変換する

[圧縮・解凍] 圧縮アプリは大容量のデータをディスクに保存・送信するために圧縮して容量を小さくするもの。解凍アプリは圧縮データを元に戻すもの。OSの標準機能の他に無料アプリも多い

[バックアップ] 日時を定めておくと外付の記憶装置などに自動的にバックアップをしてくれる

[メンテナンス] マシンの不具合を解決するためのもの

[ウィルス防止] コンピュータウィルスを検知しデータを保護するもの。インターネットに常時接続する環境には必須

「道具」は簡単には捨てられない

筆者はフリーランスのデザイナー・編集者だが，受注先の出版社から (多くが「印刷所からの要請」という理由で) 使用アプリのバージョンを印刷所のそれに合わせてほしいという要望を受けることがしばしばある。かつては最新バージョンで納品したら古いバージョンでないと「事故がこわいから対応できず」と言われ，最近は逆に古いバージョンだと「事故がこわいから受け付けられない」と言われ……。

最新バージョンに入れ替えるならば，アプリの対応OSによってはコンピュータから買い換えないといけないこともある。となると新OSに対応していない周辺機器や，DTP関連以外のアプリも使えなくなることが多々生じるので，連動してそれらも買い換えになる。こうなるとフリーランスの身としては苦しい出費を覚悟せざるを得ない。

外からの要請で手に馴染んだ道具を捨てなくてはならない実情は常々疑問に感じるところだ。建築や料理はじめ道具を使う数多の職人さんたちは，使いやすく細工をし手垢の染みついた道具を何十年も使い続け素晴らしい成果を生み出している。誰かからその道具を捨ててこちらを使えと言われることはない。

デザイナーもコンピュータやアプリを使いやすいようにカスタマイズし，操作が手に馴染み，クライアントの要望にかなう，あるいはそれ以上の品質のものを生み出してきているという点では道具を使いこなす職人さんたちと同様だ。長年手塩にかけて育てまだまだ使える「道具たち」を，自分の意志によらず処分しなければならないのは堪えがたいことだ。

さらに，現在はDTPに限らず主要なアプリは年間などの使用料を支払って利用するサブスクが主流になっている。それぞれのアプリを単独で買うと割高なので統合型を選ぶことになるが，使わないアプリがごっそりぶら下がっているのは無駄な出費を強いられているようでもやもやする。

フォントのサブスクも同様で，仕事で使うフォントは (筆者の場合は) 50書体にも満たないのに，サブスクでは一生に一度も使わないフォントが何百もぶら下がっており，メーカーはその数の多さを誇っている。気に入ったフォントを購入・所有して長く使う方が効率もよいと思うが，主たるフォントメーカーは購入という選択がないかしにくくしているように思える。

フリーランスの外注費は不況になれば下げられる，好況になっても据え置かれる，収入を維持しようとすれば多くの仕事を受注するも，イコール，働く時間が長くなる……が実情だが，かようなアプリやフォントを巡る状況もさらなる過負担を生み，状況をより悪化させる後押しをしているように感じられてならない。出版を支える内製外注問わず編集者，デザイナー，校正者……そういう人たちをじわじわと疲弊させる構造は，今出版が総じて元気がないことにどこかで大いに繋がっているように思えてしまうのだ。

書籍の構成要素・判型

●書籍を構成する要素の順序

書籍の中味(内容)は，本文の前後に前付(まえがき，目次など)，後付(付録，あとがき，索引，奥付など)が置かれて1冊を構成する。

前付～本文～後付の各要素の並び順はおおむね右表の通りとなるが，書籍の内容や読者対象などによって，順序が入れ替わったり，省略されることも多い。

表中の「改丁」は，必ず次の奇数ページ(タテ組では左ページ，ヨコ組では右ページ)から始めよという意味，「改ページ」は，必ず次のページから始めよという意味である。この他に「改段」もあり，これは必ず次の段から始めよという意味である。

改段＜改ページ＜改丁の順に区切りの強さが増す。1冊の中での部・章・節などまとまりの大きさとこれらの区切りの強さが対応するように構成する。

改丁が増えるとページ数が増えるので，全体のページ数の都合(書籍の総ページは必ず偶数となり，16ページ，8ページといった単位で印刷・製本をするため，総ページの調整が必要)で改丁を改ページへなどランクを下げることもある。同様の理由で，前付，後付の各要素の順序を入れ換える場合も多い。

なお，編集工程での「本文」(ほんぶん，ほんもん)とは，前付，後付を除いた，主たる内容が記述された部分のことを指すが，製版～印刷～製本工程で「本文」といった場合は，カバー，表紙，見返しなどを除いた，本の中味のすべてを指す。工程によって「本文」の概念が違うので注意が必要である。

●判型

印刷物の大きさのことを「判型」という。

多くの出版物は長方形で，それらの長辺と短辺の比率はほぼ一定である。また多くの書籍や雑誌は，大きさや形が何種類かに限られている。

▼書籍の内容の順序例

前付	本扉	改丁	「大扉」ともいい，カバー・表紙などとともに装丁の一部。書名，著者名，出版社名などが入る。本来は本文と同じ用紙（本文共紙）にするが，日本では別の用紙（別丁）にする場合も多い。本扉の前に書名のみを入れた「前扉」（ステ扉）を入れる場合もある
	版権記載	改ページ（本扉裏）	翻訳書では，本扉裏に原書名，著者名，出版社名，翻訳エージェント名などの表示義務事項の記載が多い
	口絵	改丁	通常は本文用紙とは別のコート紙（別丁）などに印刷される。本扉が本文共紙の場合は，口絵は本扉の前に置かれることもある
	献辞	改丁／改ページ	「本書を○○氏に捧げる」などの文言を入れる。本扉裏に入れる場合もある
	序文	改丁／改ページ	「まえがき」「はしがき」「序」としたり，あるいは独自の見出しを付けることもある。「謝辞」が入ることがある。版を改めた改訂版では最新版の序文を冒頭に置く
	凡例	改丁／改ページ	学術書，辞・事典などで，用語や記述方法を一覧で説明する。小説などの登場人物紹介なども凡例の一種
	目次	改丁／改ページ	見出しにページを付けて検索できるようにしたもの。図版や表組の目次が添えられることもある。目次の前に「目次扉」（改丁）を入れることもある
	協力者名		装丁，イラスト，図版作成，DTP作成，編集プロダクションなど，協力者をまとめて表示。目次の末尾や，本文の前に書名のみの扉を立て，その裏に入れる
本文	中扉	改丁	本文がいくつかの部や章に分かれる場合に，その区切りとして立てる扉が中扉である。大見出しの文字以外にもイラストなどを配する場合がある。中扉は次ページを白ページとする「裏白」が原則だが，裏から本文を始める「裏起こし」もあり，これを「半扉」という
	本文	改丁／改ページ	書籍の主たる内容が綴られる部分。適宜大見出し，中見出し，小見出し，注釈などが付けられる
後付	付録	改丁／改ページ	年表（年譜），後注，参考文献などの資料
	あとがき	改丁／改ページ	「跋文」（ばつぶん）「跋」「奥書」としたり，あるいは独自の見出しを付けることもある。翻訳書では原書の解説などが記される。「謝辞」が入ることがある。文庫本では他の作家による推薦文などになることがある
	索引	改丁／改ページ（タテ組の本でもヨコ組）	事項を検索するために付けられ，学術書やハンドブックなどには不可欠。本文がタテ組でも索引ページはヨコ組になるため，ノンブルは，本文から通しのものと索引ページのみのものとが併記されることが多い
	奥付	改丁／改ページ	書名，発行日，版数，刷数，著者名，出版社名（所在地），印刷所，製本所，装丁者，著作権表示（著作権者名・発行年など），ISBNコードなどがまとめて記される。著者略歴や協力者名がここに記されることもある
	広告	改ページ	関連書，近刊，シリーズ本などの広告。印刷の都合で総ページ数の調整のために白ページを付す場合もある

たとえば週刊誌はB5判，単行本はA5判，B6判などというように，ジャンルによって使われる判型には一定の傾向がある。

これは，日本産業規格（以下，JIS）が定める「紙加工仕上寸法」（JIS P 0318）に則って製作されているものが多いからである。参照▶100ページ

● 規格判

JISの「紙加工仕上寸法」に則った判型を「規格判」という。近年のチラシやダイレクトメール，パンフレット，カタログの類では，国際的な規格に則って定められたA列系統（特にA4判）の印刷物が増えている。

● 変形判

規格判を基準とし，その天地や左右を伸ばしたり縮めたりした判型を総称して「変形判」といい，「A4判変形」などと呼ぶ。

写真などが多いファッション雑誌（A4判変形）や，コンピュータのマニュアル本（B5判変形）などが代表的なものである。

変形判で使う原紙は基準となる規格判と同じである。ただし，天地や左右を縮めるかぎりでは問題ないが，伸ばす場合は原紙の大きさによっては印刷面が適切に取れるかどうかの精査が必要になる。原紙の端は印刷機に通すために必要な余裕を確保しなければならず，また，裁ち落としの写真や色面があればその分の余裕幅が必要になる。参照▶101～102ページ

変形判の印刷物の製作にあたっては，必ず仕上寸法を明確にしておくべきである。

● 規格外判型

変形判は規格判を基準にした判型で，使う原紙も規格判と同様だが，それとは別に，日本の伝統的な出版物の寸法の流れを受け継ぐものや，規格判の変形では意図する紙面づくりができないもの，外国の判型を真似たもの，などの独自の寸法が考案されている。これらを「規格外判型」といい，「新書判」などがその代表である。

規格外判型の寸法は，JISに定められておらず，出版社，印刷所などで寸法の理解に食い違いがあるため，仕上寸法を明確にしておく必要がある。

● その他の判型

出版物以外ではポスター，はがき，封筒，CDジャケットなど，あらかじめ定められた判型が存在する。参照▶160ページ

▼版と刷

書籍の奥付には「初版第1刷」などのように版数，刷数が表記される。
「刷」は，増刷の度に「第2刷」「第3刷」と更新されるものであるが，「版」は，内容の大幅な訂正がある場合に更新されるものである。よって，「版」が更新されると「刷」は最初からになり，「第2版第1刷」となる。また，「改訂（新）版」「増補版」などの表記が使われることもある。参照▶165ページ

▼菊判と四六判

規格外判型に「菊判」「四六判」があるが，この名称は原紙にも使われている。

[菊判] A5判より若干大きい（左右152mm×天地218mmなど）。現在はあまり使われないが，戦前期の書籍では多く見られた判型である。菊判の由来は，新聞用紙としてアメリカから輸入した原紙に付いていたダリアの商標が菊花に似ていた，新聞の「聞」（きく）にちなみ菊花の印を付けた，などの説がある

[四六判] B6判より若干大きい（左右128mm×天地188mmなど）。現在の多くの一般書籍に使われている。かつて日本の度量衡で使われていた尺貫法では，この寸法の書籍が「左右四寸二分，天地六寸二分」であったため，「四六判」と呼ばれるようになったといわれる

▼判型と代表的な用途

判型	種類	仕上（mm）	使用原紙	代表的な用途	備考
B4判	規格判	257 × 364	B列本判／四六判	美術書，地図，グラフ雑誌	
A4判	規格判	210 × 297	A列本判／菊判	美術書，地図，ファッション雑誌	
AB判	規格外	210 × 257	AB判	女性週刊誌，ムック	左右がA4，天地がB5
B5判	規格判	182 × 257	B列本判／四六判	辞典・事典，地図，技術書，（男性）週刊誌	
菊判	規格外	152* × 218*	菊判	文芸書	A5判よりも若干大きい
A5判	規格判	148 × 210	A列本判／菊判	学術書，専門書，教科書，総合誌，文芸誌	
四六判	規格外	128* × 188*	四六判	一般書籍（単行本），文芸書	B6判よりも若干大きい
B6判	規格判	128 × 182	B列本判／四六判	一般書籍（単行本），文芸書	
小B6判	規格外	110* × 176*	B列本判／四六判	文芸書	
新書判	規格外	105* × 173*	B列本判／四六判	新書，ノベルス	「B判40取」ともいう
A6判（文庫判）	規格判	105 × 148	A列本判／菊判	文庫本，ハンドブック	

*菊判，四六判，小B6判，新書判の仕上寸法は，それぞれ代表的な例。左右寸法，天地寸法とも数種類のバリエーションが存在する

印刷・インキ

印刷とは，①版に，②インキを付け，③紙などに転写して同じ情報を大量に複製する技術のことで，①②③を「印刷の3要素」という。

印刷方式は版の形状によって，凸版印刷，平版印刷，凹版印刷，孔版印刷があり，総称して「4版式」というが，現在の紙の印刷物の多くは，このうちの平版印刷の代表であるオフセット印刷で刷られている。

● オフセット印刷

オフセット印刷は，版に凹凸のない平版印刷の代表である。印刷機は，版胴，ゴム胴（ブランケット胴），圧胴の3つの部分から成り立っている。

DTPのフィニッシュデータからアルミ製の刷版を出力するが，この刷版は画線部（インキが乗る部分）が親油性に，非画線部が親水性になる。刷版を印刷機の版胴にセットし，まず湿し水を塗布し，その後インキを塗布すると，親水性の非画線部に水が，親油性の画線部にインキが乗る。

版胴がゴム胴に接すると，インキがゴム胴に転写され，さらにゴム胴と圧胴の間に紙を通すと，ゴム胴上のインキが紙に転写され，印刷される。版胴上のインキがいったんゴム胴に転写され（off），それが紙に転写される（set）ので「オフセット」という。

紫外線の照射で瞬時に硬化・乾燥するUVインキを使用する「UVオフセット印刷」が普及しつつある。用紙にインキが浸透して濃度が低下する「ドライダウン」が防げ，乾燥時間の短縮化で後加工へのタイムロスがなくなるメリットがあるが，油性インキよりも光沢性が劣る，設備やインキが高価などの課題がある。

● 凸版印刷

画線部が凸状に出っ張っており，そこにインキを付けて紙に転写するもの。金属活字で組版していた時代の主流で，500年以上の歴史があるが，組版に活字自体が使わ

▼オフセット印刷

［刷版］

▼CTP

プレートセッター（刷版出力機）を使い，DTPデータから直接刷版を出力することをCTP（computer to plate）という。かつての刷版は，版下やデータから「製版フィルム」を作製し，それを感光剤が塗布されているアルミ製のPS版（pre-sensitized plate）に密着露光して作製していたが，CTPに取って代わられた。

［オフセット印刷機］

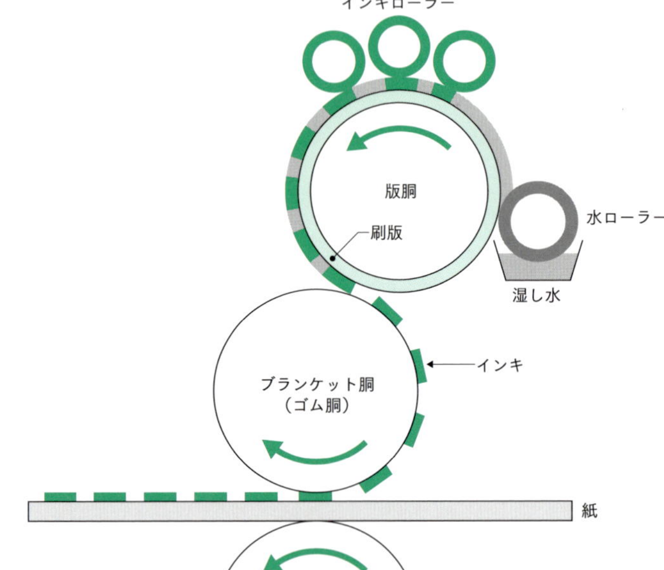

▼凸版印刷

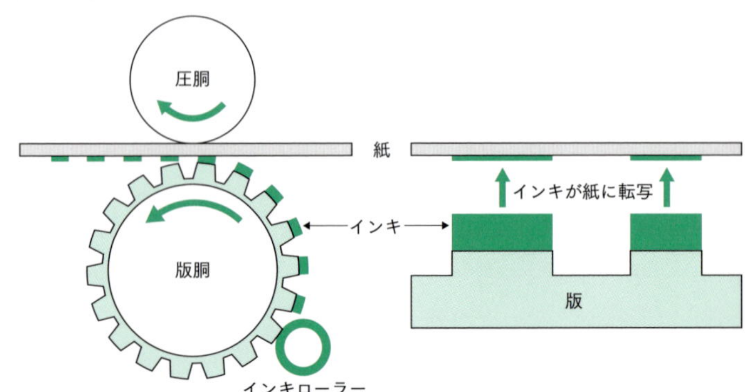

れなくなったので出版物でのシェアは非常に小さくなった。現在は樹脂製やゴム製の凸版によるダンボールへの印刷，名刺などの小規模な印刷で使われている。

● 凹版印刷

画線部が凹状にへこんでおり，そこにインキをつめて紙に転写するもの。代表はグラビア印刷で，シリンダー状の刷版に凹部（セル）があり，その深浅により階調を表現する（写真凹版）。写真の階調がきれいに出るので，雑誌の写真ページ（グラビア）に使われていたが，オフセット印刷の品質が向上するに従い，出版物での使用は減った。

紙幣，有価証券，切手などにも凹版は使われている。版は手彫りや機械彫り（薬品による腐食併用も）による「彫刻凹版」である。

● 孔版印刷

画線部に穴があいており，インキがその穴を通って紙に転写される方式。かつての謄写版やプリントゴッコ，スクリーン印刷がその代表で，垂れ幕，幟，看板，スクラッチカードなどの印刷に使われる。また，盛り上げ印刷などの特殊印刷に使われている。金属やプラスチックといった紙以外の素材や曲面などにも印刷ができる。

● インキ

インキは色材，ビヒクル（vehicle），助剤（添加剤）の3つの要素から成り立っている。インキには印刷時には流動性，印刷後には速乾性・固着性という相反した性質が求められるため，配合は複雑である。

色材は，インキに色を与えるもので，顔料が使われ，天然鉱物由来の無機顔料と石油などから合成される有機顔料とがある。

ビヒクルは，顔料に流動性を与え，紙の上に運び，紙上では乾燥させ固着させる役目を果たすもので，樹脂，油脂，溶剤などを組み合わせる。

助剤は，乾燥性の調整，被膜強化，粘度調整などのために添加される物質である。

▼凹版印刷

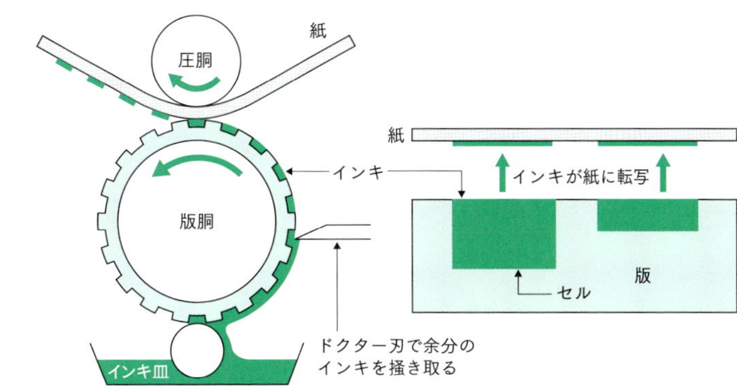

▼孔版印刷

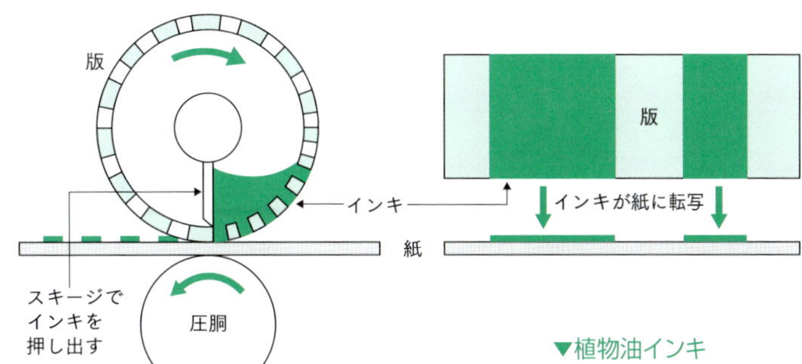

▼インキの組成

色材	無機顔料	チタン白，紺青，カーボンブラックなど
	有機顔料	ジアゾイエロー，カーマイン6B，フタロシアニンブルーなど
ビヒクル	天然樹脂	ロジン，ギルソナイトなど
	加工樹脂	ライムロジン，エステルガムなど
	合成樹脂	フェノールレジン，アルキドレジンなど
	植物性乾性油	アマニ油，桐油など
	鉱物油	モビール油，スピンドル油など
	高沸点溶剤	灯油など
	低沸点溶剤	トリオール，アルコール，エステルなど
助剤（添加剤）	ワックス	カルナウバ，パラフィンなど
	流動性の調整	レジューサー，コンパウンド，ゲルニスなど
	乾燥性の調整	ドライヤー，乾燥抑制剤など
	被膜の強化	ポリエチレン系など
	裏移り防止	コーンスターチなど
	色濃度の調整	メジウム
	耐擦性の調整	耐摩擦コンパウンド

▼植物油インキ

従来のインキは石油ベースであるが，1970年代のオイルショック以後，石油系に代わるものとして大豆油が着目され，それを使った印刷用インキが普及した。その後，大豆油のバイオ燃料への利用拡大や食用大豆の使用への批判もあり非食用の植物油も使われるようになった。2008年に「植物油インキ」(vegetable oil ink）の定義・基準・マークが制定され，以降普及した。原料は植物由来で再生産可能な亜麻仁油，桐油，ヤシ油，パーム油などや，廃食用油をリサイクルした再生油である。
植物油インキを使用した印刷物には，印刷物に「植物油インキマーク」を表示できるが，マークの使用には印刷インキ工業会への使用許諾申請が必要。
また，米ぬか油を溶剤原料とした「ライスインキ」も普及しつつある。原料を国産でまかなえるのが特徴。

＊実際の色は濃緑

● 製本の種類

製本の種類には大別して上製本（ハードカバー，本製本）と並製本（ソフトカバー，並装本，仮製本）とがある。上製本は芯ボールに紙やクロスを貼った表紙を，綴じた本文にかぶせて製本する。並製本の表紙は1枚の紙やクロスである。

製本の種類は多様だが，実際の書籍，雑誌の大半は，製造工程が機械化されている一部の製本様式（上製本では「丸背みぞつき」「角背みぞつき」など，並製本では「くるみ」「がんだれ」「中綴じ」など）に限られる。その他では一部あるいは全部が手作業になる。

● 本文の綴じ

本文の綴じは，糸や針金を使う「有線綴じ」と接着剤を使う「無線綴じ」に分かれる。

［有線綴じ］

①糸かがり：本の開きがよく堅牢だが，時間とコストがかかる。糸かがりには表紙の背の部分がなく本文の背とかがり糸が露出している「コデックス装」（バックレス製本）があり，本の開きがよい

②針金綴じ：簡便で安価なので，主として雑誌，冊子に使われる。平綴じは丈夫なので漫画雑誌や教科書などに，中綴じは一般の雑誌に使われる

［無線綴じ］

①無線綴じ：本文の背を断裁してそこに接着剤（ホットメルト）を付けるもの。無線綴じでは本の開きのよい「PUR製本」が普及しつつある。これは，耐久性・接着性の高い接着剤「PUR」（poly urethane reactive）を使い，折りの段階で背の紙の繊維を多く露出させ，接着剤がしっかりと浸透して綴じられる方式

②あじろ綴じ：本文の背の袋にスリットを入れて接着剤を付けるもの。本文の折りを維持したまま接着剤を浸透させるので丈夫である

並製本ではすべての綴じ方が，上製本で

▼製本の種類

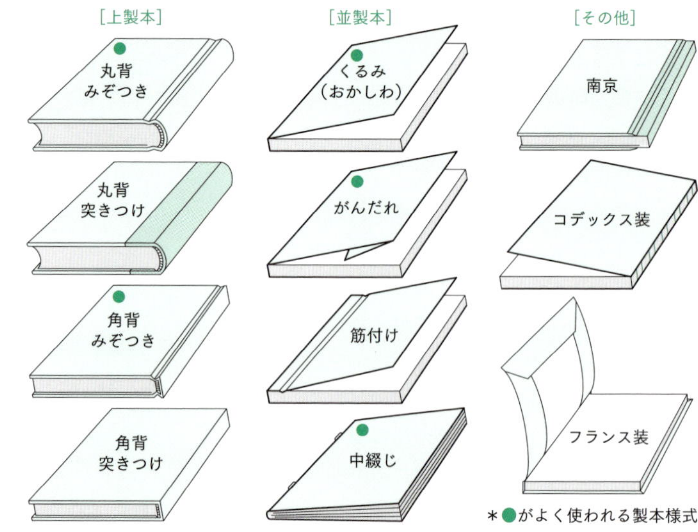

▼表紙などの形態による分類

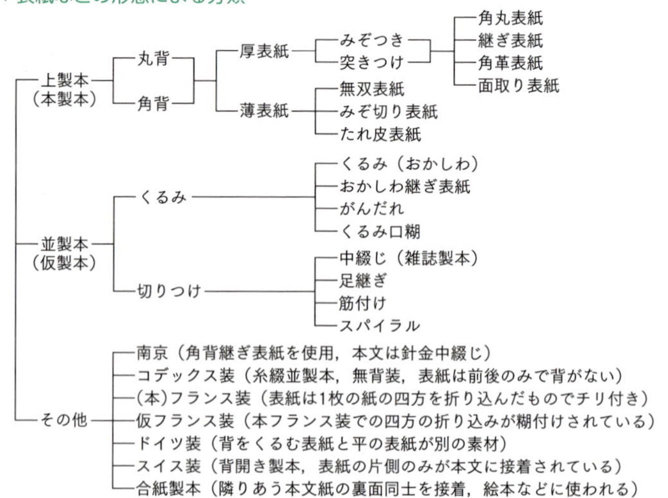

▼本文の綴じ方による分類

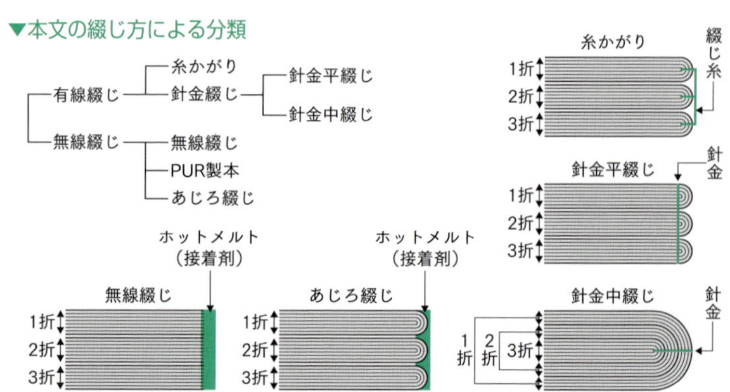

は糸かがりとあじろ綴じが使われている。

● 背の形態

上製本には3種類の背の形態があるが，現在の多くは開いた時に背に空洞ができよく開く「ホローバック」である。「タイトバック」は丈夫だが開きが悪く，「フレキシブルバック」は頻繁な開閉により背文字が不明になるといった難がある。

並製本には開きをよくするために本文と表紙の背が直接接着しないように開発された広開本，オープンバック，「クータバインディング*」などがある。

● 背丁と背標

製本では16ページ，32ページといった単位の折丁を重ねて（丁合）綴じるが，その際，ページ順に正しく並んでおり，乱丁や落丁がないことを確認するために，折丁の背の部分に書名と折の順番を示す「背丁」と，正しく並んだ状態で階段状になる「背標」（段じるし）が刷られている。これにより，乱丁・落丁などが一目で発見できる。

*「クータバインディング」は，並製本の開きをよくする目的で，製本会社の㈱渋谷文泉閣が開発し特許を得ている製本方式。背に紙の筒（クータ）を貼り，表紙の背と本文の間に空洞をつくることで本が開きやすくなっている。本文の綴じにはPUR接着剤を用いるのでさらに柔軟性が増している。

▼背の形態による分類

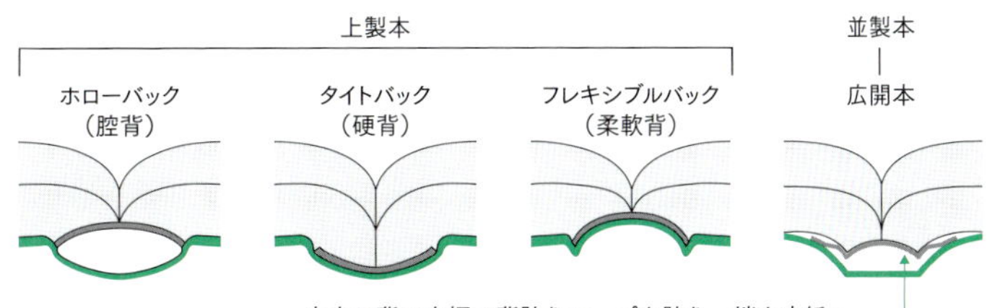

▼上製本の製造工程

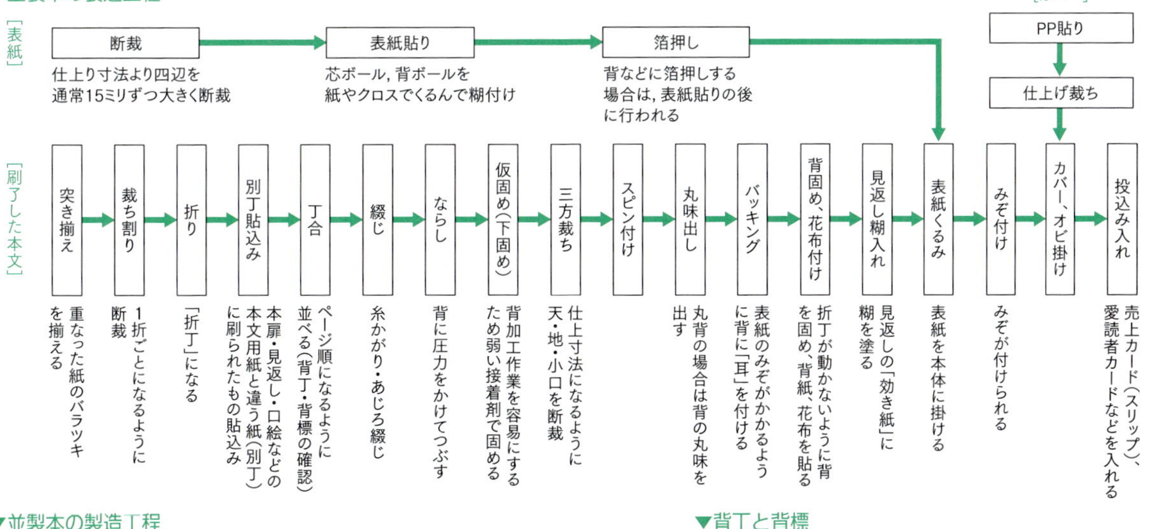

▼並製本の製造工程

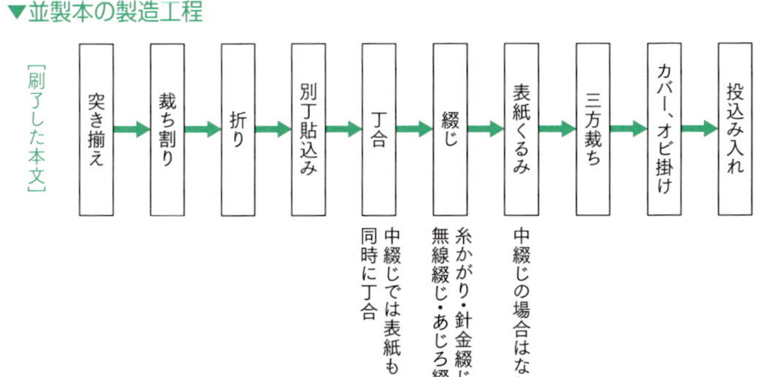

▼背丁と背標

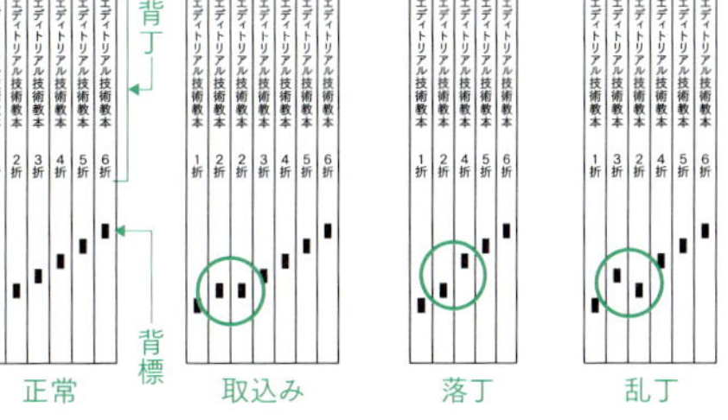

オンデマンド印刷

予備知識
文字
組版
組版原則
図表類・写真
色
用紙
書体・記号
資料

●第5の版式

印刷の4版式（参照▶20ページ）は刷版と印刷用インキを使うが（有版印刷），それらとは違う方式での新しい印刷技術として，「オンデマンド印刷」（POD，print on demand）が広く普及するようになり，いわば「第5の版式」となった。

オンデマンド（on demand）とは，「要求に応じて」「即応して」という意味であるが，具体的には，クライアントの少部数，短納期，低予算，などの要望に応じる印刷方式である。

オンデマンド印刷は，DTPで作成したレイアウトデータをデジタル印刷機で出力する形の印刷方式（デジタル印刷，無版印刷）で，広義ではパソコンとプリンタを使って出力するもの全般を指す。ただし，ここで「第5の版式」という捉え方をすれば，従来の印刷方式とりわけオフセット印刷に対抗でき，取って代わることのできるものという性格づけができ，「DTPでつくられたデータを使い，コンピュータの出力技術を応用して，より商用に供される品質と規模を備えた印刷方式」と定義づけできよう。

●オンデマンド印刷のメリット・デメリット

オンデマンド印刷は，従来型での刷版～印刷～製本の工程がなく，印刷用インキの代わりにトナーなどを使い，出力から製本まで1ラインで行うものや，B1・A1といった大判のカラーポスターをインクジェットプリンタで出力するものなど多様であり，印刷設備は従来型よりもはるかに簡易なもので済む。

1枚ものからページものまで幅広く対応しており，シール印刷や可変印刷（宛名やナンバリングなど1枚ずつ違う情報を印刷するもの，バリアブル印刷）といったバリエーションも豊富である。データの授受から納品までの期間が短く，1部からでも印刷が可能なので安価で済み，少部数のものに向いている（ショートラン印刷）。

オンデマンド印刷を使えば，出版では多くの在庫を抱えなくても済む，絶版本などを10部，50部といった最小数で復刊することが可能になるなどのメリットがある。書籍を復刊する場合は，全ページを高解像度でスキャン→画像化して印刷する。

オフセット印刷では，刷版→印刷→製本といった工程を経るので日数がかかる。費用面では，ページ数，部数に応じた各単価の積み上げで印刷・製本料が算出されるが，刷版料は部数には関係なく一定で，印刷単価も一定部数までは変わらず，一律で印刷単価×印刷台数（刷版数）により計算されるため，少部数の出版物では相当割高になる。

オンデマンド印刷では，基本的にページ数×部数で印刷・製本料金が算出されるので，少部数であっても印刷費用が抑えられる。

オンデマンド印刷のデメリットは，用紙や製本様式が限られる場合があること，通常は特色での印刷ができないこと，厳密な発色を要求されるものについてはオフセット印刷ほどの品質にはまだ及んでいないことなどであるが，社内文書や少部数のカタログ・教材，数枚だけ必要なポスターなどの印刷物では，オンデマンド印刷が主流となっている。

▼従来型の（オフセット）印刷とオンデマンド印刷

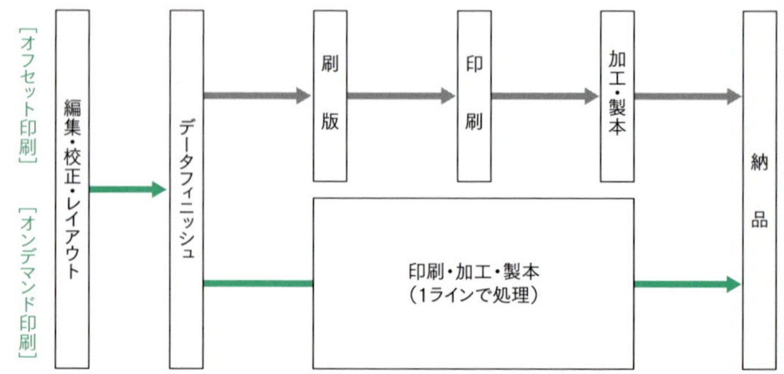

▼軽オフセット印刷

通常のオフセット印刷に比べて簡単な設備で少部数印刷に対応していた印刷方式が「軽オフセット印刷」（軽オフ）で，いわばいにしえの「オンデマンド印刷」といえるものである。
版材である紙製のマスターペーパーを使い，版下を撮影して直接刷版を作り，小型印刷機で印刷する。
多色印刷が困難で，また，写真などの網点がシャープに出ず，大量印刷には向かないという短所があるが，品質よりも短納期，少部数を優先する印刷物に使用されてきた。現在ではほぼ使われていない。

▼ネット印刷

「通販印刷」ともいう。印刷用データをインターネットを使って業者に送信し，完成後に宅配便などで納品される。
印刷物の仕様などは発注側がWebサイト上で選択するが，納期と連動した費用が明示されており小ロットにも対応，従来型の印刷よりも相当割安な設定となっている。ただし，仕様や用紙などの選択肢は限られており，有料で色校正にも対応しているが納品までの日数が加算される。費用は前納。厳密な品質を求めない印刷物で利用するのは有用である。

文　字

原稿整理

文章原稿を，印刷物に載せるのに適切なものに仕立てる作業が編集者による「原稿整理」である。

文章原稿の作成は現在ではパソコン入力が主流となり，手書き原稿は少なくなったが，手書き原稿はデジタルのテキストデータに入力する必要がある。その際は，変換ミスはもとより，癖のある字，拗促音(ようそくおん)(小仮名)，記号類の入力ミスに注意する。

パソコンで入力・提供された原稿を修正する場合は，元データを直接修正→上書き保存はせず，元データは保管しておくのが安全である。作業は元データの複製で行い，データ内に修正履歴が残るようにするか，プリント出力に修正点を記入して保存しておくべきである。

原稿整理の大原則は，「無断で文章を直さない」であり，論旨や文体を著者に無断で訂正してはならない。

原稿整理にあたっての留意点は以下の通りである。

● 印刷物の目的に合致した文章か

「原稿整理」の前段階として，原稿が内容や読者対象など印刷物の目的に合致したものであるかを吟味する。そうでなければ書き直しの必要が生ずるが，この判断が後工程で行われると修正作業が煩雑になる。

● 誤りの訂正

ここでの「誤り」とは単純な誤記，抜け，固有名詞・年号・数字などの誤りのこと。各種辞典・事典・年表・Webサイトなど，複数の客観的データと照合して確認する。また，テキストデータには変換ミスによる誤記がつきものなので慎重に確認する。

● 表記の統一

①字体の統一

＊漢字には簡単にいえば新字体(「沢」「芸」など)と旧字体(「澤」「藝」など)とがある。現在は基本的に「新字体」が使われるが，「旧字体」の箇所の扱い方を判断をする

＊人名・地名などでは固有の字体を尊重する

②句読点や中黒の使い方

＊タテ組では「、」「。」が使われる

＊ヨコ組では「、」「。」の他に「，」「。」，「，」「．」の組み合わせも使われる

＊事項の羅列を「、」「，」でつなげるか，「・」でつなげるか

③送りがなの統一

＊「行う」と「行なう」，「表す」と「表わす」などのように送りがなの送り方が2通りある場合にどちらかに統一

④数字表記の統一

＊アラビア数字を使うか漢数字を使うか

＊タテ組でアラビア数字の2桁以上はどういう表記にするか

＊タテ組の漢数字の表記法(「万」「千」「百」などの単位語を使うか「〇」〈ゼロ〉を使うか)

＊位取りのカンマを使うか使わないか

＊小数点以下何桁まで出すか

＊年月日については西暦方式，元号方式，折衷方式がある

⑤記号類の使い方の統一

＊括弧類(「　［　〈　など)の使い方

＊単位記号(「%」「℃」など)か和字(「パーセント」「ミリメートル」など)か欧字(「kg」「cm」など)かを統一

⑥外来語，外国地名，外国人名の表記

＊外務省が用いる表記，原音方式，特定の辞書による方式，慣用による方式，著者の表記法に従う，などがある

＊外国人の名と姓の間は「・」か，「=」(二重ハイフン)か，二分(半角)アキか，などがある

⑦引用文の表記

＊引用文での表記を，本文の方式に従うか，原文通りにするのかを定める。漢字のみ新字体にする方法もある

⑧字下げなど体裁の統一

＊引用文などを本文と区別するために天を

▼新字体と旧字体

辻←→辻
尊←→尊
羽←→羽
海←→海

▼タテ組中のアラビア数字

［2桁のみ縦中横］

計3409人　計534人　計47人　計8人

［2，3桁のみ縦中横］

計3409人　計534人　計47人　計8人

▼外国人名の表記

ジョン・レノン［中黒でつなぐ］
ジョン＝レノン［二重ハイフンでつなぐ］
ジョン　レノン［二分アキにする］

下げて組む，前後を1行空ける，などの方法を定める

＊注釈などの組方の方針を定める

● 読みやすくするための手入れ

①漢字を仮名に開く

＊難解な漢字は仮名に開く。また，漢字の使用範囲を定めておき，それに従って範囲外の漢字を仮名にする方法がある。たとえば常用漢字以外の漢字や，接続詞（及び，又，更に……），副詞（色々，殆ど，最も……），補助動詞（〜て来る，〜て見る……），接続助詞（為，乍ら……）などを仮名にするなどの方針を定める

②ふりがな（ルビ）を付ける

＊難読漢字や固有名詞にふりがなを付ける

③句読点を入れたり改行をしたりする

以上の統一や手入れの多くに関しては，著者の了解を得ることが必要である

▼タテ組での漢数字の表記例

［億万のみ単位語を入れる］三六五億五六〇八万七九三六円

［位取り（二分の読点）を入れる］三六、五五六、〇八七、九三六円

［すべての単位語を入れる］八万七千九百三十六円

［万千のみ単位語を入れる］八万七千九三六円

［万のみ単位語を入れる］八万七九三六円

［位取り（二分の読点）を入れる］八七、九三六円

［位取りも単位語も入れない］八七九三六円

＊単位語を使う場合は位取りの読点（ヨコ組ではカンマ）は使わない

▼年月日の表記例

漢数字

［元号、十を使う］昭和四十三年十月三十一日

［元号、数字を並べる］昭和四三年一〇月三一日

［西暦、年のみ数字を並べ、月日は十を使う］一九六八年十月三十一日

［西暦、すべて数字を並べる］一九六八年一〇月三一日

［元号西暦併記、年をパーレンの次へ］昭和四三（一九六八）年一〇月三一日

［西暦元号併記、年をパーレンの前へ］一九六八年（昭和四三）一〇月三一日

アラビア数字

［元号、縦中横］昭和43年10月31日

［西暦、2桁のみ縦中横］1968年10月31日

［西暦は下2桁のみで縦中横］'68年10月31日

▼単位の表記例

［カタカナや漢字］

時速123キロメートル

60パーセント　39度

［単位の接頭語（メガ，キロ，センチ，ナノなど）のみカタカナで］

時速123キロ

［欧字］

時速123km　123km/h

［単位記号］

60％　39℃

［カタカナ合字］

時速123㌔　時速123㌖

▼仮名にするのが望ましいとされる語句の例

品詞	語句	語句
名詞	物（もの） 訳（わけ）	所以（ゆえん）
代名詞	彼処（あそこ） 貴女（あなた） 此処（ここ） 之（これ）	貴方（あなた） 何時（いつ） 此（これ） 何処（どこ）
動詞	誤魔化す（ごまかす） 分かる（わかる） 解る（わかる）	出来る（できる） 判る（わかる） 亘る（わたる）
形容動詞	様々な（さまざまな）	
接続詞	於いて（おいて） 然るに（しかるに） 又（また）	及び（および） 並びに（ならびに） 更に（さらに）
副詞	敢て（あえて） 余り（あまり） 併せて（あわせて） 未だ（いまだ） 概ね（おおむね） 自ずから（おのずから） 却って（かえって） 流石（さすが） 総て（すべて） 折角（せっかく） 沢山（たくさん） 例えば（たとえば） 因に（ちなみに） 丁度（ちょうど） 到底（とうてい） 果たして（はたして） 殆んど（ほとんど） 滅多に（めったに） 最も（もっとも） 余計に（よけいに） 宜敷（よろしく）	数多（あまた） 予め（あらかじめ） 如何（いかが） 色々（いろいろ） 各々（おのおの） 凡そ（およそ） 殊に（ことに） 暫く（しばらく） 凡て（すべて） 大して（たいして） 直ちに（ただちに） 度々（たびたび） 一寸（ちょっと） 遂に（ついに） 何しろ（なにしろ） 甚だ（はなはだ） 無論（むろん） 勿論（もちろん） 最早（もはや） 宜しく（よろしく） 歴と（れっきと）
補助動詞	〜て行く（〜ていく） 〜て見る（〜てみる）	〜て来る（〜てくる） 〜と言う（〜という）
接続助詞	〜次第（〜しだい） 〜乍ら（〜ながら）	〜為（〜ため）
修飾助詞	〜毎に（〜ごとに） 〜迄（〜まで）	〜等（〜など）

＊漢字を仮名に開く場合は，文脈や文体から判断し，一定の統一基準を設けることが望ましい

proofreading

組版校正・校正記号

文章原稿が組版されると，校正刷（ゲラ刷）が出される。かつての校正は，文字が原稿通りに拾われているかを確認するもので，手書き原稿と校正刷を1字ずつ照合して（「原稿引き合わせ」）文選（文字を拾うこと）のミスをチェックする作業が中心であった。現在のDTPでは，テキストがデータで供給されることが多くなったため，読みながらの確認（「素読み」）と，図版類も含めた体裁確認の作業が中心になる。

● 初校～著者校正

組版データをプリントしたものが校正刷で，最初に出るものが「初校」である。

初校ではまず体裁をチェックする。書体，本文の字詰，行数，行送り，段数，段間，版面の位置，柱，ノンブル，見出し，キャプションなどが，組版指示通りであり，全体で統一されているかを確認する。

続いてノンブルが順番に並んでいるかを調べる。これは，校正刷に抜けがないかのチェックでもあり，ページが続いていない事故が起こるのを防ぐためである。

さらに柱の内容，見出しの体裁を点検する。見出しは大，中，小それぞれの見出しが，大きさ，書体，行頭からの下がりや行ドリなどの仕様が統一されている必要がある。大見出しでは，ページを改める「改ページ」，奇数ページに改める「改丁」，中扉にする場合などがある。中扉では，その裏から本文が始まる「裏起こし」か，裏が白ページになる「裏白」かも注意点である。

文章原稿が手書きの場合は，原稿と校正刷を1字ずつ引き合わせ，入力ミスの箇所に赤字を入れていく。

テキストがデータ供給の場合には，変換ミスや文字化けに注意しながら読み進む。

誤りを見つけた場合には，明らかな誤植の場合は「赤字」を記入する。記入の仕方はJISの「校正記号」（JIS Z 8208）に則る。

誤りかどうかが不明，専門的内容への疑問などは，鉛筆で疑問の旨を記入する。それらは著者が解決するものであり，編集者や校正者が可否を判断してはならない。

図版類が該当箇所に正しく入っているか，写真のトリミングは適切か，キャプションは正しいかなどを確認する。カラー印刷の場合は色のチェックも行う。

編集者，校正者による赤入れが済んだものを著者校正に回す。

著者校正を終えた校正刷では，著者の赤字が適切かの判断をする。著者赤字が多いと，原稿整理時の用語や表記の統一などが不徹底になりがちなので慎重に点検する。

● 要再校～再校・三校……～校了・責了

すべての赤入れが済んだ初校の校正刷は「要再校」として組版担当者に戻され，赤字箇所の修正作業となる。赤字が修正されて再度出される校正刷を「再校」という。

再校では，初校の赤字が正しく訂正されているかを点検する（「赤字引き合わせ」）。

ここでもノンブルを通し，柱を点検する必要があり，さらに，見出しやノンブルと目次を引き合わせる「目次照合」も行う。

最後にもう一度ノンブルを通して点検した上で，全く赤字がなければ「校了」，全体的に赤字が少ない場合は「責了」（組版担当者の責任で校了）にする。責了にできないほどの赤字がある場合は「要三校」となる（この後何度か校正を出す場合は「四校」「五校」……と繰り返され，再校と同様の作業を行う）。また，特定のページの赤字が多い場合は，そこだけの確認校正を出すという意味で「要念校」とする。

「校了」あるいは「責了」の場合は，その校正刷が「校了紙」「責了紙」として印刷工程に渡るため，目次，中扉，図版ページなど，ノンブルが印刷されない（カクシ〈隠し〉ノンブル）ページに手書きでノンブルを入れ，総ページ数を確認する。責了の場合は，赤字のあるページに付箋を付けるな

▼組版校正の流れ

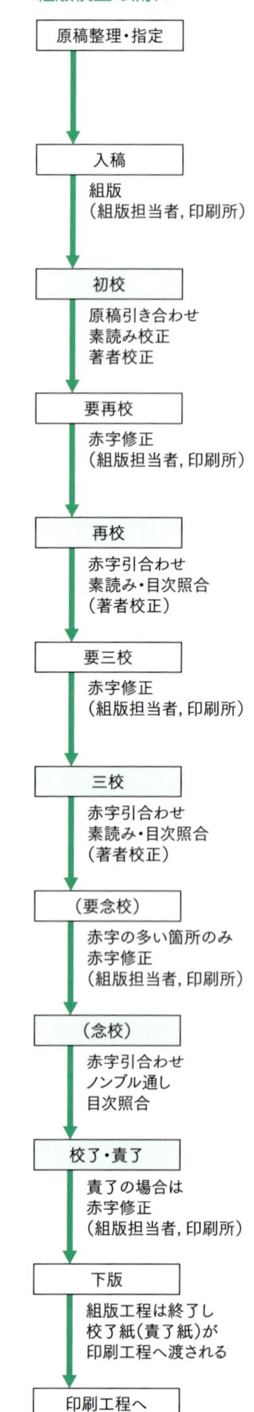

ど，見落としが起こらないようにする。

以上の作業の一部，あるいは全部をPDFにより進めることも多くなった。

● JIS校正記号

JISの校正記号は，長年，活版印刷時代の1965年に制定されたものが使われていたが，コンピュータ組版が主流となり，我流の校正記号も増えて混乱している実態を踏まえ，2007年に改正され，「JIS Z 8208：2007」が発表された。

校正記号の使用にあたっての留意点の主なものは次の通り。

［修正の指示］

校正刷への修正指示の記入は，赤色の筆記具を使用する。ただし，補助的な指示を記入する場合や修正が紛らわしい場合には，赤色以外を使用してもよい。

［引出し線］

校正刷の修正箇所から引出し線を引き，その先に修正内容を記す場合は，次の①～⑤による。ただし，横組の句読点などでは，引出し線を引かずに修正箇所の下の行間に記してもよい。

①引出し線は原則として修正箇所の近くの余白に引き出すが，長く引き出さない

②引出し線は校正が終わった方向に引き出す（タテ組は右方向，ヨコ組は上方向）

③引出し線は同一行中にある修正箇所の前後にくる対象の文字・記号に掛けない

④引出し線は別の引出し線と交差させない

⑤指示の文字・記号およびその他の指示は，対象の文字・記号の上には書かない

［修正の指示に用いる記号］

校正刷への修正指示には「主記号」（表1）を用いる。「併用記号」（表2）は主記号と併用して用いる。

校正作業のキモは，修正作業者にわかりやすく，修正しやすく，修正ミスが発生しないような赤入れを心掛けるということである。校正記号を使った赤字のみではわかりにくいと判断する場合は，修正結果を付記するなど工夫したい。

▼校正と校閲

「校正」は主として校正刷が原稿通りに組まれているか，校正の赤入れ通りに修正されているかを確認する作業のこと。「校閲」は著作物の内容にわたって文献などを参照した上での誤り，疑問，不備，執筆内容の不統一などを指摘して著者に確認を促す作業のこと。

▼ゲラ

校正刷は「ゲラ」と称されるが，これは英語の「galley」がなまって変化した語である。galleyは古代ギリシア・ローマ時代から近世まで地中海を航行していた大型の軍用船（ガレー船）のこと。
活字組版時代，組まれた版はガレー船になぞらえてgalleyと呼ばれた大きな箱に置かれ，インキを付けて校正刷を刷ったので校正刷のこともgalley（galley proof）と呼ばれるようになった。

▼印刷校正記号（JIS Z 8208：2007）―主記号（表1）

＊この表はJISの「印刷校正記号」を元に平明な形に編集したものである

1.1　文字・記号の修正

1.1.1　文字・記号を取り替える

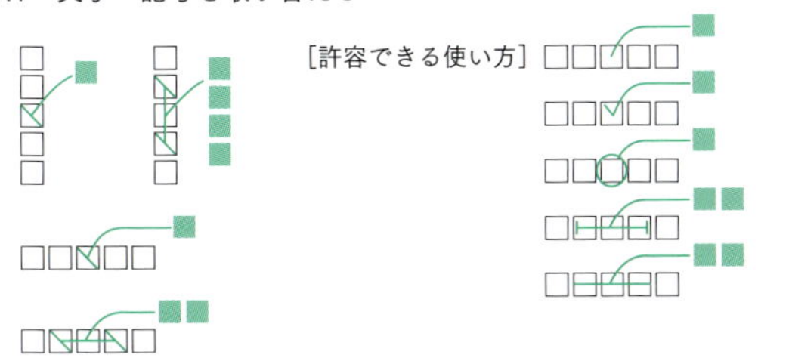

1.1.2　直音（ちょくおん）を示す仮名を小書きの仮名に直す

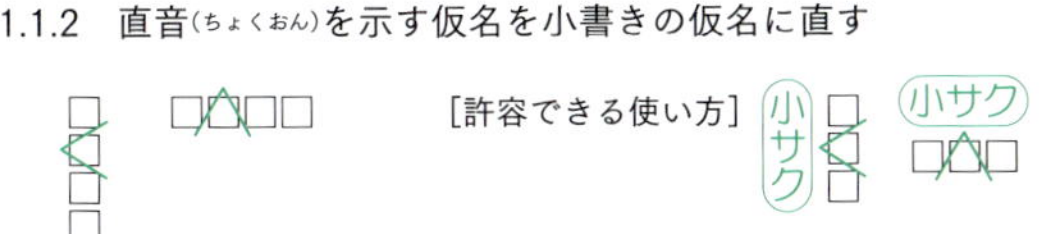

1.1.3　小書きの仮名を直音を示す仮名に直す

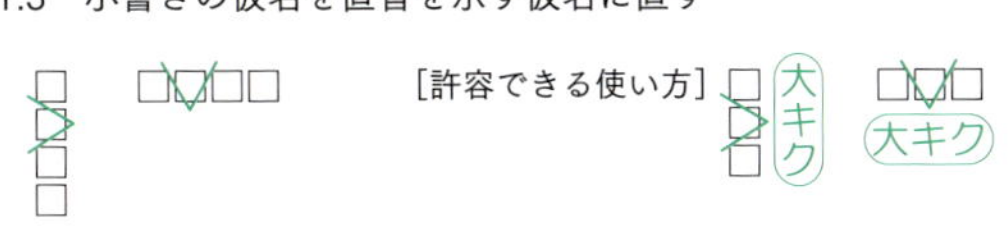

1.1.4　文字・記号を削除し，その部分をつめる

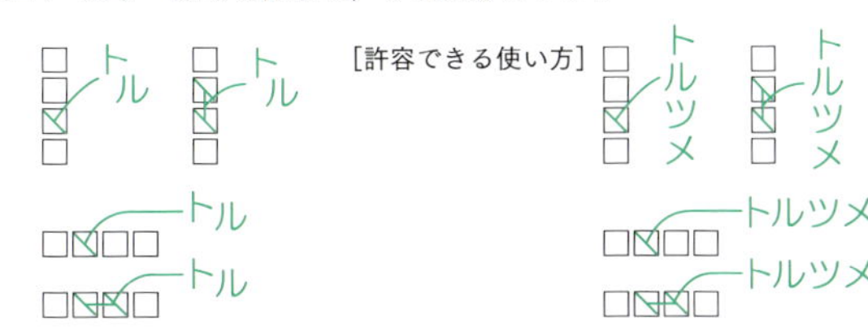

1.1.5　文字・記号を削除し，その部分を空けておく

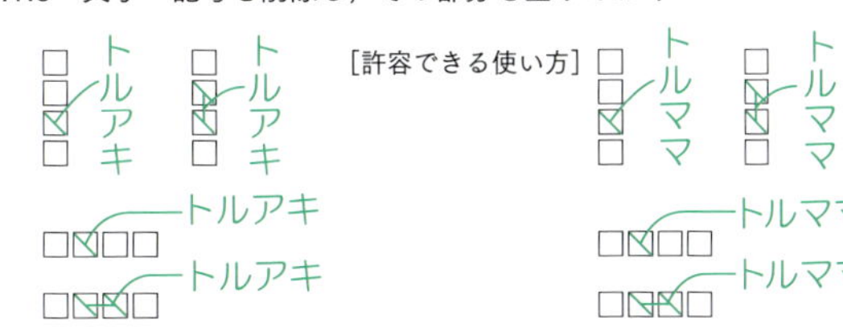

＊1.1.2・1.1.3の「直音」とは，いわゆる「大仮名」。拗音（ようおん）・促音（そくおん）など小さく表す仮名以外の仮名

＊1.1.2・1.1.3の「小書きの仮名」とは，拗音・促音を表す「小仮名」や「ぁ」「ぃ」など小さく表す仮名のこと

▼印刷校正記号(JIS Z 8208：2007)―主記号(表1)(続き)

1.1.6　文字・記号を挿入する

［許容できる使い方］

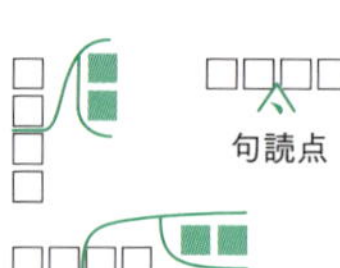

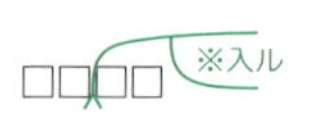

＊長文を挿入する場合は，挿入する文字列を余白部分または添付した別紙に示し，右図のように合印を付けて挿入箇所を示す

※入ル

1.1.7　文字を入れ替える

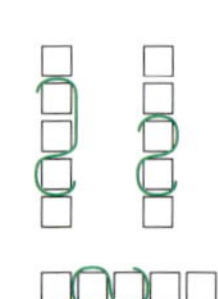

［許容できる使い方］

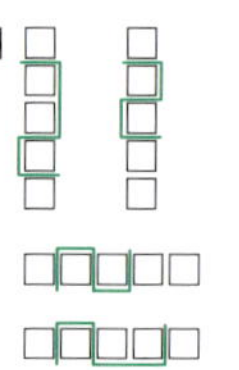

＊離れた位置にある文字・記号の入れ替えは，下図のように指示する

＊1.1.7は行を入れ替える指示に使用してよい

1.1.8　修正を取りやめ，校正刷または出力見本の状態のままとする

イキ

＊修正を取りやめる対象の文字・記号の傍らに記す

＊修正指示を消した後にその修正を生かすときは使用しない。この場合は元の修正指示を斜線などで消して，新たに書き直す

1.2　ルビの修正

1.2.1　ルビを付ける

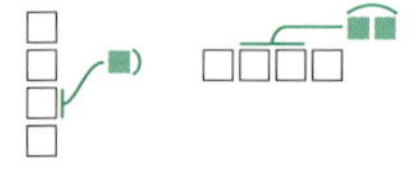

1.2.2　ルビを取り替える

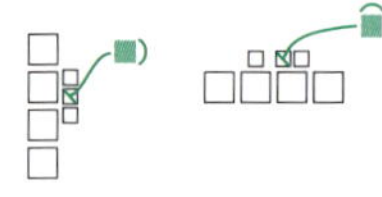

＊ルビを取り替えるだけでなく，ルビの配置方法を変更する場合は，変更する部分全体を書き直して指示する

＊表2.2（ルビの指示）参照

1.2.3　ルビを削除する

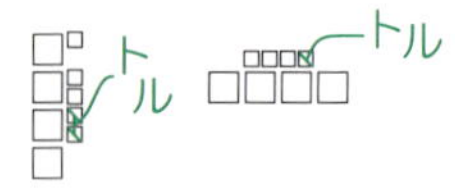

＊ルビを削除するだけでなく，ルビの配置方法を変更する場合は，変更する部分全体を書き直して指示する

1.2.4　ルビを挿入する

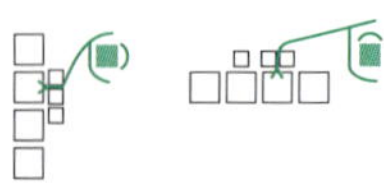

＊ルビを挿入するだけでなく，ルビの配置方法を変更する場合は，変更する部分全体を書き直して指示する

1.3　圏点(けんてん)等の指示

1.3.1　圏点（傍点）を付ける

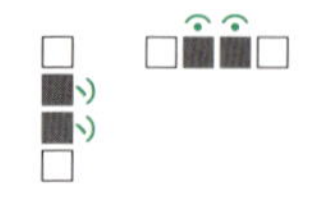

1.3.2　傍線・下線・抹消線を付ける

1.4　文字書式の変更

1.4.1　文字サイズまたは書体を変更する

8ポ　明　ゴチ

＊表2.1.1，2.1.2参照

＊「M」「m」「G」「g」の使用はマゼンタ，グリーンと誤解されることがあるので使わない

1.4.2　イタリックに直す

［許容できる使い方］　イタ　ital

［例］ italic → *italic*

1.4.3　立体に直す

［許容できる使い方］　立　ローマン　rom

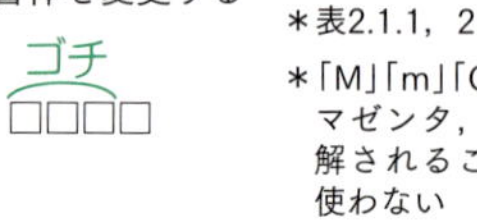

［例］ *roman* → roman

1.4.4　ボールドに直す

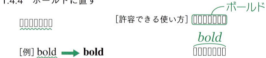

［許容できる使い方］　ボールド　bold

［例］ bold → **bold**

1.4.5　ボールドイタリックに直す

［許容できる使い方］　イタボールド　イタボールド

［例］ bold italic → ***bold italic***

1.4.6　大文字に直す

［許容できる使い方］　大　cap

［例］ capital → Capital

1.4.7　小文字に直す

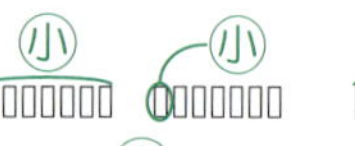

ℓ.c.

［例］ Small（小） → small

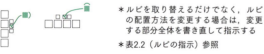

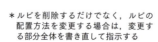

1.4.8　スモールキャピタルに直す

［許容できる使い方］　小キャップ　s.c.

［例］Small → SMALL

1.4.9　普通の文字を下付き文字に直す

［許容できる使い方］　下ツキ

1.4.10　下付き文字を普通の文字に直す

［許容できる使い方］　大キク

1.4.11　普通の文字を上付き文字に直す

［許容できる使い方］　上ツキ

1.4.12　上付き文字を普通の文字に直す

［許容できる使い方］　大キク

1.4.13　上付き文字を下付き文字に直す

［許容できる使い方］　下ツキ

1.4.14　下付き文字を上付き文字に直す

［許容できる使い方］　上ツキ

1.4.15　縦中横に直す

［例］約60年（タテ中ヨコ） → 約60年

＊結果を示してもよい。

1.4.16　合字に変更する

［例］filing（合） → filing

1.5　文字の転倒，不良文字および文字の並びの修正

1.5.1　活字組版において転倒した文字・記号を正しい向きにする

1.5.2　活字組版において不良の文字・記号を直す

1.5.3　文字の並びを正す

1.6　字間の調整

1.6.1　空いている字間をベタ組にする

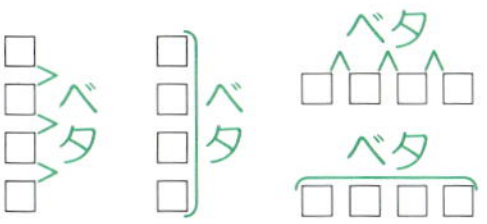

＊つめ組をベタ組に変更する場合にも，ベタ組にする記号（「ベタ」）を使用してもよい。この場合は，1.6.3の字間を空ける記号を付ける

1.6.2　つめ組をベタ組にする

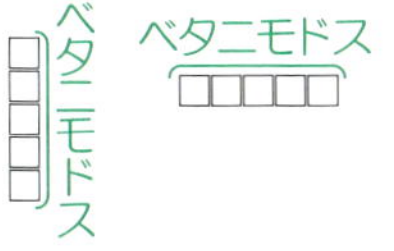

1.6.3　字間の空き量を指示する

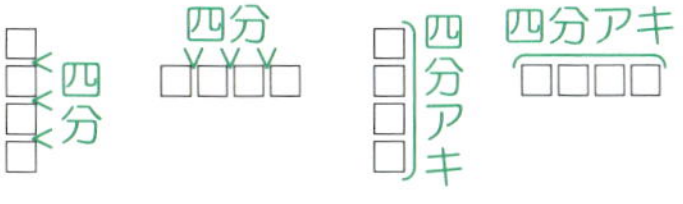

＊空き量の指示の代わりに，字送りの量を指示してもよい

＊すでに空いている字間を変更する場合は，変更した結果を示すか，変更する空き量を示す。結果を示す場合は，空き量を示す記号の後に「アキニ」と示し，変更する空き量を示す場合は，「アト……アケ」または「アト……ツメ」と指示する

＊行間または行送りの指示は，1.6.3の記号または行送りの量を指示する。行数で指示する場合は，表2.4.1の記号を用いる

1.7　改行，改丁，改ページ等および送りの指示

1.7.1　改行に変更する

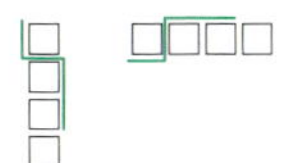

＊改行した行頭の下がりは，全角アキとする。天付きとする場合は，「下ゲズ」または「天ツキ」と付記する。

1.7.2　改行を取り消し，行を続ける（追い込む）

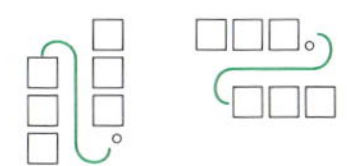

1.7.3　指定の位置まで文字・行などを移動する

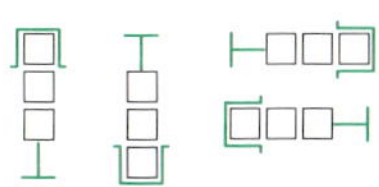

＊文字・行など全体をそのまま移動する場合，全体をそのまま移動することが明確ならば片方だけの記号でもよい

＊移動位置が明確の場合は，移動する量または移動先の位置の指示は省略してもよい

＊1.4.7の「ℓ.c.」とは，「lower case」の略で，活字組版時代に小文字の活字が活字ケースの下方に置いてあったことに由来する

▼印刷校正記号（JIS Z 8208：2007）―主記号（表1）（続き）

1.7.4　改丁・改ページ・改段を指示する

改丁　改ページ　改段

＊改丁，改ページ，改段にせず，前に続ける場合は，矢印で前に続ける指示を入れるか，または「追込む」と指示する

1.7.5　文字の送りを指示する

＊文字の挿入・削除に伴い，通常は自動的に文字が送られるので，指示を省略してもよい

1.7.6　行の送りを指示する

＊文字の挿入・削除に伴い，通常は自動的に行が送られるので，指示を省略してもよい

1.8　その他の修正

1.8.1　ケイ（罫）線を指示する

［表ケイにする］　オモテ　［中細ケイにする］　中細

［裏ケイにする］　ウラ　［長さの指示］　9ポ13倍

＊「表ケイ」「中細ケイ」「裏ケイ」といった罫線の太さを表す語は活字組版時代に使われていた呼び名で，これらは現在は知らない人も多く太さが明確に伝授されていないため，誤解の元になるので使わない方がよい。罫線の太さはmmかポイントで表示するべきである。なお，JIS（X4051）には，「表ケイ」＝0.12mm，「中細ケイ」＝0.25mm，「裏ケイ」＝0.4mmと記されている

1.9　校正作業の進行に対する指示

1.9.1　再校の校正刷の提出を指示する

要再校　＊必要に応じて再校刷の部数を付記する

1.9.2　三校の校正刷の提出を指示する

要三校　＊必要に応じて三校刷の部数を付記する

1.9.3　念校の校正刷の提出を指示する

要念校　＊必要に応じて念校刷の部数を付記する

1.9.4　責任校了を指示する

責了　＊「責任校了」と記してもよい

1.9.5　校了を指示する

校了

▼印刷校正記号（JIS Z 8208：2007）―併用記号（表2）

2.1　文字・記号の種類等を示す併用記号

2.1.1　文字サイズを指示する

ポ　Q

2.1.2　書体を指示する

㊞　ゴチ　アンチ　［許容できる使い方］　ミン　ゴ　ゴ

＊これらの記号だけでは指示できない場合は書体名を記す

2.1.3　欧文のプロポーショナルの文字にする

(欧文)　(オウブン)

2.1.4　全角の文字にする

全角

2.1.5　半角の文字にする

半角　［許容できる使い方］　二分

2.1.6　四分角の文字にする

四分

2.1.7　句読点を示す

2.1.8　中点類を示す

2.1.9　リーダを示す

［許容できる使い方］　(2点)

2.1.10　ダッシュ（ダーシ）を示す

［タテ組全角］　［許容できる使い方］　二分

［ヨコ組全角］

［タテ組二分］

［ヨコ組二分］

2.1.11　ハイフンを示す

(ハイフン)

2.1.12　シングル引用符またはダブル引用符を示す

2.1.13　アポストロフィおよびプライム記号を示す

2.1.14　ダブルミニュートを示す

〃　〃

2.1.15　斜線を示す

□　▯

2.1.16　紛らわしい文字・記号を指示する

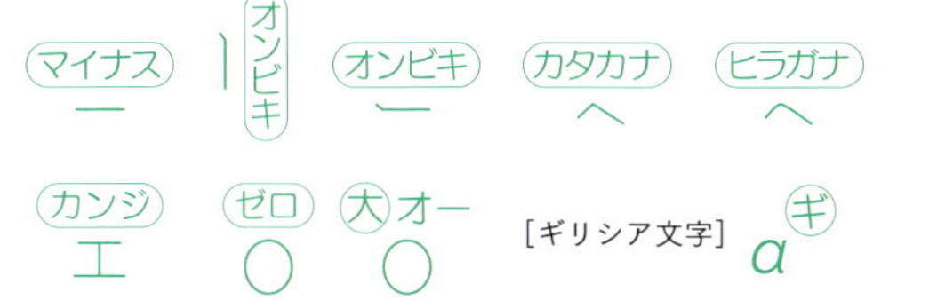

2.1.17　複数箇所を同一文字に直す指示をする

△＝■（修正後の文字・記号）　[許容できる使い方] ○＝■

2.2　ルビの指示

2.2.1　モノルビを指示する

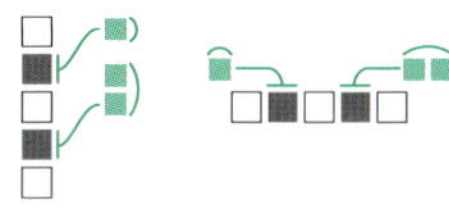

＊モノルビ：親文字の1文字ごとに対応させたルビ（JIS X 4051）

2.2.2　グループルビを指示する

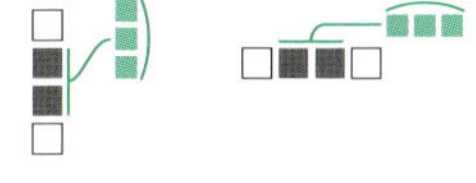

＊グループルビ：2文字以上の親文字全体にまとめて付けられるルビ（JIS X 4051）

2.2.3　熟語ルビを指示する

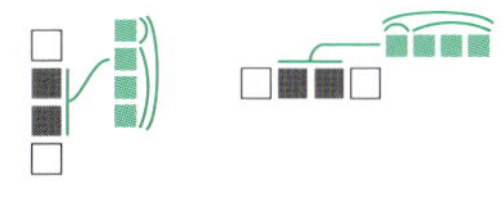

＊熟語ルビ：モノルビが付く親文字群が熟語を構成するルビ（JIS X 4051）

2.3　空き量の指示

2.3.1　ベタ組を指示する

ベタ

2.3.2　全角アキを指示する

全角　□

2.3.3　二分アキ，三分アキ，四分アキ，二分四分アキなどを指示する

二分　三分　四分　二分四分

＊空き量を数値で指示してもよい。数値の単位は「ポ」「H」を用いる

2.3.4　2倍アキ，3倍アキ，4倍アキなどを指示する

2倍　3倍　4倍 [許容できる使い方] □□　□□□

2.3.5　空き量を均等割りにする

＊必要に応じて，均等割りにする文字列の行長の長さを指示する

2.4　行取り及びそろえの指示

2.4.1　行取りを指示する

2行ドリ中央　[許容できる使い方] 2ℓドリ中央

2行ドリ　2ℓドリ

1行アキ　1ℓアキ

2.4.2　そろえを指示する

上ソロエ　下ソロエ

左ソロエ　右ソロエ　センター

▼校正例

[校正]

きょう未明メロスは村を出発し、山を越え野越え、十里はなれた此のシクラスの市にやって来た。メロスには父も、母も無い、女房も無い。十六の、内気な妹と2人暮だ。この妹は、村の或る律気な一牧人を、近々、花婿として迎える事になっていた。結婚式も間近かなのである。メロスは、それゆえ花嫁の衣裳やら祝宴のごちそうやらを■いに、はるばる市にやって来たの

（校正指示：明　二　し　いしょう　御馳走　買　トル　ベタ　〃　トル　イキ）

[修正後]

きょう未明メロスは村を出発し、野を越え山越え、十里はなれた此のシラクスの市にやって来た。

メロスには父も、母も無い。女房も無い。十六の、内気な妹と二人暮しだ。この妹は、村の或る律気な一牧人を、近々、花婿として迎える事になっていた。結婚式も間近かなのである。

メロスは、それゆえ、花嫁の衣裳（いしょう）やら祝宴の御馳走やらを買いに、

文字の構造

日本語の文字（和文）は正方形の仮想ボディの内側に字面が設計されているのに対し，欧文文字は文字の各部の高さを揃えて設計され，文字によって字幅も違う。

●和文書体の構造

和文書体は正方形の仮想ボディが設定され，その内側に字面がある。「仮想ボディ」とは，かつて組版の主流であった金属製の「活字」の「ボディ」に由来するもの。活字は，ボディのやや内側に文字が彫り上げられており，並べたときに隣同士の文字がくっつかないように作られていた。

組版の主流を活字から引きついだ写真植字は，活字のような実体としてのボディがないため，文字サイズを表す便宜のために仮の文字枠を定めこれを「仮想ボディ」と称したが，この語がDTPに受けつがれた。

仮想ボディが正方形であるため，タテ組にもヨコ組にも対応できるようになっており，この仮想ボディの大きさが文字の大きさの基準になる。仮想ボディの高さが「文字サイズ」，幅が「文字幅」だが，変形されないかぎり文字サイズ，文字幅とも同じ長さになる。

仮想ボディの内側に字面があり，通常漢字は大きめ，仮名は小さめである。また，書体によっても字面が大きめのもの，小さめのものがある。

仮想ボディの正方形を「全角」（em）といい，その2倍，3倍……（整数倍）を「倍角」「二倍（角）」（2em）「三倍角（角）」（3em）……などという。

全角の「整数分の1」は，1/2が「半角」あるいは「二分」（1/2em），1/3が「三分」（1/3em），1/4が「四分」（1/4em），1/8が「八分」（1/8em）である。これらを組み合わせて「全角半」（1.5em），「二分四分」（3/4em）などという使い方もある。

DTPでは2バイト文字（漢字などの文字幅が均一の文字）を「全角」，1バイト文字（欧

▼和文書体の構造

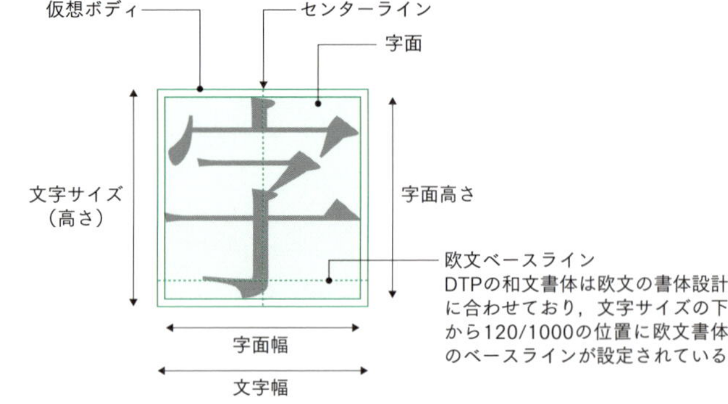

［書体による字面の違い］

新ゴR　和文の字面

見出ミンMA31　和文の字面

ヒラギノ明朝W3　和文の字面

中太楷書体　和文の字面

▼文字幅の単位

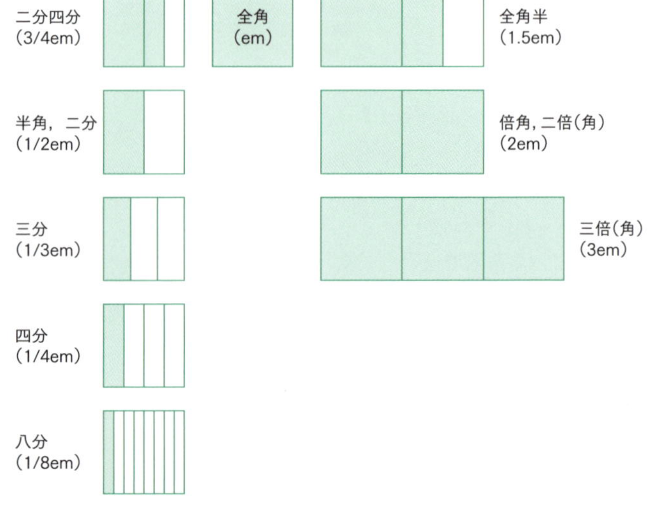

文・数字などのプロポーショナル文字）を「半角」と慣用的に言われることが多いが，正確ではない。この言い方は，欧文・数字などが半角幅に設計されていたワープロ専用機が普及していた頃の名残である。パソコンによるDTPでは，欧文・数字などは後述のようにプロポーショナルに設計されており，和文の半角のサイズではない。

● 欧文書体の構造

欧文書体は和文書体のような正方形の仮想ボディを単位とする文字設計ではなく，文字の各部の高さを5つのラインで揃える方法で設計されている。

ベースラインを基準に上方にアセンダライン，キャプライン，ミーンラインがあり，下方にディセンダラインがある。これら5つのラインに揃えて設計することにより，文字を並べた際に自然で読みやすいものになっている。

欧文書体の仮想ボディの天地はアセンダライン，ディセンダラインのやや外側にあり，この間隔が「文字サイズ」である。「文字幅」（セット）は各文字によって異なり，組んだときに文字間隔が均等に見えるようになっている。このように文字によって幅が違うことを「プロポーショナル」という。

そのため，和文のような「全角」「半角」といった概念はないが，もっとも幅広の「M」が和文の全角にあたり，その幅を「em」として文字幅の基準値とする。これに対し半角は「en」であるがあまり使われない。

ベースラインとミーンラインの間隔を「エックスハイト」（x-height）といい，比較的歴史の古い欧文書体ではこれが小さめ，新しい書体では大きめの傾向になっている。エックスハイトが大きめの方が和文との混植に適しているとされる。

小文字をaからzまで並べた長さを「a–z length」といい，書体の幅広，幅狭の目安になっている。

▼欧文書体の構造

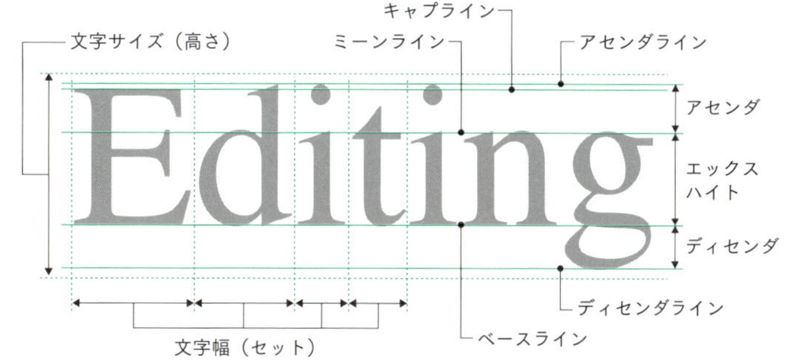

▼書体による「x-height」の違い

Caslon Regular	Typography
Garamond Regular	Typography
Times Roman	Typography
Arial Regular	Typography
Futura Medium	Typography
Helvetica Medium	Typography

▼書体による「a–z length」の違い

Caslon Regular	abcdefghijklmnopqrstuvwxyz
Garamond Regular	abcdefghijklmnopqrstuvwxyz
Times Roman	abcdefghijklmnopqrstuvwxyz
Arial Regular	abcdefghijklmnopqrstuvwxyz
Futura Medium	abcdefghijklmnopqrstuvwxyz
Helvetica Medium	abcdefghijklmnopqrstuvwxyz

typeface (Japanese)

和文書体

● 和文書体の種類

和文書体（フォント）は，明朝系，ゴシック系，ディスプレイ系（デザイン書体），その他に大きく分けられる。

本文によく使われる書体は，細め〜中太の明朝系書体ないしゴシック系書体であるが，通常の書籍では明朝体で本文を組む場合が多い。実用書や雑誌では，ゴシック系書体の本文も多く見られる。

キャプションには細めの明朝系書体やゴシック系書体を，見出しには太めの明朝系書体やゴシック系書体を，モダンな感じやPOPな感じを出したい場合にはディスプレイ系の書体，風格や伝統的な感じを出すためには楷書体，行書体，隷書体など，TPOに応じてふさわしいものを選択する。参照▸116〜123ページ（書体見本）

また，本文用にはちょうどよい太さであっても，大きな見出しに使えば弱く感じられ，逆に太めの書体を小さく使えば文字が黒くつぶれて読みづらくなるので，慎重な使い分けが必要となる。

▼フォント

「フォント」とは，元来は「特定のデザインの欧文書体活字の1サイズのひと揃い」のことであった。「ひと揃い」には，大文字・小文字・スモールキャピタル・合字・数字・記号・約物などが含まれる。これがDTP時代になって「書体（typeface）」の意味で使われるようになり，DTP用以外のアプリでも書体のことを示す語となった。さらに文字そのものを指す語ともなり，書き（描き）文字や企業・商店のロゴ，街中の看板文字などへと，その意味する範囲が広がっている。本書では文字のデザインに関わる言及には「書体」を使って解説している。

▼明朝系書体

リュウミン L
和文書体のバラエティ　ABab123

リュウミン R
和文書体のバラエティ　ABab123

ヒラギノ明朝 W3
和文書体のバラエティ　ABab123

ヒラギノ明朝 W6
和文書体のバラエティ　ABab123

小塚明朝 L
和文書体のバラエティ　ABab123

筑紫明朝 R
和文書体のバラエティ　ABab123

筑紫明朝 M
和文書体のバラエティ　ABab123

本明朝 M
和文書体のバラエティ　ABab123

本明朝 B
和文書体のバラエティ　ABab123

マティス M
和文書体のバラエティ　ABab123

游明朝体 M
和文書体のバラエティ　ABab123

源ノ明朝 M
和文書体のバラエティ　ABab123

A1明朝 R
和文書体のバラエティ　ABab123

太ミンA101
和文書体のバラエティ　ABab123

見出しミンA31
和文書体のバラエティ　ABab123

筑紫A見出ミン E
和文書体のバラエティ　ABab123

遊築見出し明朝体（欧文・数字なし）
和文書体のバラエティ

秀英初号明朝
和文書体のバラエティ　ABab123

MS明朝
和文書体のバラエティ　ABab123

石井明朝 M
和文書体のバラエティ　ABab123

石井明朝 B
和文書体のバラエティ　ABab123

本蘭明朝 L
和文書体のバラエティ　ABab123

新聞特太明朝 E
和文書体のバラエティ ABab123

遊築36ポかなW5（漢字なし）
しょたいのバラエティ ABabc123

アンチック（漢字なし）
しょたいのバラエティ　ABab123

小町B（仮名のみ）
しょたいのバラエティ

＊書体は20Q。「ABab123」は和文書体に付属している「従属欧文」

DTPではOSに付属する書体（Mac OS／macOSにはヒラギノ明朝，ヒラギノ角ゴなどが，WindowsにはMS明朝，MSゴシックなどが搭載），CD-ROMなどの形で販売されている書体，フォントメーカーがサブスクで提供する書体，Adobeが提供するAdobe Fontsの書体などを使う。

印刷用データ入稿時には，各フォントに出力側（印刷所など）が対応しているかの確認が必要となるが，データ入稿の主流となりつつあるPDFに埋め込み可能であれば，出力側の環境に左右されずに使用できる。

写植組版時代にスタンダードな書体として広く普及していた石井明朝，本蘭明朝，ナール，ゴナなど㈱写研が有する書体はDTP時代になってもデジタル化されず，使いたい場合には不便を強いられてきたが，ようやくモリサワと写研の共同事業による写研書体のOpenTypeへのデジタルフォント化が開始され，邦文写真植字機の発明100周年にあたる2024年秋よりモリサワから順次リリースされている。

▼UDフォント

Universal Design Font。「わかりやすい」「読みやすい」「間違えにくい」など，ユニバーサルデザインの観点から開発されたフォントの総称。字面を大きく，画線間隔を広く，明朝体の横線を太く，濁点や半濁点を大きく，手書きに近づけるなど視認性や判読性を重要視している。

［スーラM］（ベースの書体）

さやでポ59fg

［UD丸ゴ ラージM］

さやでポ59fg

＊ベース書体から，画線の形状，濁点・半濁点の大きさと位置，欧数字の大きさ・形状などが改刻されている

▼ゴシック系書体

中ゴシックBBB
和文書体のバラエティ　ABab123

太ゴB101
和文書体のバラエティ　ABab123

新ゴ L
和文書体のバラエティ ABab123

新ゴ B
和文書体のバラエティ ABab12

ゴシックMB101 B
和文書体のバラエティ　ABab12

ヒラギノ角ゴ W3
和文書体のバラエティ　ABab123

ヒラギノ角ゴ W6
和文書体のバラエティ ABab123

筑紫ゴシック D
和文書体のバラエティ　ABab123

游ゴシック体 B
和文書体のバラエティ　ABab123

源ノ角ゴシック M
和文書体のバラエティ　ABab123

こぶりなゴシック W3
和文書体のバラエティ　ABab123

石井ゴシック M
和文書体のバラエティ　ABab123

新聞特太ゴシック E
和文書体のバラエティ　ABab12

ゴナ E
和文書体のバラエティ ABab12

▼ディスプレイ系・その他の書体

ヒラギノ丸ゴ W4
和文書体のバラエティ　ABab123

筑紫A丸ゴシック D
和文書体のバラエティ　ABab123

ナール E
和文書体のバラエティ ABab12

POP1体 W9
和文書体のバラエティ　ABab123

スーシャ H
和文書体のバラエティ ABab123

ボカッシイ G
和文書体のバラエティ ABab12

石井太教科書
和文書体のバラエティ　ABab123

中楷書体
和文書体のバラエティ　ABab123

曽蘭太隷書 B
和文書体のバラエティ　ABab123

勘亭流
和文書体のバラエティ　ABab123

欧文書体

● 欧文書体の種類

欧文書体（フォント）には，和文の明朝系書体に相当するセリフ書体，和文のゴシック系書体に相当するサンセリフ書体，ディスプレイ系書体（デザイン書体），筆記体（スクリプト書体），ゴシック体（初期の活版印刷で使われたような書体で和文でのゴシックとは違う）などの種類がある。また欧文書体には，設計された時代や，つくられた国などの歴史的背景を有するものがある。参照▶ 124～132ページ（書体見本）

横画線の端部にある小さなでっぱりが「セリフ」である。文字同士をつなげ，視線を水平方向に誘導する効果がある。セリ

▼ゴシック（ブラックレター）

初期の印刷活字を模した書体。和文書体でいう「ゴシック」ではなく，羽根ペンで書かれた写本の文字を模したもの

Old English
Variety of typefaces　1234567890

▼オールドフェイス

ルネサンス期の手書き文字をベースとし，画線の太さに差が少なく，三角形のセリフと画線からセリフへのなめらかなつながりが特徴

Garamond
Variety of typefaces　1234567890

Goudy Old Style
Variety of typefaces　1234567890

▼トランジショナル

オールドフェイスからモダンフェイスへ移行する時期の過渡期的書体

Baskerville
Variety of typefaces　1234567890

Bookman
Variety of typefaces　1234567890

▼モダンフェイス

18～19世紀に主流であった縦画と横画の太さの差が大きく，直線的な画線と細いセリフを持つ書体

Bodoni
Variety of typefaces　1234567890

▼エジプシャン（スラブセリフ・スクエアセリフ）

19世紀に生まれた縦画と横画の太さの差がほとんどなく，セリフが強調された書体

American Typewriter
Variety of typefaces　12345678

Stymie
Variety of typefaces　1234567890

▼20世紀書体～現代書体

19世紀末から20世紀にかけて作られた現代書体。新聞や雑誌用につくられたため，x-heightを大きくして，可読性を高めた

Century Old Style
Variety of typefaces　1234567890

Times New Roman
Variety of typefaces　1234567890

▼サンセリフ

19～20世紀に生まれた縦画と横画の太さの差がほとんどなく，セリフのない書体

Futura
Variety of typefaces　123456789

Gill Sans
Variety of typefaces　1234567890

Helvetica
Variety of typefaces　1234567890

News Gothic
Variety of typefaces　1234567890

Optima
Variety of typefaces　1234567890

Univers
Variety of typefaces 1234567890

▼スクリプト

手書きの文字の様式を模した書体

Park Avenue
Variety of typefaces　1234567890

Zapfino
Variety of typefaces 1234

フのある書体は可読性がよいため，書籍の本文書体には主としてセリフ体が使われる。

セリフのないサンセリフ体は，主として見出しなどに使われる。

● ファミリー

同一の設計コンセプトによってつくられ，太さ（ウエイト）や文字幅（セット）などを変えたりした書体の一群のことをファミリーという。これは，本来は欧文書体での概念だったが，最近は和文書体についても使われるようになった。欧文書体のファミリーはイタリック体（あるいはオブリーク体）を持つものが多いが，和文ではウエイトのバリエーションに限られる。

▼ディスプレイ書体・その他

いわゆる「デザイン書体」。見た目のインパクトを重視した書体

Marker Felt

Variety of typefaces 123456789

Rosewood

VARIETY OF TYPEFACES 123456789

Stencil

VARIETY OF TYPEFACES 1234

▼ファミリーのバリエーションを表す接尾語

	接尾語	意味	ISO基準
太さ（ウエイト）	Thin	超極細	
	EL（Extra Light）	極細	W1
	L（Light）	細	W2
	R（Regular）・Book	中細	
	ML（Medium Light）	中細	W3
	M（Medium）	中太	
	D（Demi）	中太	W4
	SB（Semibold）	中太	
	DB（Demibold）	中太	W5
	B（Bold）	太	W6
	E（Extra〈Bold〉）	極太	W7
	Black	極太	
	H（Heavy〈Bold〉）	極太	W8
	U（Ultra〈Bold〉）	超極太	W9
字幅の広狭	Condenced	狭い	
	Expanded	広い	
立体・斜体	Roman	立体	
	Italic	斜体用に設計した斜体	
	Oblique	立体を傾けた斜体	

＊太さの接尾語の付け方はフォントによってまちまちである。よって，異なるフォントの太さを接尾語で比較することは正確にはできない

▼ファミリー

［欧文書体のファミリー］

Garamond

Regular

Typeface

Italic

Typeface

Semibold

Typeface

Semibold Italic

Typeface

Bold

Typeface

Bold Italic

Typeface

Univers

45 Light

Typeface

45 Light Oblique

Typeface

47 Light Condenced

Typeface

47 Light Condenced Oblique

Typeface

55 Roman

Typeface

55 Oblique

Typeface

57 Condnced

Typeface

57 Condenced Oblique

Typeface

65 Bold

Typeface

65 Bold Oblique

Typeface

67 Bold Condenced

Typeface

67 Bold Condenced Oblique

Typeface

75 Black

Typeface

75 Black Oblique

Typeface

［和文書体のファミリー］

小塚明朝

EL

書体ファミリー

R

書体ファミリー

M

書体ファミリー

B

書体ファミリー

新ゴ

L

書体ファミリー

R

書体ファミリー

M

書体ファミリー

B

書体ファミリー

character size

文字の大きさ

● ポイント・Q数・H数

文字の大きさの単位系には，ポイント(point)と級数(Q数)がある。

ポイントは欧米で使われた活字の大きさの単位に則ったもので，アメリカンポイント(1ポイント＝0.3514mm)とヨーロッパのディドーポイント(1ポイント＝0.3759mm)があるが，日本ではJIS(JIS Z 8305)でアメリカンポイントを採用している。

さらに，DTP時代になってポイントの単位系が見直された結果，DTPでは1ポイント＝0.3528mm(1/72inch)に改められており，現在はこれを使うのが望ましい。

Q数は写真植字を発祥とする単位系でメートル法を採用しており，1Q＝0.25mmと分かりやすいものである。歯数(H数)はQ数と同値の1H＝0.25mmであるが，「Q」が文字の大きさを示す際に使われるのに対し，「H」は距離を示す場合に使われる。

ポイント・Q数のどちらの単位系を使っても構わないが混用は避けたい。DTPアプリではポイントとQ数のいずれも使えるようになっており，「環境設定」でどちらかに設定しておけば使用単位が統一される。また，設定がどちらであっても，「～q」(Q数)，「～pt」(ポイント)と入力すれば設定の単位系に自動換算される。日本では通常の体感と親和性があり，計算がしやすいQ数系を使うのが効率的である。

その他，欧文ではパイカ(pica，1パイカ＝12アメリカンポイント)や，シセロ(cicero，1シセロ＝12ディドーポイント)などが使われることもある。

なお，活字組版時代には「号」という単位も使われていた。これは日本独特のもので，江戸幕末から明治維新期に日本の活版印刷の礎を築いた本木昌造が体系化したとされている。また，新聞の組版では「倍」という独自の単位系が使われている。

▼文字の大きさの単位

単位	表記	mm換算
アメリカンポイント	pt, p, ポ	1ポイント＝0.3514mm
DTPポイント	pt, p, ポ	1ポイント＝0.3528mm
級数(Q数)	Q, 級, #	1Q＝0.25mm
歯数(H数)	H	1H＝0.25mm

▼point・Q数・mmの換算表

point	Q	mm	point	Q	mm	point	Q	mm
0.709	1	0.25	18	25.4	6.35	45.351	64	16
1	1.411	0.353	18.424	26	6.5	46	64.915	16.228
1.417	2	0.5	19.841	28	7	46.769	66	16.5
2	2.822	0.706	20	28.224	7.056	48	67.738	16.934
2.126	3	0.75	21.26	30	7.5	48.186	68	17
2.835	4	1	22	31.046	7.762	49.603	70	17.5
3	4.233	1.058	22.676	32	8	50	70.56	17.64
3.543	5	1.25	24	33.869	8.467	51.02	72	18
4	5.645	1.411	24.093	34	8.5	52	73.382	18.346
4.252	6	1.5	25.51	36	9	52.438	74	18.5
4.96	7	1.75	26	36.691	9.173	53.855	76	19
5	7.056	1.764	26.927	38	9.5	54	76.205	19.05
5.669	8	2	28	39.514	9.878	55.272	78	19.5
6	8.467	2.117	28.345	40	10	56	79.027	19.757
6.378	9	2.25	29.762	42	10.5	56.689	80	20
7	9.878	2.47	30	42.336	10.584	58	81.85	20.462
7.086	10	2.5	31.18	44	11	58.11	82	20.5
7.795	11	2.75	32	45.158	11.29	59.524	84	21
8	11.29	2.822	32.596	46	11.5	60	84.672	21.168
8.503	12	3	34	47.981	11.995	60.941	86	21.5
9	12.7	3.175	34.014	48	12	62	87.494	21.874
9.212	13	3.25	35.431	50	12.5	62.358	88	22
9.921	14	3.5	36	50.803	12.7	63.776	90	22.5
10	14.112	3.528	36.848	52	13	64	90.317	22.579
10.63	15	3.75	38	53.626	13.406	65.193	92	23
11.338	16	4	38.265	54	13.5	66	93.139	23.285
12	16.934	4.234	39.683	56	14	66.61	94	23.5
12.755	18	4.5	40	56.448	14.112	68	95.962	23.99
14	19.757	4.939	41.1	58	14.5	68.027	96	24
14.172	20	5	42	59.27	14.818	69.444	98	24.5
15.59	22	5.5	42.52	60	15	70	98.784	24.696
16	22.579	5.645	43.934	62	15.5	70.862	100	25
17.007	24	6	44	62.093	15.523	72	101.606	25.4

▼かつての「号」による活字の大きさ

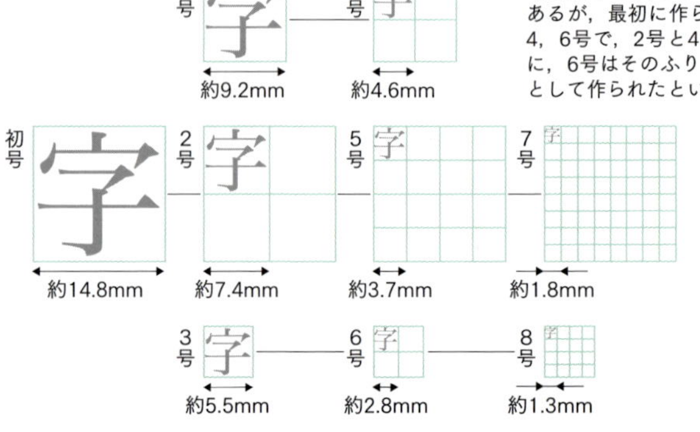

＊号数活字の大きさの根拠は諸説あるが，最初に作られたのは2，4，6号で，2号と4号は読み物用に，6号はそのふりがなや辞典用として作られたといわれる

▼文字の大きさ［ポイント／ヒラギノ明朝W3］

7pt 組版の基本は書体選びから組版の基本は書体選びから組版の
8pt 組版の基本は書体選びから組版の基本は書体選びから
9pt 組版の基本は書体選びから組版の基本は書体選
10pt 組版の基本は書体選びから組版の基本は書
12pt 組版の基本は書体選びから組版の基
14pt 組版の基本は書体選びから組版
16pt 組版の基本は書体選びから
20pt 組版の基本は書体選て
28pt 組版の基本は書
36pt 組版の基本は
50pt 組版の基

［Q／ヒラギノ明朝W3］

10Q 組版の基本は書体選びから組版の基本は書体選びから組版の
12Q 組版の基本は書体選びから組版の基本は書体選び
13Q 組版の基本は書体選びから組版の基本は書体選
14Q 組版の基本は書体選びから組版の基本は書
16Q 組版の基本は書体選びから組版の基本
20Q 組版の基本は書体選びから組版
24Q 組版の基本は書体選びか
28Q 組版の基本は書体選て
40Q 組版の基本は書
50Q 組版の基本は
70Q 組版の基

［ポイント／新ゴR］

7pt 組版の基本は書体選びから組版の基本は書体選びから組版の
8pt 組版の基本は書体選びから組版の基本は書体選びから
9pt 組版の基本は書体選びから組版の基本は書体選
10pt 組版の基本は書体選びから組版の基本は書
12pt 組版の基本は書体選びから組版の基
14pt 組版の基本は書体選びから組版
16pt 組版の基本は書体選びから
20pt 組版の基本は書体選て
28pt 組版の基本は書
36pt 組版の基本は
50pt 組版の基

［Q／新ゴR］

10Q 組版の基本は書体選びから組版の基本は書体選びから組版の
12Q 組版の基本は書体選びから組版の基本は書体選び
13Q 組版の基本は書体選びから組版の基本は書体選
14Q 組版の基本は書体選びから組版の基本は書
16Q 組版の基本は書体選びから組版の基本
20Q 組版の基本は書体選びから組版
24Q 組版の基本は書体選びか
28Q 組版の基本は書体選て
40Q 組版の基本は書
50Q 組版の基本は
70Q 組版の基

文字の変形・装飾

正方形の仮想ボディ内に設計されている文字を，長細くしたり，平たくしたり，斜めに傾けたりすることを変形という。その目的は，①限られたスペースに入れる文字数を増やす，②行間を広める／狭める，③書体に違った表情を与えて他と差別化する，などである。

ただし，和文書体は元来正方形の状態で使用することを前提に設計されているので，これらの変形を行うと，画線の太さが変わったりして読みにくくなる。本文に変形を使うのならば，変形の度合いを最小限度にとどめるべきである。一方，見出しやリードのような視覚に訴える部分に変形を使うのは効果的である。

また，フチ取りや影など文字に特殊な装飾を施すことで，紙（誌）面にアクセントを付け，読者の目の導線をコントロールすることができる。

● 長体・平体

文字の高さを一定に保ち，文字幅を縮める変形が「長体」，逆に文字幅を一定に保ち，文字の高さを縮める変形が「平体」であり，写植で使われていた言葉である。

写植では長体・平体用の「変形レンズ」により変形を施したが，長体，平体とも

90％：長体1番・平体1番

80％：長体2番・平体2番

70％：長体3番・平体3番

60％：長体4番・平体4番

の4種類の変形率を使うことができた。これらに対して変形されていないもの（正方形のもの）を「正体」という。

現在のDTPアプリでは，文字の高さ・文字幅のボックスに任意の数値を入力して長体，平体をつくるが，拡大・縮小ツールで作業することも可能である。

● 斜体

正方形の仮想ボディを平行四辺形の形に変形したものが斜体である。

▼写植文字の変形

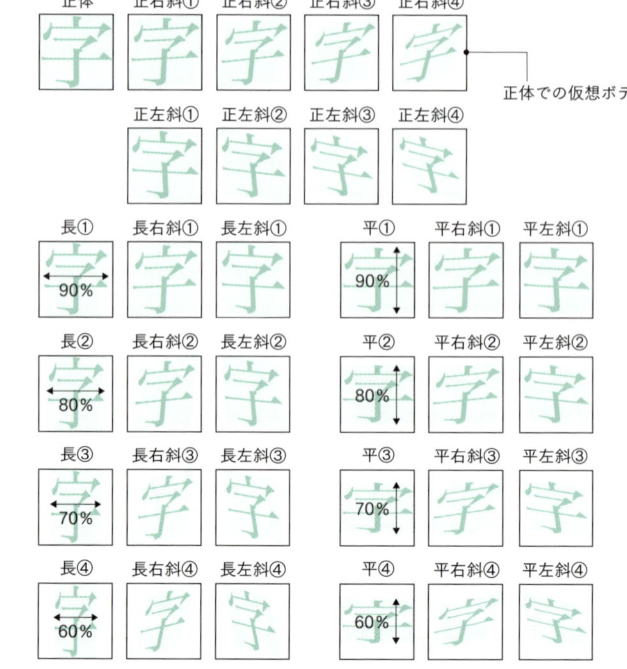

＊DTP時代になっても写植で使われていた「長①」などの変形を示す呼び名が使われることがあるので掲載した

▼斜体のライン揃え（写植）

［通常の場合］

［ライン揃えにした場合］（各文字を回転させて並びを揃える）

▼DTPのシアーツールによる斜体

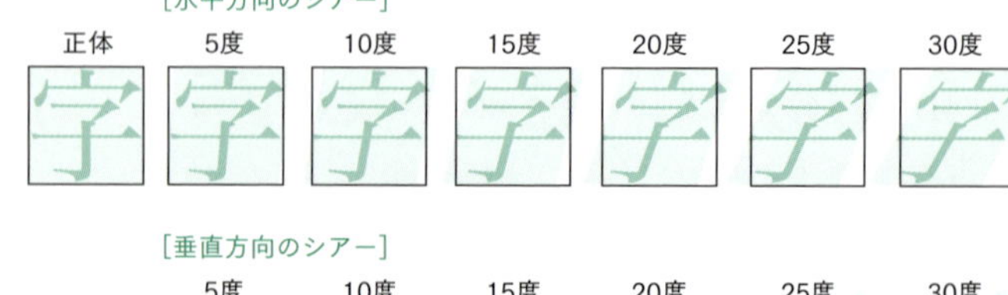

［垂直方向のシアー］

5度　10度　15度　20度　25度　30度

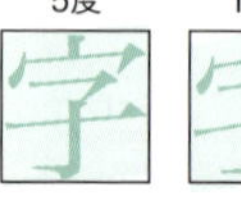

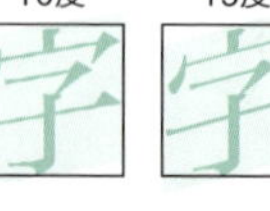

写植では傾斜の度合いによって1～4番があり，正体，長体，平体との組み合わせ，さらに左右の傾斜があるため，24種類の斜体を使うことができた。

写植の斜体では，指示がなければ文字の上下辺がジグザグになる。これを解消するには「ライン揃え」の指示が必要だった。

DTPアプリでは，シアー（傾き）機能のボックスに任意の数値（角度）を入力して斜体をつくる。また，拡大・縮小ツールやシアーツールで作業することも可能である。

なお，和文の「斜体」（slant）は，欧文のイタリック体（italic）とは違うものである。欧文のイタリック体は，立体（垂直に正立する書体）をただ傾けたのではなく，はじめから傾斜書体として設計されたものである。欧文で立体を傾けて設計された傾斜文字はオブリーク体（oblique）といい，イタリック体とは区別されている。

● フチ取り文字（袋文字）・影文字

写真や色面の上に文字を乗せる場合，文字がはっきり見えるように文字のまわりをフチ取りすることがあるが，フチ取り部分の色によって「白フチ」「黒フチ」「色フチ」などがある。

袋文字は，フチ取り文字のうち，フチ取りを濃い色に，文字色を白ないし薄い色にしたものを指すことが多い。

影文字（ドロップシャドウ）は，文字の影を文字の背景に若干ずらして置いたもので，文字が浮き出たように見える効果をもたらす。

▼フチ取り文字（袋文字）

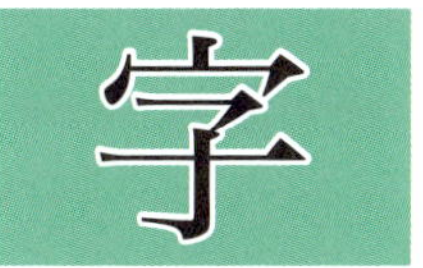

＊線の「角の形状」を「ラウンド」にすると，角張らず自然なフチ取りになる

▼影文字

▼長体 ［Q／ヒラギノ明朝W3］

	長①（文字幅90%）	長②（文字幅80%）	長③（文字幅70%）
10Q	組版の基本は書体選	組版の基本は書体選びか	組版の基本は書体選びから
13Q	組版の基本は書	組版の基本は書体	組版の基本は書体選
20Q	組版の基本	組版の基本	組版の基本は
50Q	組版	組版	組版

［Q／新ゴR］

	長①（文字幅90%）	長②（文字幅80%）	長③（文字幅70%）
10Q	組版の基本は書体選	組版の基本は書体選びか	組版の基本は書体選びから
13Q	組版の基本は書	組版の基本は書体	組版の基本は書体選
20Q	組版の基本	組版の基本	組版の基本は
50Q	組版	組版	組版

▼平体 ［Q／ヒラギノ明朝W3］

	平①（文字高90%）	平②（文字高80%）	平③（文字高70%）
10Q	組版の基本は書体選びから組版の基本は	組版の基本は書体選びから組版の基本は	組版の基本は書体選びから組版の基本は
13Q	組版の基本は書体選びから組版	組版の基本は書体選びから組版	組版の基本は書体選びから組版
20Q	組版の基本は書体選	組版の基本は書体選	組版の基本は書体選
50Q	組版の	組版の	組版の

［Q／新ゴR］

	平①（文字高90%）	平②（文字高80%）	平③（文字高70%）
10Q	組版の基本は書体選びから組版の基本は	組版の基本は書体選びから組版の基本は	組版の基本は書体選びから組版の基本は
13Q	組版の基本は書体選びから組版	組版の基本は書体選びから組版	組版の基本は書体選びから組版
20Q	組版の基本は書体選	組版の基本は書体選	組版の基本は書体選
50Q	組版の	組版の	組版の

フォント形式

フォントは出力の美しさ，データの容量，OSとの整合性，モニタ表示やプリンタとの関係，字数の拡張などを課題として，これまでさまざまな形式が開発されきた。そのため現在は，それらが混在して使用されているのが実情である。

●ビットマップフォントとアウトラインフォント

ビットマップフォントは，文字を点の集合として表すもので，DTPの黎明期のモニタ表示で使われていた。大きなサイズにしたり拡大表示をした際には字形が崩れて正確な組版ができない，表示用のビットマップデータを各サイズ分用意すると容量が増えるなどの難点があった。実際の出力ではプリンタ（PostScriptプリンタ）にプリンタフォントとしてインストールされているアウトラインフォント（PostScriptフォント）を使い，きれいな出力が得られるようになっていた。現在ではほぼ使われていない。

アウトラインフォントは文字の輪郭を曲線情報で描画するもので，出力の解像度に合わせてラスタライズ（複雑な構造をもつ画像データをピクセルで構成されるビットマップ画像に変換処理すること）するため，出力はきれいである。

アウトラインフォントには，PostScriptフォント，TrueTypeフォント，両者を複合化したOpenTypeフォントがある。

●PostScriptフォント

DTPで長年使われてきた定番フォントの形式。Adobe社が開発したアウトラインフォントで，文字のアウトラインを3次ベジェ曲線（1つの曲線を2つのアンカーポイントと2つの方向点を使って描く曲線でドローアプリのIllustratorで採用されている）で描画する。

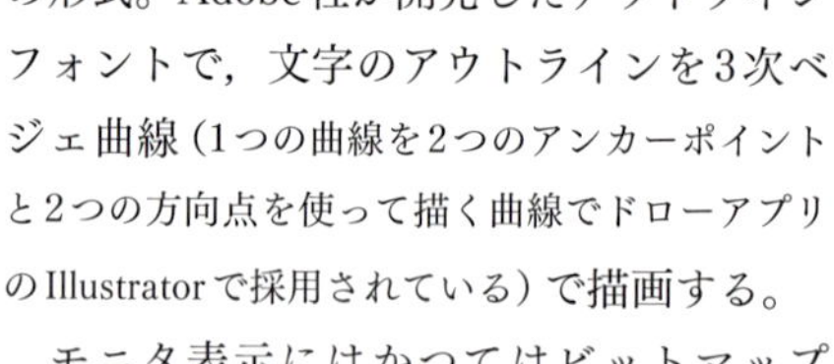

モニタ表示にはかつてはビットマップフォントを使ったが，その後フォントをスムーズに表示するアプリのAdobe Type Manager（ATM）が開発され，MacOS 9まではATMフォント（モニタ）＋PostScriptフォント（プリンタ）という組合せで使用した。

欧文のPostScriptフォントである「Type 1フォント」はAdobe社のサポートが終了し，同社のアプリではType 1フォントは認識されなくなった。

●OCFとCID

和文のPostScriptフォントには旧形式のOCF（Original Composite Font）形式と，OCF形式の複雑・大容量の構造を改めてシンプル化・軽容量にした新形式のCID（Charactor ID-keyed Font）形式が存在する（CID形式には初期の形式であるNaked CIDもある）。いずれも基本的にはプリンタフォントである。このうちOCF形式が使えるのはMacOS 9

▼アウトラインの描画

［ベジェ曲線：PostScriptフォント］

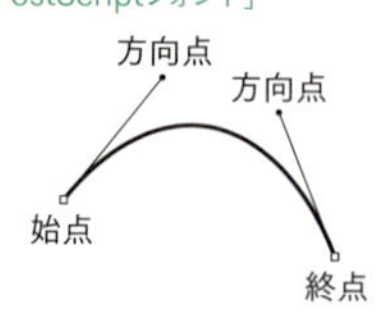

［スプライン曲線：TrueTypeフォント］

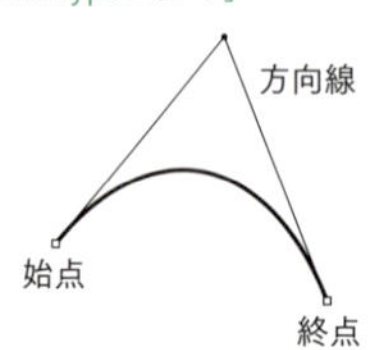

▼フォントのアイコン

［MacOS 9］

フォントスーツケース（PS, TT両フォントで使用）

Bitmap

PostScript Outline

TrueType

Adobe Type Manager

［MacOS X］

フォントスーツケース

PostScript

TrueType

OpenType

▼フォントの分類

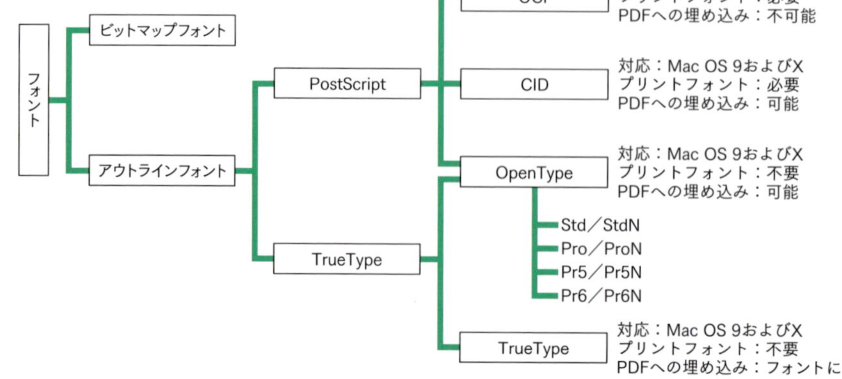

以前に限定され，フォントメーカーのサポートも終了している。CID形式（Naked CIDを除く）は字体の拡張性があり，PDFファイルへのフォント情報の埋め込み（エンベッド）が可能だが，CID形式フォントもAdobe社のサポートは終了している。

● TrueTypeフォント

Apple社とMicrosoft社が共同で開発したアウトラインフォントで，文字のアウトラインを2次スプライン曲線で描くもの。

TrueTypeフォントではプリンタフォントは不要である。モニタ表示はOS内にあるフォントのアウトラインデータをラスタライズしてスムーズに行い，プリンタ出力は，OS側でラスタライズするためプリンタフォントは不要で，PostScriptプリンタでなくてもきれいな出力が得られる。

● OpenTypeフォント

TrueTypeとPostScriptの両フォント形式の技術を融合し構造を簡素化したたもので，Mac OS／macOSとWindowsの異なるOS上で使用できるマルチプラットフォームに対応する。

TrueTypeフォントと同様に，モニタ表示，プリンタ出力ともアウトラインデータをOS側でラスタライズするためATMやプリンタフォントは不要である。

OpenTypeフォントはユニコード（Unicode）に準拠し，多くの字形の搭載が可能で（「Pr6」フォントでは23060字〈Adobe-Japan 1-7〉），異体字や特殊な記号類など，従来作字や外字フォントに頼っていた文字が相当程度含まれ，たいていのテキストであれば対応が可能である。参照▶46ページ

また，それぞれの文字自体が持っているデータを使い，プロポーショナルにつめたり，合字にしたり，分数にしたりすることが容易に可能である。

OpenTypeフォントには，PostScriptフォント由来（拡張子「.otf」）と，TrueTypeフォント由来（拡張子「.ttf」「.ttc」）とがある。

● フォントの字形数とAdobe-Japan1

フォントは年月を経るに従って搭載する字形数が増加している。この搭載字形数の基準となっているのが文字集合規格「Adobe-Japan1」である。1993年にAdobe社が日本語DTP用に開発した規格で多くのフォントメーカーに支持されている。

2024年現在は，「Adobe-Japan1-0」（8284字形）から「Adobe-Japan1-7」（23060字形）までの8種類が定義済みである。

▼JISで制定された字形数の変遷

制定年	バージョン（通称）	第1水準		第2水準	第3水準		第4水準
		非漢字	漢字	漢字	非漢字	漢字	漢字
1978	JIS X 0208：1978（78JIS／旧JIS）	453	2965	3384	—	—	—
1983	JIS X 0208：1983（83JIS／新JIS）	524	2965	3388	—	—	—
1990	JIS X 0208：1990（90JIS）	524	2965	3390	—	—	—
1990	JIS X 0212：1990［補助漢字］	非漢字 266	漢字 5801	＊JIS X 0208に含まれない文字（6067字形）を集めたもの			
1997	JIS X 0208：1997（97JIS）	524	2965	3390	—	—	—
2000	JIS X 0213：2000（2000JIS）	524	2965	3390	659	1249	2436
2004	JIS X 0213：2004（2004JIS）	524	2965	3390	659	1259	2436

＊小学校6年間で修得する「教育漢字」は1006字，1981年制定の「常用漢字」は2136字

▼Adobe-Japan1のバージョンと字形数の変遷

バージョン	発表年	搭載字形数	対応フォントバージョン
Adobe-Japan1-0	1993	8284字	PostScript OCF
Adobe-Japan1-1	1994	8359字	PostScript OCF
Adobe-Japan1-2	1994	8720字	PostScript CID
Adobe-Japan1-3	1998	9354字	OpenType Std／StdN
Adobe Japan1-4	2000	15444字	OpenType Pro／ProN
Adobe Japan1-5	2002	20317字	OpenType Pr5／Pr5N
Adobe Japan1-6	2004	23058字	OpenType Pr6／Pr6N
Adobe Japan1-7	2019	23060字	

＊末尾に「N」が付加されているフォントは「JIS X 0213：2004」で字形が変更された168文字と追加された10文字に対応している。「N」が付かないフォントは「90JIS字形」に対応

variant character

異体字

●書体・字体・字形

「書体」「字体」「字形」はよく混同されるが，その違いを簡易に言えば，「新ゴ」「リュウミン」など文字集合としてのデザインの差違が「書体の違い」，「辺」↔「邊」「邉」，「斎」↔「齋」など同音同義で字の構成（骨組み）が異なるものが「字体の違い」，「芦」↔「芦」，「柊」↔「柊」など点画の見た目の差違が「字形の違い」である。

そして，字体の異なる「辺」「邊」「邉」などはそれぞれが互いに「異体字（異字体）」で，その出自は旧字，俗字，略字，誤字などさまざまである。よって，「邊」「邉」などが「辺」の「旧字」「正字」などとは一概には言えない。

●文字の規格化

コンピュータで組版をするようになってから，「使いたい旧字が入力できない」「自分のワープロの字体／字形の通りに印刷したい」といった要望が増え，異体字の問題がクローズアップされた。

コンピュータによる情報処理に対応するための「文字コード」は，1969年にJISで制定された（JIS C 6220）。パソコン用文字コードは，78年に「情報交換用漢字符号系」（JIS C 6226，78JIS）として定められ，第1水準漢字と第2水準漢字が定義された。

その後，81年の「常用漢字表」の制定を受けた83年の改訂（JIS C 6226，83JIS）をはじめ，90年（JIS X 0208，90JIS），97年（JIS X 0208，97JIS）と，文字の追加，コード番号や例示字形の変更などがなされた結果，新旧の機種やOSの違いでさまざまな字体が存在する状況となった。

2000年には，従来の第1水準（97JISでは非漢字524字，漢字2965字），第2水準（同漢字3390字）を包含し，さらに多くの文字を第3水準（非漢字659字，漢字1249字），第4水準（漢字2436字）として加えた文字コードが規格化された（JIS X 0213〈2000JIS〉，2004年に10文字を追加し一部の例示字形を変更〈2004JIS〉）。参照▶45ページ

このように文字コードは流動的な状況で推移しているため，実務のDTPでは文字体系の根拠をどこに置くか，出版社あるいは出版物ごとにルールを明確にしておく必要がある。

●異体字の組版

異体字を使わねばならない場合は，それがJISコードに定義されているものであればそれを使えばよく，そうでないものについては，

①アプリに搭載された異体字選択・入力・出力の機能を使う
②外字フォントをインストールする
③Illustratorなどで作字し，レイアウト用アプリの「アンカー付きオブジェクト（インライングラフィック）」機能を使って配置
④作字したものを外字作成アプリでコード登録し，通常のフォントのように使う

などの処理がある。

最新のフォント形式であるOpenTypeフォントには23060字（Adobe-Japan 1-7）の字形が用意されており，OpenTypeの異体字を選択できる機能を持つアプリであれば，ほとんどの異体字を使うことができ，作字の手間が大幅に軽減した。

▼字形パネルでの異体字選択

＊InDesignの「字形」パネルでの異体字選択。「辺」には24の異体字がある。Illustratorも同様

▼字形・字体・書体の定義

文化庁の「文化審議会国語分科会漢字小委員会」は2015年，「常用漢字表における「字体・書体・字形」等の考え方について（共通理解のための素案）」を公表した。それによれば字形，字体，書体は以下のように定義されている。

「字形とは，個々の文字の見た目，形状のことである。これは手書き文字，印刷文字を問わず，目に見える文字の形そのものをいう場合に使われる用語である。……線の太さ，曲直，角度，つけるか，はなすか，はらうか，とめるか，はねるか，といった細かな違いまで，様々なレベルでの文字の形の相違を字形の違いと言う。」

「字体は，文字の骨組みのことである。……ある形を見たときに，人がそれを何かしらの文字として読み取れるのは，そこにその文字特有の骨組みが存在するのを認識すると考えられるからである。」

「書体とは，字体を基に文字が具現化された際に，文字に体系的に施された一定の特徴や様式のことである。……字体が具現化し文字として表される際には，例外なく，何らかの書体としての属性を有している。」

▼ユニコード

世界各国でそれぞれ別個に体系化されている文字コードを統一して世界中のすべての文字を共通のコード化する目的で定められたものがユニコード（Unicode）である。

1991年にIBM，Microsoftなどが発表，1993年に世界標準規格（ISO10646）となった。日本では1995年にこの規格を日本工業規格（JIS，現・日本産業規格）に取り入れ，「JIS X 0221」とした。

Mac OS／macOS，Windows共にユニコードを採用，フォントではOpenTypeがユニコード形式対応である。

ユニコードには，OSやアプリの各国語版をそれぞれ作成する手間が軽減する，異なる言語間でのデータ授受での文字化けなどの問題が解消する，などのメリットがある。

ユニコードには10万字分以上のコードが用意されているが，それでもすべての文字にコードを付すことはできない。そのため，類似の字体は同じ文字として扱われ（「包摂」という），日本，韓国，中国，台湾，ベトナムで共通して使われる漢字は「統合漢字」として整理されている。

組　版

組方向・行揃え

● タテ組とヨコ組

和文組版は，タテ組・ヨコ組どちらにも対応できる。これは他言語ではあまり見られない和文特有の性質である。

書籍・雑誌では，一般に文章中心のものではタテ組が使われ，欧文や数式の多いものではヨコ組が使われることが多い。旧来から理工系・医学系などの学術書などにヨコ組が多かったが，近年では数字のデータが多用される経済書や実用書，コンピュータ関連書などの多くもヨコ組になっている。

● 行揃え

書籍・雑誌で本文などの長い文章を組版する場合には，行長（1行の長さ＝1行の文

▼タテ組の行揃え

[均等配置]

メロスは激怒した。必ず、かの邪智暴虐の王を除かな
ければならぬと決意した。メロスには政治がわから
ぬ。メロスは、村の牧人である。笛を吹き、羊と遊ん
で暮して来た。けれども邪悪に対しては、人一倍に敏
感であった。きょう未明メロスは村を出発し、野を越
え山越え、十里はなれた此のシラクスの市にやって来
た。メロスには父も、母も無い。女房も無い。十六の、
内気な妹と二人暮しだ。この妹は、村の或る律気な一
牧人を、近々、花婿として迎える事になっていた。結
婚式も間近かなのである。メロスは、それゆえ、花嫁
の衣裳やら祝宴の御馳走やらを買いに、はるばる市に
やって来たのだ。先ず、その品々を買い集め、それか
ら都の大路をぶらぶら歩いた。メロスには竹馬の友が
あった。セリヌンティウスである。今は此のシラクス
の市で、石工をしている。その友を、これから訪ねて
みるつもりなのだ。久しく逢わなかったのだから、訪
ねて行くのが楽しみである。

[行頭揃え]

メロスは激怒した。必ず、かの邪智暴虐の王を
除かなければならぬと決意した。メロスには
政治がわからぬ。メロスは、村の牧人である。
笛を吹き、羊と遊んで暮して来た。けれども邪悪に
対しては、人一倍に敏感であった。きょう未明
メロスは村を出発し、野を越え山越え、十里はなれた
此のシラクスの市にやって来た。メロスには父も、
母も無い。女房も無い。十六の、内気な妹と
二人暮しだ。この妹は、村の或る律気な一牧人を、
近々、花婿として迎える事になっていた。結婚式も
間近かなのである。メロスは、それゆえ、花嫁の
衣裳やら祝宴の御馳走やらを買いに、はるばる市に
やって来たのだ。先ず、その品々を買い集め、
それから都の大路をぶらぶら歩いた。メロスには
竹馬の友があった。セリヌンティウスである。今は
此のシラクスの市で、石工をしている。その友を、
これから訪ねてみるつもりなのだ。

[中央揃え]

メロスは激怒した。必ず、かの邪智暴虐の王を
除かなければならぬと決意した。メロスには
政治がわからぬ。メロスは、村の牧人である。
笛を吹き、羊と遊んで暮して来た。けれども邪悪に
対しては、人一倍に敏感であった。きょう未明
メロスは村を出発し、野を越え山越え、十里はなれた
此のシラクスの市にやって来た。メロスには父も、
母も無い。女房も無い。十六の、内気な妹と
二人暮しだ。この妹は、村の或る律気な一牧人を、
近々、花婿として迎える事になっていた。結婚式も
間近かなのである。メロスは、それゆえ、花嫁の
衣裳やら祝宴の御馳走やらを買いに、はるばる市に
やって来たのだ。先ず、その品々を買い集め、
それから都の大路をぶらぶら歩いた。メロスには
竹馬の友があった。セリヌンティウスである。今は
此のシラクスの市で、石工をしている。その友を、
これから訪ねてみるつもりなのだ。

[行末揃え]

メロスは激怒した。必ず、かの邪智暴虐の王を
除かなければならぬと決意した。メロスには
政治がわからぬ。メロスは、村の牧人である。
笛を吹き、羊と遊んで暮して来た。けれども邪悪に
対しては、人一倍に敏感であった。きょう未明
メロスは村を出発し、野を越え山越え、十里はなれた
此のシラクスの市にやって来た。メロスには父も、
母も無い。女房も無い。十六の、内気な妹と
二人暮しだ。この妹は、村の或る律気な一牧人を、
近々、花婿として迎える事になっていた。結婚式も
間近かなのである。メロスは、それゆえ、花嫁の
衣裳やら祝宴の御馳走やらを買いに、はるばる市に
やって来たのだ。先ず、その品々を買い集め、
それから都の大路をぶらぶら歩いた。メロスには
竹馬の友があった。セリヌンティウスである。今は
此のシラクスの市で、石工をしている。その友を、
これから訪ねてみるつもりなのだ。

字数）を揃える，つまり各行の長さが同じになるように設定するのが原則である（箱組*）。これは，DTPアプリでの「均等配置」にあたる。

「均等配置」以外の行揃えの方法には，「行頭揃え」「中央揃え」「行末揃え」があるが，本文にこれらの行揃えを適用すると可読性が落ちる。とりわけ「中央揃え」は行頭・行末の位置がいずれも不定なので，文章の流れを追いにくい。

「均等配置」以外の行揃えの適用は，リードなどの短い文章に限定するのが賢明である。

＊組版には，一定字数で自動的に改行させ，矩形に組上げる「箱組」と，句読点や語句の切れ目などで強制的に改行し，行頭（行末）を揃え，行末（行頭）を不揃いにする「不揃い組」がある。
一般的には長めの文章である本文は箱組になる。可読性を考慮すれば，一定のリズムで改行する箱組の方が優れているためである。
逆に不揃い組は視覚を刺激する性質を持つので，見出しやリードなどに用いられる。

▼ヨコ組の行揃え

[均等配置]

メロスは激怒した。必ず，かの邪智暴虐の王を除かなければ
ならぬと決意した。メロスには政治がわからぬ。メロスは，
村の牧人である。笛を吹き，羊と遊んで暮して来た。けれど
も邪悪に対しては，人一倍に敏感であった。きょう未明メロ
スは村を出発し，野を越え山越え，十里はなれた此のシラク
スの市にやって来た。メロスには父も，母も無い。女房も無
い。十六の，内気な妹と二人暮しだ。この妹は，村の或る律
気な一牧人を，近々，花婿として迎える事になっていた。結
婚式も間近かなのである。メロスは，それゆえ，花嫁の衣裳
やら祝宴の御馳走やらを買いに，はるばる市にやって来たの
だ。先ず，その品々を買い集め，それから都の大路をぶらぶ
ら歩いた。メロスには竹馬の友があった。セリヌンティウス
である。今は此のシラクスの市で，石工をしている。その友
を，これから訪ねてみるつもりなのだ。久しく逢わなかった
のだから，訪ねて行くのが楽しみである。

[行頭揃え]

メロスは激怒した。必ず，かの邪智暴虐の王を除かなければ
ならぬと決意した。メロスには政治がわからぬ。メロスは，
村の牧人である。笛を吹き，羊と遊んで暮して来た。
けれども邪悪に対しては，人一倍に敏感であった。
きょう未明メロスは村を出発し，野を越え山越え，十里は
なれた此のシラクスの市にやって来た。メロスには父も，
母も無い。女房も無い。十六の，内気な妹と二人暮しだ。
この妹は，村の或る律気な一牧人を，近々，花婿として
迎える事になっていた。結婚式も間近かなのである。
メロスは，それゆえ，花嫁の衣裳やら祝宴の御馳走やらを
買いに，はるばる市にやって来たのだ。先ず，その品々を
買い集め，それから都の大路をぶらぶら歩いた。メロスには
竹馬の友があった。セリヌンティウスである。
今は此のシラクスの市で，石工をしている。その友を，
これから訪ねてみるつもりなのだ。久しく逢わなかったの

[中央揃え]

メロスは激怒した。必ず，かの邪智暴虐の王を除かなければ
ならぬと決意した。メロスには政治がわからぬ。メロスは，
村の牧人である。笛を吹き，羊と遊んで暮して来た。
けれども邪悪に対しては，人一倍に敏感であった。
きょう未明メロスは村を出発し，野を越え山越え，十里は
なれた此のシラクスの市にやって来た。メロスには父も，
母も無い。女房も無い。十六の，内気な妹と二人暮しだ。
この妹は，村の或る律気な一牧人を，近々，花婿として
迎える事になっていた。結婚式も間近かなのである。
メロスは，それゆえ，花嫁の衣裳やら祝宴の御馳走やらを
買いに，はるばる市にやって来たのだ。先ず，その品々を
買い集め，それから都の大路をぶらぶら歩いた。メロスには
竹馬の友があった。セリヌンティウスである。
今は此のシラクスの市で，石工をしている。その友を，
これから訪ねてみるつもりなのだ。久しく逢わなかったの

[行末揃え]

メロスは激怒した。必ず，かの邪智暴虐の王を除かなければ
ならぬと決意した。メロスには政治がわからぬ。メロスは，
村の牧人である。笛を吹き，羊と遊んで暮して来た。
けれども邪悪に対しては，人一倍に敏感であった。
きょう未明メロスは村を出発し，野を越え山越え，十里は
なれた此のシラクスの市にやって来た。メロスには父も，
母も無い。女房も無い。十六の，内気な妹と二人暮しだ。
この妹は，村の或る律気な一牧人を，近々，花婿として
迎える事になっていた。結婚式も間近かなのである。
メロスは，それゆえ，花嫁の衣裳やら祝宴の御馳走やらを
買いに，はるばる市にやって来たのだ。先ず，その品々を
買い集め，それから都の大路をぶらぶら歩いた。メロスには
竹馬の友があった。セリヌンティウスである。
今は此のシラクスの市で，石工をしている。その友を，
これから訪ねてみるつもりなのだ。久しく逢わなかったの

line spacing, character spacing

行間・行送り・字間・字送り

●行間・行送り

行同士の間隔は，行間のアキの値あるいは行送りの値で定める。

①行間：隣り合う行の仮想ボディ間の間隔

②行送り：隣り合う行の仮想ボディのセンターライン間の距離。隣り合う行の文字サイズが同じであれば，「行送り＝文字サイズ＋行間」となる

③DTPでの行間・行送りの基準：DTPアプリでの行間指定は，行送り値を入力するものが多い

レイアウト用アプリのInDesignでは，「行送りの基準位置」を「仮想ボディの上／右」（ワードプロセッシング方式：隣り合う行の仮想ボディの天〈タテ組は右〉同士の距離）「仮想ボディの中央」「欧文ベースライン」「仮想ボディの下／左」（タイプセッティング方式：隣り合う行の仮想ボディの地〈タテ組は左〉同士の距離）の4種類から選択できる。

Illustratorでは「仮想ボディの上基準の行送り」（仮想ボディの上／右同士）と「欧文ベースライン基準の行送り」（欧文ベースライン同士，ヨコ組のみ）の2種類がある。

●字間・字送り

文字同士の間隔は，字間のアキの値あるいは字送りの値で定める。

①字間：隣り合う文字の仮想ボディ間の間隔

②字送り：隣り合う文字の仮想ボディのセンターライン間の距離。隣り合う文字のサイズが同じであれば，「字送り＝文字サイズ＋字間」となる

③DTPアプリでの字間・字送りの基準：隣り合う仮想ボディの左（タテ組は天）同士の距離となっており，字送りの設定は後述の「トラッキング」で行う場合が多い

本文の文字間隔は，字間をつめたり空けたりせず，仮想ボディ同士がぴったりくっついている状態にするのが基本である。これを「ベタ組」という。

▼行間と行送り

［隣り合う行の文字サイズが同じ場合］　どの方式でも行送り値は同じになる

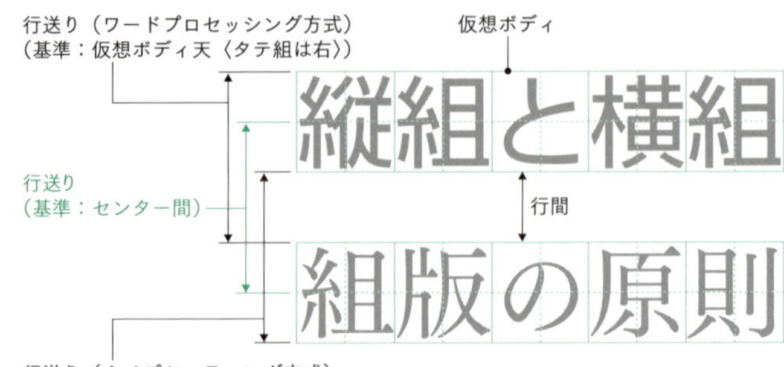

［隣り合う行の文字サイズが異なる場合］　方式により行送り値は異なる

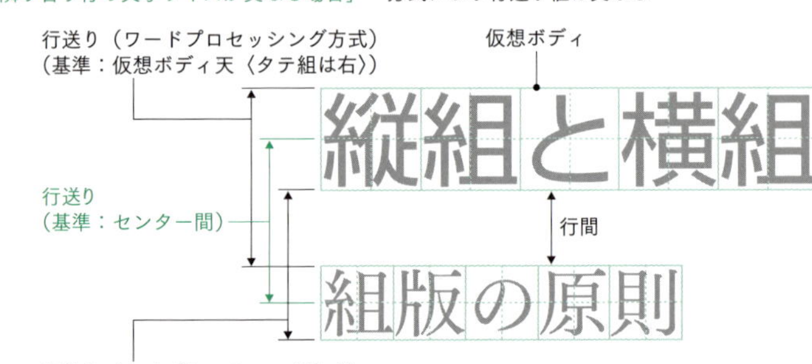

▼InDesignでの行送りの基準

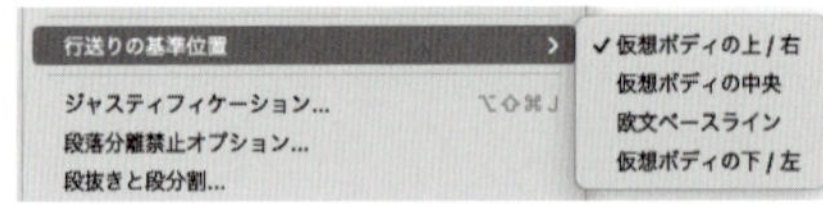

＊「段落」パネルのサブメニューから4種類の基準位置が選択できる

▼字間と字送り

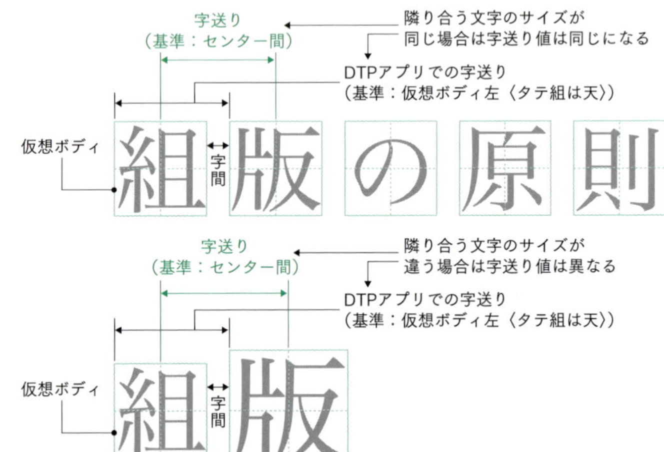

ベタ組に対して字間をつめて組むものが「つめ組」で，字間を均等につめる「一律つめ」（字送り均等）と，字面の形状に応じて字間を調整する「プロポーショナルつめ」（プロポーショナル送り）とがある。ただし，本文用書体は基本的にベタ組でもっとも読みやすいように設計されているので，つめ組は可読性を損なうリスクに配慮し，過度な適用は避けるべきである。また，ルビがある場合は，つめ組によりルビもつまってしまい，極度に可読性が悪くなる。

なお，詩集・歌集・句集などでは字間を空けて組む場合もある。

見出しなどの大きな文字では，特に仮名の字間が空いて見えるのを避けるためにプロポーショナルつめにすることが多い。

● トラッキング・カーニング・文字ツメ

DTPにおいて字間を調整する方法には「トラッキング」「カーニング」などがある。

①トラッキング：複数の文字間隔を一律の数値でつめ（空け）る方法で，字送り均等になる。トラッキング値は文字サイズに対する割合で設定する

②カーニング：隣り合った2文字の間隔を，字面の形状に応じて手動で調整するもので，プロポーショナル送りになる。カーニング値も文字サイズに対する割合で設定する

③文字ツメ：InDesign，Illustratorに搭載されているつめ組の機能で，隣り合う文字の仮想ボディと字面のアキに応じてつめる割合を設定するもの。ある程度のプロポーショナル送りになる

この他，字間の調整を司るDTPアプリのプラグイン（機能拡張アプリ）などがある。

なお，写植時代に行われていた「かなつめ」（漢字はベタ組で仮名のみつめる）の指定が現在でもなされることがあるが，DTPアプリでは仮名のみつめる設定・操作はかなり煩雑である。

▼ベタ組・空け組・つめ組

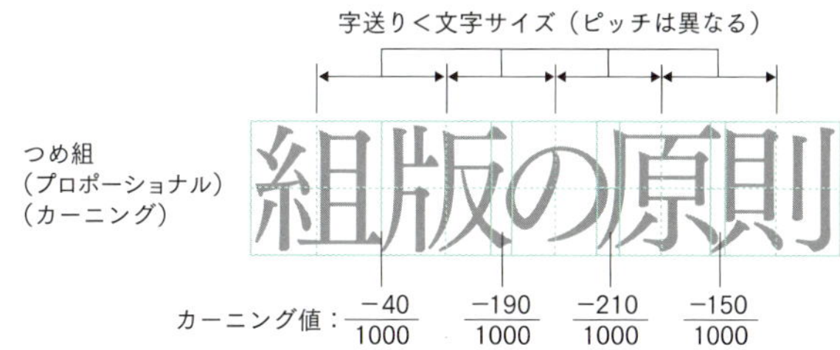

▼Illustratorでの字間調整

［トラッキング］

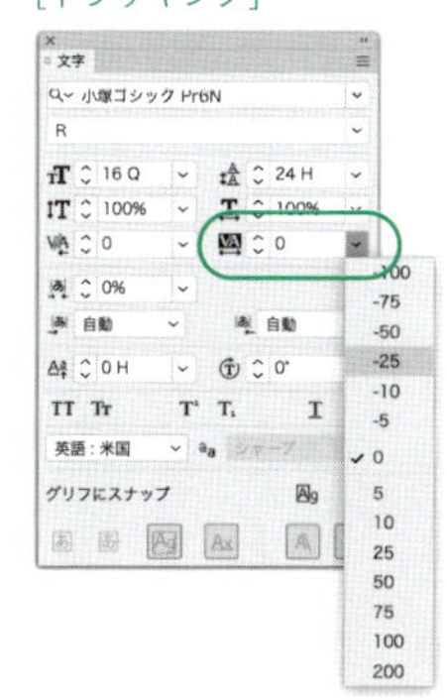

［カーニング］

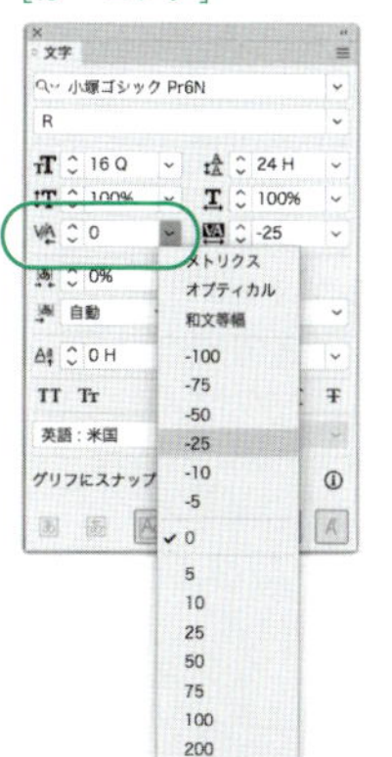

［文字ツメ］

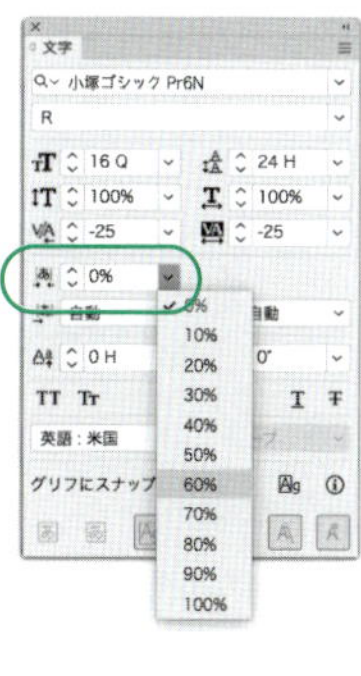

text size, line spacing

本文サイズ・行間

●本文の文字サイズの目安

本文の文字サイズは，通常の書籍・雑誌では12～14Q（8～10ポイント）の範囲内で選択するのが目安で，読みやすいとされている。近年では高齢社会を反映してか，14Q（あるいはそれ以上）の組版が多くなっている。書籍では11Q以下を使うことはほとんどないが，雑誌で本文にゴシック系書体を使う場合は，10～11Q（7～8ポイント）にすることもある。ゴシック系書体は明朝系書体に比べて太く大きく見えるので小さくしても読めるという判断からである。

電算写植とDTPでは文字サイズに小数点以下の設定が可能なので，12.5Q，13.5Qといった中間サイズも使われる。

また，特に児童書・学童書などでは，文字の可読サイズについて年齢ごとの目安が提案されている。

●字詰めと行間の考え方

文字サイズ，判型，組方向などの要素によって，1行の字詰めと行間の関係のバリエーションは多々ある。

12～13Q（8～9ポイント）での組版では，タテ組なら最小20字～最大45字程度，ヨコ組なら最小15字～最大30字程度に収めるのが望ましいとされている。

行間は，文字サイズの半角～全角未満（ヨコ組ではやや狭く）の範囲にするのが基準で，この範囲外では可読性が落ちる。

また，行間が半角以下だとルビ（ふりがな，大きさは親文字の半分）が入らない。

読みやすいとされる行間のアキは，1行の字詰（文字数）に連動している。おおむね行長が短ければ行間は狭め，長ければ行間は広めにするのがよい。

▼年齢と文字の可読サイズの目安例

中学生以上	12Q，8ポイント以上
小学校5，6年生	13Q，9ポイント以上
小学校4，5年生	14Q，10ポイント以上
小学校1，2年生	16Q，12ポイント以上
未就学児童	24Q，16ポイント以上

●リードの大きさ・行間

リードは，主に雑誌において，大見出しの近くにあって，短い文章で本文の内容を簡潔に要約し，読者を本文に導き入れる役目を果たすものである。

通常は本文よりも1まわり大きく，ゴシック系やウエイトの太い書体を使い，行間は本文よりもつめ気味にする。

●多段組と段間

書籍で2段組を使うのは，原稿量が多いからだが，そのため本文の文字サイズは12～13Q（8～9ポイント）が多く，行長が短いために行間も狭めになる。雑誌は判型が大きいため，3～6段の多段組が多い。

段間のアキは，本文サイズの2倍以上にする。段間が2倍未満だと上下の行がつながって見えるおそれがあり，特にぶら下げ組ではそれが顕著になる。参照▶67ページ

［14Q行送り27H（行間13H＝全角－1H）］

メロスには父も、母も無い。女房も無い。十六の、内
気な妹と二人暮しだ。この妹は、村の或る律気な一牧
人を、近々、花婿（はなむこ）として迎える事になっていた。結婚
式も間近かなのである。メロスは、それゆえ、花嫁の

［14Q行送り25H（行間11H≒二分四分）］

メロスには父も、母も無い。女房も無い。十六の、内
気な妹と二人暮しだ。この妹は、村の或る律気な一牧
人を、近々、花婿（はなむこ）として迎える事になっていた。結婚
式も間近かなのである。メロスは、それゆえ、花嫁の

［14Q行送り21H（行間7H＝半角）］

メロスには父も、母も無い。女房も無い。十六の、内
気な妹と二人暮しだ。この妹は、村の或る律気な一牧
人を、近々、花婿（はなむこ）として迎える事になっていた。結婚
式も間近かなのである。メロスは、それゆえ、花嫁の

▼標準的な本文サイズと行間

[12Q 行送り 18H（行間 6H＝半角）]

メロスには父も、母も無い。女房も無い。十六の、内気な妹と二人暮しだ。この妹は、村の或る律気な一牧人を、近々、花婿（はなむこ）として迎える事になっていた。結婚式も間近かなのである。メロスは、それゆえ、花嫁の衣裳やら祝宴の御馳走やら

[12Q 行送り 21H（行間 9H＝二分四分）]

メロスには父も、母も無い。女房も無い。十六の、内気な妹と二人暮しだ。この妹は、村の或る律気な一牧人を、近々、花婿（はなむこ）として迎える事になっていた。結婚式も間近かなのである。メロスは、それゆえ、花嫁の衣裳やら祝宴の御馳走やら

[12Q 行送り 23H（行間 11H＝全角－1H）]

メロスには父も、母も無い。女房も無い。十六の、内気な妹と二人暮しだ。この妹は、村の或る律気な一牧人を、近々、花婿（はなむこ）として迎える事になっていた。結婚式も間近かなのである。メロスは、それゆえ、花嫁の衣裳やら祝宴の御馳走やら

[12Q 行送り 18H（行間 6H＝半角）]

メロスには父も，母も無い。女房も無い。十六の，内気な妹と二人暮しだ。この妹は，村の或る律気な一牧人を，近々，花婿（はなむこ）として迎える事になっていた。結婚式も間近かなのである。メロスは，それゆえ，花嫁の

[12Q 行送り 21H（行間 9H＝二分四分）]

メロスには父も，母も無い。女房も無い。十六の，内気な妹と二人暮しだ。この妹は，村の或る律気な一牧人を，近々，花婿（はなむこ）として迎える事になっていた。結婚式も間近かなのである。メロスは，それゆえ，花嫁の

[12Q 行送り 23H（行間 11H＝全角－1H）]

メロスには父も，母も無い。女房も無い。十六の，内気な妹と二人暮しだ。この妹は，村の或る律気な一牧人を，近々，花婿（はなむこ）として迎える事になっていた。結婚式も間近かなのである。メロスは，それゆえ，花嫁の

[13Q 行送り 20H（行間 7H≒半角）]

メロスには父も、母も無い。女房も無い。十六の、内気な妹と二人暮しだ。この妹は、村の或る律気な一牧人を、近々、花婿（はなむこ）として迎える事になっていた。結婚式も間近かなのである。メロスは、それゆえ、花嫁の衣裳やら祝宴の御馳走

[13Q 行送り 23H（行間 10H≒二分四分）]

メロスには父も、母も無い。女房も無い。十六の、内気な妹と二人暮しだ。この妹は、村の或る律気な一牧人を、近々、花婿（はなむこ）として迎える事になっていた。結婚式も間近かなのである。メロスは、それゆえ、花嫁の衣裳やら祝宴の御馳走

[13Q 行送り 25H（行間 12H＝全角－1H）]

メロスには父も、母も無い。女房も無い。十六の、内気な妹と二人暮しだ。この妹は、村の或る律気な一牧人を、近々、花婿（はなむこ）として迎える事になっていた。結婚式も間近かなのである。メロスは、それゆえ、花嫁の衣裳やら祝宴の御馳走

[13Q 行送り 20H（行間 7H≒半角）]

メロスには父も，母も無い。女房も無い。十六の，内気な妹と二人暮しだ。この妹は，村の或る律気な一牧人を，近々，花婿（はなむこ）として迎える事になっていた。結婚式も間近かなのである。メロスは，そ

[13Q 行送り 23H（行間 10H≒二分四分）]

メロスには父も，母も無い。女房も無い。十六の，内気な妹と二人暮しだ。この妹は，村の或る律気な一牧人を，近々，花婿（はなむこ）として迎える事になっていた。結婚式も間近かなのである。メロスは，そ

[13Q 行送り 25H（行間 12H＝全角－1H）]

メロスには父も，母も無い。女房も無い。十六の，内気な妹と二人暮しだ。この妹は，村の或る律気な一牧人を，近々，花婿（はなむこ）として迎える事になっていた。結婚式も間近かなのである。メロスは，そ

live area

版面・標準的な組方

● 版面とは

版面とは，紙（誌）面の中で，文字や図版の印刷される部分の基本範囲のことをいい，①本文文字のサイズ，②1行の文字数（字詰），③行数，④行間のアキ，⑤段数，⑥段間のアキ，⑦四方の余白の寸法，によって定められる矩形である。

版面については，

①1冊の書籍・雑誌の中では同じ大きさ
②見開いた状態でノドを中心に左右対称
③通常書籍では判型の50～60％の面積に
④版面は判型の相似形に近い形にし天地左右の余白を均一に

などの基本原則がある。

● 版面の位置

日本では長らく，版面は判型の天地左右中央に置くとされてきた（上記④の原則）が，この原則は文芸書や学術書などのオーソドックスな書籍に限られ，他ジャンルの書籍・雑誌では，さまざまなバリエーションが存在する。版面の位置は，柱，ノンブルの位置，見開きでの見え方，図版の多寡，ページ数，製本様式などを勘案して多様に調整されている。

例として，本は見開いて読むものなので，左右ページの一体感や連続性を出すために，版面の位置を若干ノド寄せにするとの考え方がある一方で，各ページの中央に置かれたように見せるため，ノドの綴じを考慮して版面の位置を若干小口寄せにする，という見解もある。また，版面を若干天に寄せるほうが，安定感が出るとされる。

中綴じの雑誌では，内側のページは外側のページよりも，断裁で小口側が大きく切れることを考慮し，版面を小口側に寄せすぎないようにする注意が必要である。

● 本文の標準的な組方

右ページの表は，代表的な組方である。ここでは字間はベタ組とし，1ページの総字数，版面の天地左右の寸法も示した。

▼版面設計例

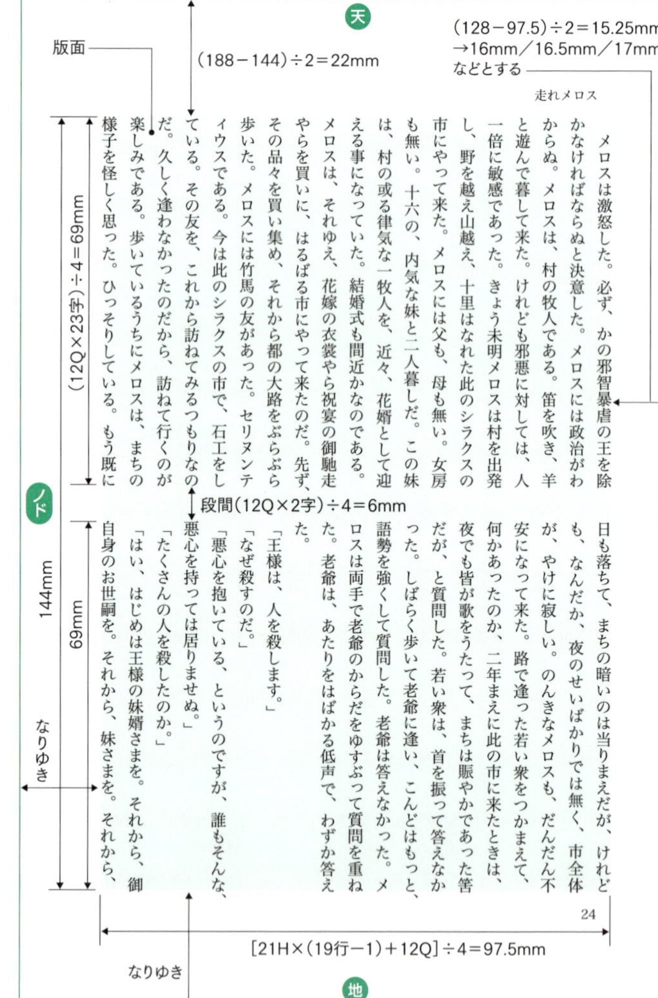

＊この例では，判型は四六判（左右128mm×天地188mmとする）（縮小してある）
＊本文は12Q・23字詰・19行・行送り21H・2段・段間12Q2倍アキとした
＊柱・ノンブルと本文とのアキは本文の1字分以上は空ける
＊版面の位置は，天（あるいは地），小口を決めれば，地（あるいは天），ノドは自動的に決まる（なりゆき）

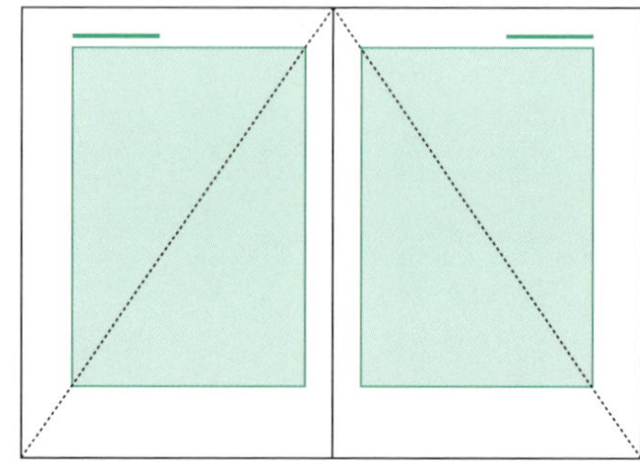

＊版面は，判型と相似形とし，ノドを中心に左右対称となる。日本では判型の天地左右中央に置いた上で四方の余白を調整することが多い
＊洋書では伝統的な規範がいくつかあり，左図のように天・ノドに大きく寄せた位置が採用される場合も多いが，和書ではここまで寄せたものはあまりない

▼標準的な組方例（タテ組）

判型	寸法（mm）	文字サイズQ数（Q）	行長（字）	行数（行）	行送（H）	段数（段）	段間（H）	字数（字）	版面左右寸法		版面天地寸法	
									mm	H	mm	H
A5判	左右148 天地210	14	46	16	27	1	−	736	104.75	419	161	644
		13	50	16	25	1	−	800	97	388	162.5	650
		13	51	17	25	1	−	867	103.25	413	165.75	663
		13	51	18	24	1	−	918	105.25	421	165.75	663
		13	24	20	21	2	26	960	103	412	162.5	650
		13	26	23	21	2	26	1196	118.75	475	175.5	702
		12	26	21	22	2	24	1092	113	452	162	648
		12	27	24	20	2	24	1296	118	472	168	672
四六判	左右128* 天地188*	13	43	15	26	1	−	645	94.25	377	139.75	559
		13	43	16	25	1	−	688	97	388	139.75	559
		13	43	17	23	1	−	731	95.25	381	139.75	559
		13	44	18	22	1	−	792	96.75	387	143	572
		12	47	18	22	1	−	846	96.5	386	141	564
		12	24	20	20	2	24	960	98	392	150	600
		12	25	21	19	2	24	1050	98	392	156	624
新書判	左右105* 天地173*	13	40	14	22	1	−	560	74.75	299	130	520
		13	41	15	21	1	−	615	76.75	307	133.25	533
		13	42	16	20	1	−	672	78.25	313	136.5	546
		12	44	16	20	1	−	704	78	312	132	528
文庫判	左右105 天地148	13	37	14	23	1	−	518	78	312	120.25	481
		13	37	15	21	1	−	555	76.75	307	120.25	481
		13	38	14	23	1	−	532	78	312	123.5	494
		12	40	16	20	1	−	640	78	312	120	480
		12	41	17	19	1	−	697	79	316	123	492

（ヨコ組）

判型	寸法（mm）	文字サイズQ数（Q）	行長（字）	行数（行）	行送（H）	段数（段）	段間（H）	字数（字）	版面左右寸法		版面天地寸法	
									mm	H	mm	H
A5判	左右148 天地210	13	34	26	25	1	−	884	110.5	442	159.5	638
		13	34	28	24	1	−	952	110.5	442	165.25	661
		13	34	30	23	1	−	1020	110.5	442	170	680
		12	38	30	23	1	−	1140	114	456	169.75	679
		12	36	33	20	1	−	1188	108	432	163	652
四六判	左右128* 天地188*	13	28	24	24	1	−	672	91	364	141.25	565
		13	29	26	23	1	−	754	94.25	377	147	588
		12	31	26	23	1	−	806	93	372	146.75	587
		12	32	30	20	1	−	960	96	384	148	592

＊ここではQ数H数を使用。四六判・新書判の天地左右寸法は代表的なもの

原寸·現物で確かめること

DTP時代が訪れて30年以上，組版・レイアウトの現場は，多様な恩恵を受けてきた。たとえば紙面の見え方はモニタで把握でき，小さい字は拡大表示で確認でき，版下作業の頃には苦労していた微細な字間調整が容易にできるようになったのも，多くのメリットの一部である。

しかし，メリットが仇になることもある。たとえ100%表示のモニタ画面で「これでよい」となっても，紙に刷られて綴じられて断裁された完成本では，モニタ上とはまったく別物に見える。本にはモニタでは判型境界の外側にある白（色）地はなく，拡大してつめた小さな文字はつめすぎでくっついて見える。

版面を定める時や校正段階などのどこかで，必ず出力して仕上り線で切って眺め，原寸の現物ではどのように見えるかの確認を心がけたい。本を間違いない姿で仕上げるために避けては通れない手続きだ（儀式と言ってもいい）と考える。

見出し

● 書体とサイズ

見出しは本文のあるまとまりを簡潔な言葉で要約した語句で，通常はそのまとまりの先頭に置かれ，本文の書体より目立つもの（ウエイトの太いものやゴシック系書体）を使い，本文より大きいサイズにすることが多い。またケイ（線）や約物（記号）などをあしらう場合もある。

見出しには文章の構成に応じて部見出し，章見出し，節見出しなどがあり，また使う文字の大きさによって大見出し，中見出し，小見出しなどともいう。小見出しに続いて本文がつながる（本文追込み）「行頭（同行）見出し」，行頭見出しを2〜3行の行ドリで入れる「窓見出し」もある。

本文をあるサイズに定めたら，小見出しはそれよりも1段階大きくし，さらに中見出し，大見出しと徐々に大きくしていくのが原則であるが，小見出しをゴシック系書体にする場合は，本文と同じないし1Q，1ポイント小さいサイズにすることもある。

奇数ページの末に見出しだけが来ることは避け，次のページに送る必要がある。

● 行ドリ

見出しの前後は通常，本文の行間よりも広めにし，見出しのために本文の複数行を割り当てるが，これを「行ドリ」という。

行ドリの方法は，小見出しを本文1行ドリ，中見出し2行ドリ，大見出し4行ドリなど，見出しの「格」が上がるにしたがって使う行数を増やす。

大見出しと小見出しなど，見出しが並ぶ場合には，見出し間の行間の空きすぎを回避するため，各見出しに設定された行ドリの合計より1行分減らした方がよい。

● 位置と字下げ

タテ組では，見出しの「格」に応じて字下げの差を付けることが多い。字下げ幅は本文の倍数を基準とし，大見出し本文4字下げ，中見出し6字下げ，小見出し8字下げなど，「格」が下がるにしたがって字下げ幅を増やすことが多いが，小見出しは行頭寄りや行末寄りにする場合も多い。

ヨコ組では①中央揃え，②行頭揃え，③行末揃え，の方式があり，②行頭揃えの場合はタテ組のように字下げで差を付ける。

以上のような指針は，小見出ししかない場合，雑誌のように大見出しが記事全体の見出しになる場合，デザイン的に処理する場合などでは原則によらないことが多い。

● 行間と字間

見出し自体が複数行になる場合は，行間は狭めにする。本文の行間の原則にはとらわれなくてよい。書体によっては行間ベタ（空けない）でも可読性は損なわれない。

また，本文よりサイズが大きい見出しでは，字間をつめて引き締める場合が多い。

▼大見出しの行間例

［20Q・行送り22H］

出版・編集と
デザイン

［32Q・行送り32H］

出版・編集と
デザイン

▼見出しの「格」による組方の基準例

	文字サイズ	書体	行ドリ	字下げ
本文	13Q	細明朝 中太明朝	—	—
小見出し	12〜14Q	中ゴシック 太ゴシック	1行ドリ	天付き
中見出し	15〜20Q	太明朝 太ゴシック	2行ドリ	6字下げ
大見出し	20〜32Q	特太明朝 見出しゴシック	4行ドリ	4字下げ

▼見出しの種類

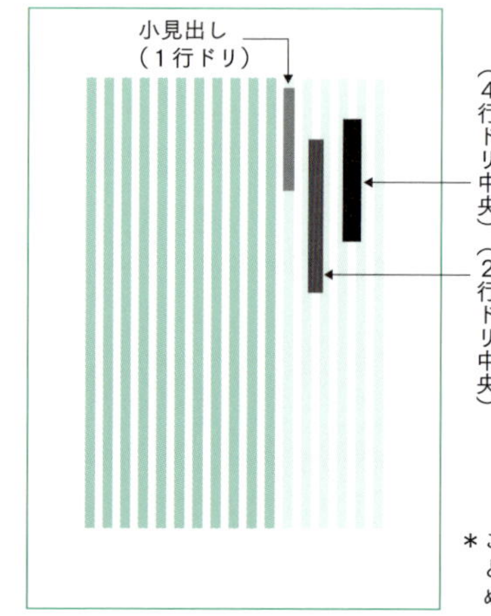

＊この例では大見出し（4行ドリ）と中見出し（2行ドリ）が並ぶため，計6行ドリから1行減じた

▼見出しの組方のバリエーション

［文中に小見出しが入る］

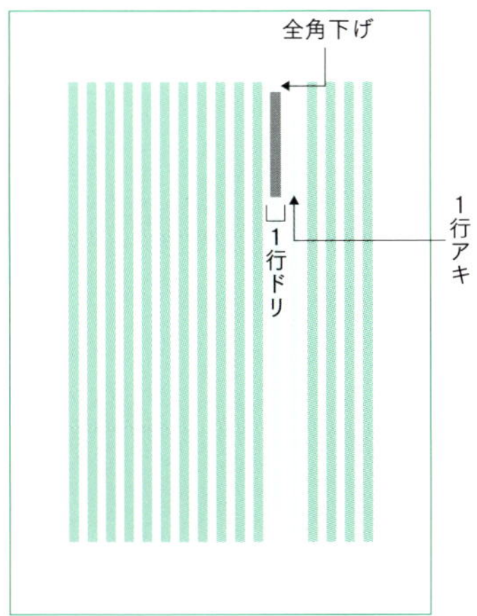

［ページ冒頭に中見出しが単独で入る］

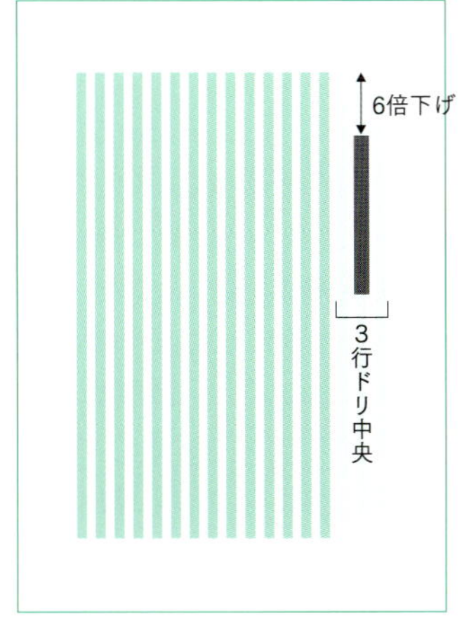

［ページ冒頭に大見出しが単独で入る］

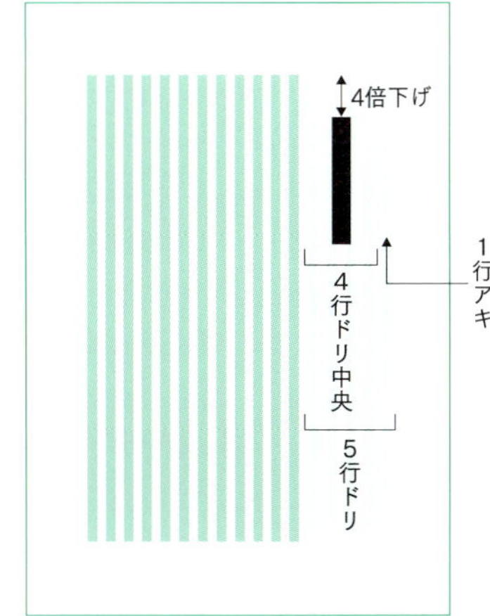

［文中に中見出しと小見出しが入る］

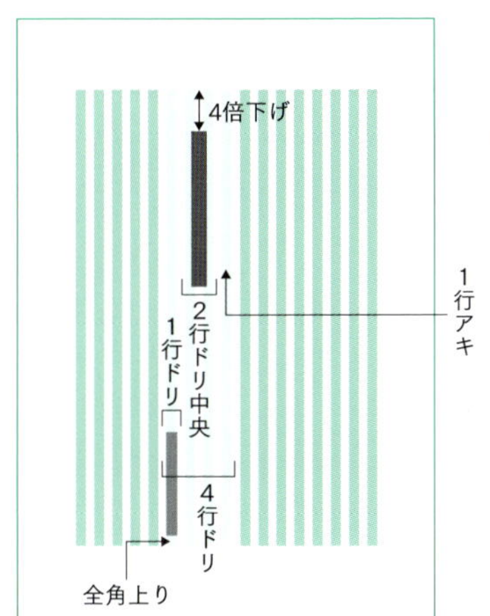

［文中に行頭(同行)見出しが入る］

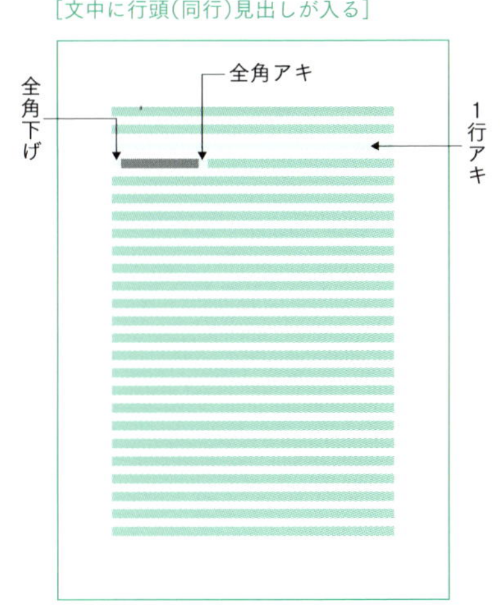

［ページ冒頭に3行ドリの窓見出し(2行)が入る］

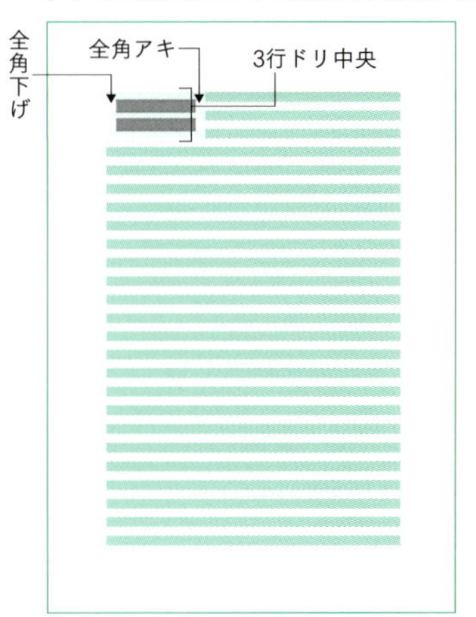

［ページ冒頭に中見出しが単独で入る］

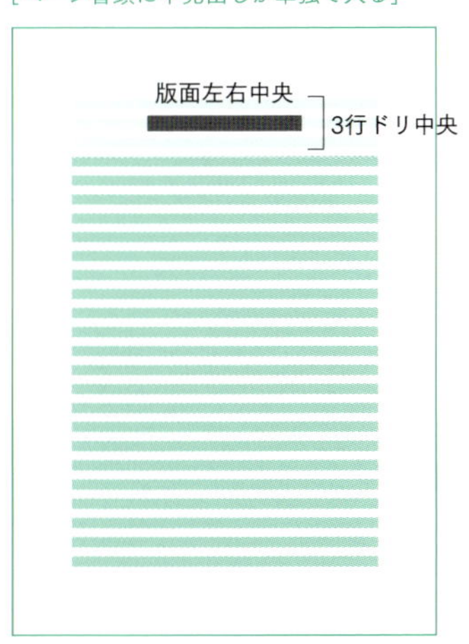

［ページ冒頭に大見出しと中見出しが入る］

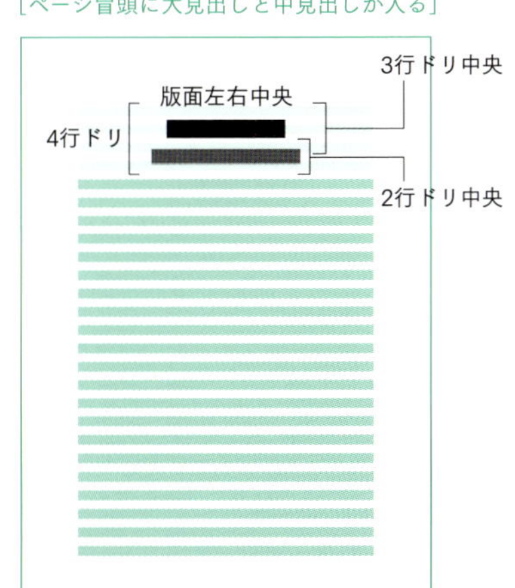

［文中に中見出しと小見出しが入る］

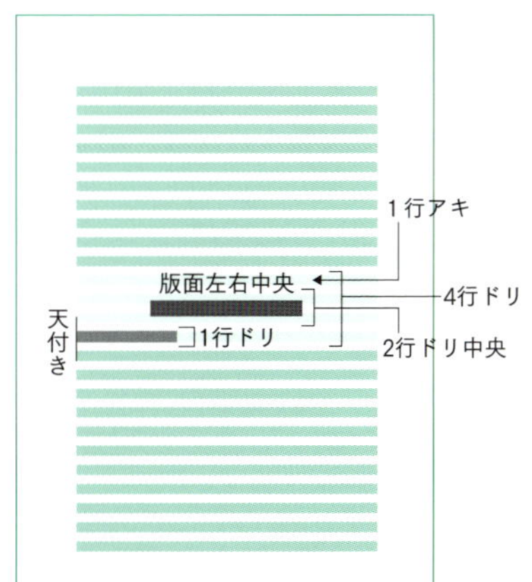

running head, page number, caption

柱・ノンブル・キャプション

● 柱

柱はそのページを要約した短い語句を版面の外側（余白部分）に置くもので，通常の書籍では部見出しや章見出しを柱名に使う。雑誌では記事名，雑誌名，巻号などが使われ，複数の柱が混在する場合もある。

柱の入れ方には次のような方法がある。

①両柱：柱を偶数ページ・奇数ページの両方に入れる（奇偶で柱名を変える場合は，偶数ページ：書名・奇数ページ：編名／偶数ページ：部名・奇数ページ：章名などという組合せになる）

②片柱：柱を奇数ページのみに入れる

柱は，書籍では本文と同じ書体とし，本文よりも1～2まわり小さくするのが原則である。雑誌ではさまざまなバリエーションがあり，雑誌のロゴを使うなど柱を目立たせてアイキャッチにする場合も多い。

柱は版面外の天地小口のいずれかの余白に置くが，最近は天あるいは地の小口側にノンブルと並べて入れることが多い。原則として左右のページで対象の位置に入れる。

柱と本文とのアキは本文の1字分以上とし，タテ組で地に置く場合には，本文がぶら下げ組ならば，2字以上空ける。

改丁・改ページなどでページ（あるいは見開き）内に柱名用の見出しがある場合は，柱を省略することがある。

● ノンブル

ノンブルは本文のページ数を表す数字

▼柱・ノンブルの位置例

［柱を天，ノンブルを地に置き，版面小口揃えとする場合］

［柱を天，ノンブルを地に置き，版面小口より全角内側にする場合］

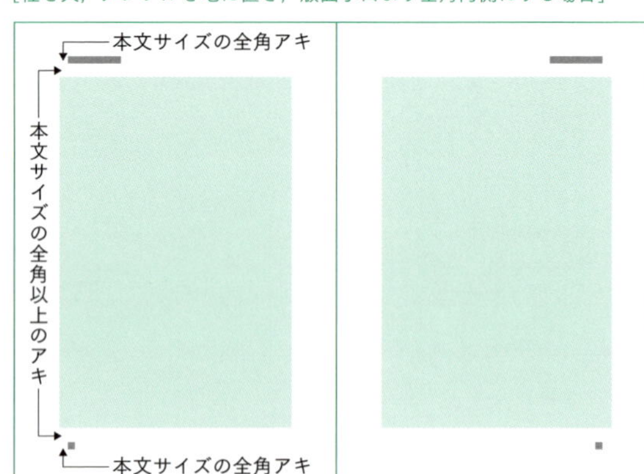

［柱は天中央，ノンブルは天・版面小口揃えとする場合］

［柱・ノンブルを並べて地に置き，版面小口揃えとする場合］

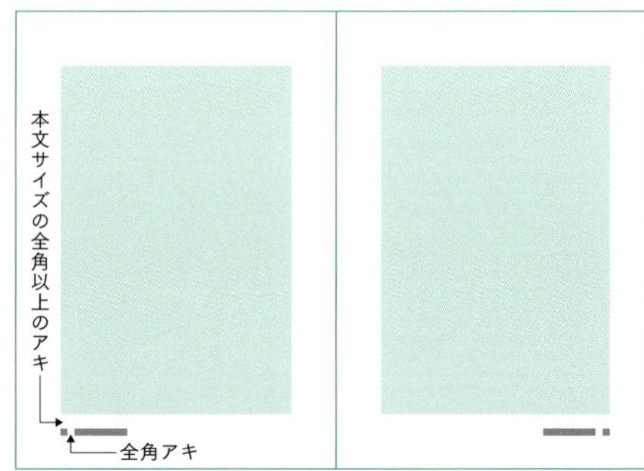

で，通常はアラビア数字を使用する。書体は本文の和文書体に従属する数字か，欧文書体の数字にする。本文の前付（まえがきなど）や索引などでは，ローマ数字（i，ii，iii……）を使うこともある。参照▸135ページ

ノンブルは本文よりも見た目1～2まわり小さく見える大きさにする。欧文書体を使う場合は，書体によっては予想外に小さく見えることもあるので注意する。

ノンブルの位置は柱と同様だが，ヨコ組の書籍では，洋書風にノンブルを天小口寄せ，柱を天中央に置くやり方もある。詩集などではノドにノンブルを置く場合もある。

目次，中扉，奥付，白ページなどにはノンブルを入れないが，これを「カクシ（隠し）ノンブル」という。

● キャプション

写真や図版類の説明文をキャプションといい，「カットネーム」ともいわれる。

キャプションの大きさは，本文より2まわりほど小さい9～11Q（6～7ポイント）程度で，1行の字詰は15～20字程度が読みやすく，行間は2～4H（2～3ポイント）程度と狭くするのが通常である。

キャプションの文字サイズは小さいので細目の書体を使い，ゴシック系書体にする場合も多い。

● 図表類内のネーム（語句や短文）

図表内に使われる文字の大きさは，本文より1～2まわり小さくする。

▼キャプションのサイズ・行間例

［9Q行送り11H　ヒラギノ明朝W3］
キャプションのように小さく行長の短い場合
は行間をあまり空けない方が読みやすい

［9Q行送り12H　ヒラギノ明朝W3］
キャプションのように小さく行長の短い場合
は行間をあまり空けない方が読みやすい

［10Q行送り12H　ヒラギノ明朝W3］
キャプションのように小さく行長の短い場合
は行間をあまり空けない方が読みやすい

［10Q行送り13H　ヒラギノ明朝W3］
キャプションのように小さく行長の短い場合
は行間をあまり空けない方が読みやすい

［11Q行送り13H　ヒラギノ明朝W3］
キャプションのように小さく行長の短い場合
は行間をあまり空けない方が読みやすい

［9Q行送り11H　ヒラギノ角ゴW3］
キャプションのように小さく行長の短い場合
は行間をあまり空けない方が読みやすい

［9Q行送り12H　ヒラギノ角ゴW3］
キャプションのように小さく行長の短い場合
は行間をあまり空けない方が読みやすい

［10Q行送り12H　ヒラギノ角ゴW3］
キャプションのように小さく行長の短い場合
は行間をあまり空けない方が読みやすい

［10Q行送り13H　ヒラギノ角ゴW3］
キャプションのように小さく行長の短い場合
は行間をあまり空けない方が読みやすい

［11Q行送り13H　ヒラギノ角ゴW3］
キャプションのように小さく行長の短い場合
は行間をあまり空けない方が読みやすい

▼キャプションの置き方例

［図番号を前に置き，地左揃え］

［図1］■■■■■■■■■■■
■■■■■■■■■■■■■

［図番号なし，地中央揃え］

■■■■■■■■■■

［図番号を後に置き，地右揃え］

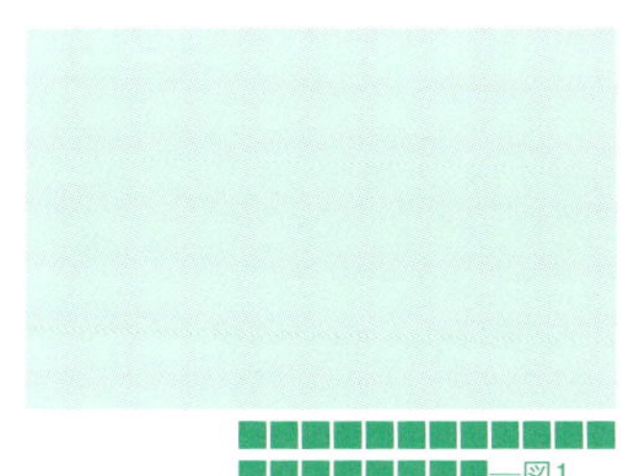

■■■■■■■■■■■■■
■■■■■■■■■―図1

［図番号なし，タテ組で天右揃え］

［図番号のみ，天中央揃え］

【図1】

［図番号なし，図版内の天左に置く］

注釈

注釈とは，本文内の語句についての補足文・解説文のこと。もとの文字は「註」だったが，この字が当用漢字表（のちに字数が増えて常用漢字表）に掲載されなかったため，同音の「注」に書き換えられた。

● 挿入注・割注

注釈の文字量が少ない場合は，当該語句に続いてパーレンで囲んで注釈を入れる（挿入注）。本文サイズの1まわり小さいサイズにするのが原則。

本文中に本文の60%大程度のサイズで通常は2行にして入れる注釈が「割注」である。行間はベタにし，前後をパーレン（括弧）で囲む場合と，パーレンを付けない場合がある。

● 頭注・脚注

注釈の分量がさほど多くなく，語句の近くにあった方が便利な場合には，注釈は本文の天側（「頭注」）や地側（「脚注」）に組まれる。

注のある語句には注釈に誘導するために「＊」「⁑」などの「注記号」や「1)」「①」などの「注番号」（これらを「注の呼び出し」という）を付しておく必要がある。

脚注はヨコ組の書籍に多く見られ，本文と脚注との間にケイを入れることが多い。

● 傍注

タテ組で見開きの末部（奇数ページの左側）に入れる注釈。ヨコ組では本文の字詰を短くして本文の横に組む場合もある（タテ組での脚注をヨコにした感じになる）。

● 後注

注釈の数が多く文字量も多い場合は，章末・編末や後付に注釈をまとめて入れる場合があり，これらを「後注」という。

注記号・注番号の付加が必要だが，後付に入れる場合はすべての注番号を通すか，編・章ごとにするかの判断が必要となる。

頭注・脚注・傍注・後注は，本文よりも1～2まわり小さいサイズとし，行間を狭めて組む。

▼注釈の種類

［挿入注・割注］

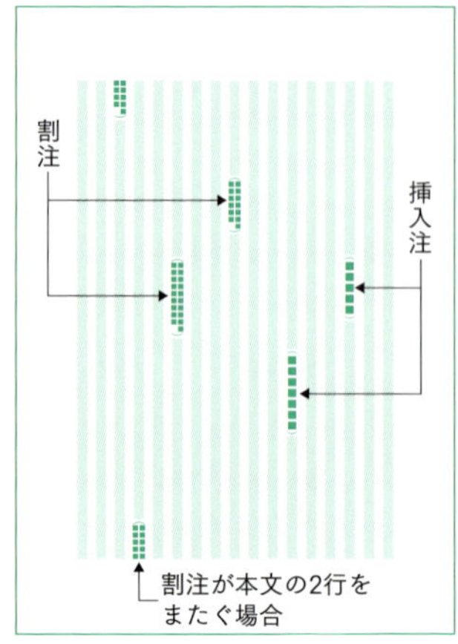

［頭注］

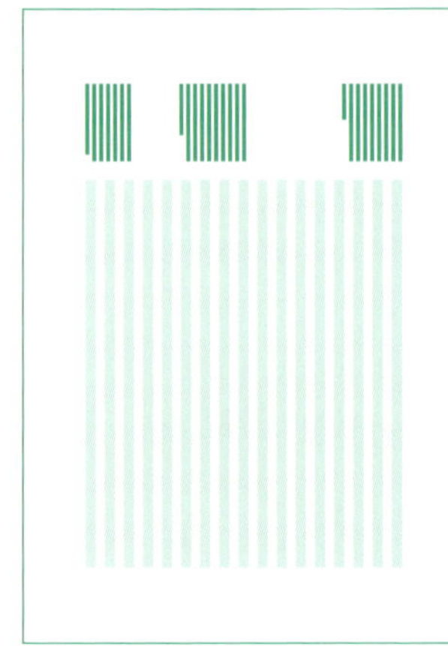

［脚注（タテ組）］

［脚注（ヨコ組）］

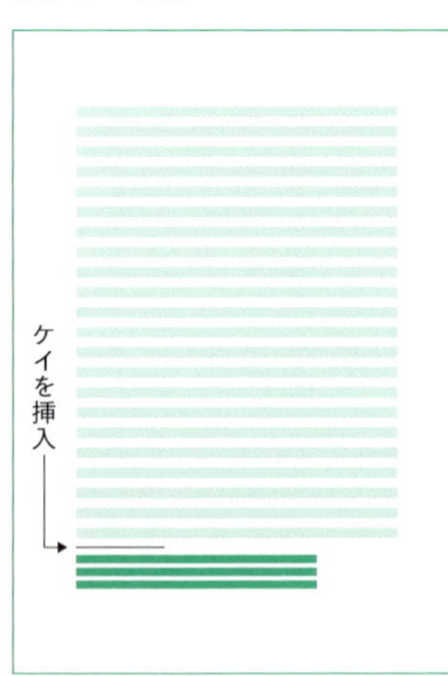

［傍注（タテ組，奇数ページ）］

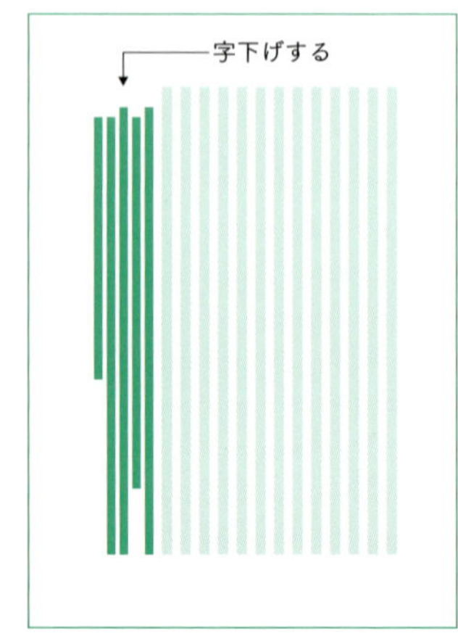

［後注］

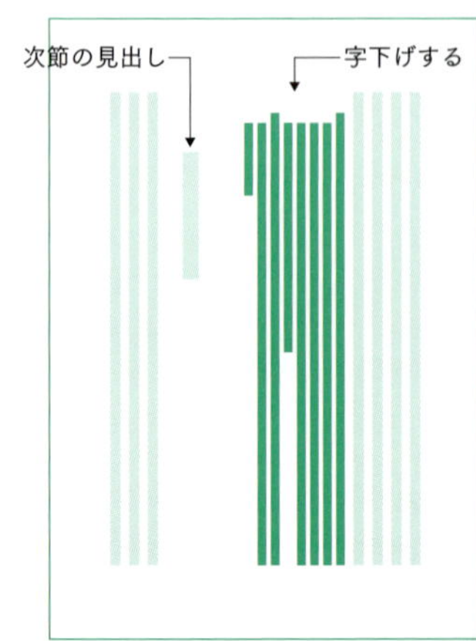

組版原則

字下げ・イニシャルレター

● 日本語の組版原則

日本語の組版原則は，慣習的なものがまとめられて体系化されたものであり，絶対に守るべきというものではないが，多くの原則がJISに明記されている（JIS X 4051「日本語文書の組版方法」）。

また，このJISの原則を基にして，各社それぞれに読みやすいとする原則を，独自の「ハウスルール」として定める場合もある。

組版原則は，1冊の書籍や雑誌の中では統一して適用すべきものである。

● 改行による段落先頭の字下げ

「段落」とは，一続きのテキストが任意のところで「強制改行」が入れられて区切られて形成される，テキストのひとまとまりのことをいう。

「強制改行」とは，一続きのテキストが，字詰の設定により行末から行頭へと自動的に行が改まっていくこと（自動改行）ではなく，新しい段落をつくるために，テキストが行長の途中で強制的に切断され改行されることである。

日本では，段落の区切りを明確にするために，段落の1行目は1字（全角）下げにするのが一般的であるが，1字下げを行わないものもある。この場合は，段落の区切りがあいまいになりがちで，特に前の段落が字詰いっぱいで終わった場合は，文章が続いているように見える。

また，洋書では見出し直後の段落だけは字下げをしない方式があり，この方式を日本で採用している場合もある。

会話文や引用文を「と」「の」「が」「も」などで受ける場合は，下げずに組む（天付き）が原則であるが，1字下げにする場合もある。

● 行頭にくる起こしの括弧類

行頭に起こしの括弧類がくる場合は，

①段落先頭は全角半下げ，折り返し（文章の続き）は半角下げ：全角モノ（半角幅の

▼行頭にくる括弧類の字下げ

［①段落先頭は全角半下げ／折り返しは半角下げ］

「なんの為の平和だ。自分の地位を守る為か。」こんどはメロスが嘲笑した。「罪の無い人を殺して、何が平和だ。」

「だまれ、下賤の者。」王は、さっと顔を挙げて報いた。「口では、どんな清らかな事でも言える。わしには、人の腹綿の奥底が見え透いてならぬ。おまえだって、いまに、磔になってから、泣いて詫びたって聞かぬぞ。」

「ああ、王は悧巧だ。自惚れているがよい。私は、ちゃんと死ぬる覚悟で居るのに。命乞いなど決してしない。ただ、」と言いかけて、メロスは足もとに視線を落し瞬時た

［②段落先頭は全角下げ／折り返しは半角下げ］

「なんの為の平和だ。自分の地位を守る為か。」こんどはメロスが嘲笑した。「罪の無い人を殺して、何が平和だ。」

「だまれ、下賤の者。」王は、さっと顔を挙げて報いた。「口では、どんな清らかな事でも言える。わしには、人の腹綿の奥底が見え透いてならぬ。おまえだって、いまに、磔になってから、泣いて詫びたって聞かぬぞ。」

「ああ、王は悧巧だ。自惚れているがよい。私は、ちゃんと死ぬる覚悟で居るのに。命乞いなど決してしない。ただ、」と言いかけて、メロスは足もとに視線を落し瞬時た

［③段落先頭は全角下げ／折り返しは天付き

「なんの為の平和だ。自分の地位を守る為か。」こんどはメロスが嘲笑した。「罪の無い人を殺して、何が平和だ。」

「だまれ、下賤の者。」王は、さっと顔を挙げて報いた。「口では、どんな清らかな事でも言える。わしには、人の腹綿の奥底が見え透いてならぬ。おまえだって、いまに、磔になってから、泣いて詫びたって聞かぬぞ。」

「ああ、王は悧巧だ。自惚れているがよい。私は、ちゃんと死ぬる覚悟で居るのに。命乞いなど決してしない。ただ、」と言いかけて、メロスは足もとに視線を落し瞬時た

括弧類＋二分（半角）アキを合わせて全角幅になる）の括弧類を使うので行長の調整をする必要はないが，通常の段落先頭の全角下げと合わせて3種類の字下げが混在するので整然としない

②段落先頭は全角下げ，折り返しは半角下げ：ほとんど使用されていない

③段落先頭は全角下げ，折り返しは天付き：活字組版時代からもっとも多く使われている方式。通常の段落先頭との統一が取れて整然とするが，半角分の半端が生じるので字間を調整して処理する必要がある

④段落先頭は半角下げ，折り返しは天付き：文芸書など会話文が多いものによく使われる。括弧類は段落先頭は全角モノなので問題はないが，折り返しの行頭では半角モノの使用になるので行内で半端を処理する必要が生じる

の4通りがある。

［④段落先頭は半角下げ／折り返しは天付き］

「なんの為の平和だ。自分の地位を守る為か。」こんどはメロスが嘲笑した。「罪の無い人を殺して、何が平和だ。」

「だまれ、下賤の者。」王は、さっと顔を挙げて報いた。「口では、どんな清らかな事でも言える。わしには、人の腹綿の奥底が見え透いてならぬ。おまえだって、いまに、磔になってから、泣いて詫びたって聞かぬぞ。」

「ああ、王は悧巧だ。自惚れているがよい。私は、ちゃんと死ぬる覚悟で居るのに。命乞いなど決してしない。ただ、」と言いかけて、メロスは足もとに視線を落し瞬時ためらい、

どの方式を採用するにしろ，本全体で統一されていることが必要である。

InDesignに搭載されている「文字組みプリセット」では，いくつかのプリセットの中から段落冒頭や括弧類の字下げ方法などを選択・設定できるようになっている。

参照▶144ページ

●イニシャルレター

イニシャルレターは，段落冒頭の文字を，通常2～3行分の幅大に拡大してアクセントを付ける，ヨーロッパの中世写本以来の伝統的な文字装飾の一種で，「ドロップキャップ」ともいう。

イニシャルレターは，現在では雑誌の本文に多く見られる。この場合は，段落冒頭の1字下げはしない。

イニシャルレターに本文書体と同じものを使うと，多くの場合細すぎてアクセントにならない。本文書体と同ファミリーの太いものを使うか，太ゴシック系など目立つものを使うのがよい。

また，数字や欧文など幅の狭い文字をイニシャルレターにする場合は，2字分をイニシャルにしたり，本文とのアキを調整するなどの工夫が必要である。

▼活版印刷時代の
イニシャルレター

QUI COMINCIA IL LIBRO DELLA VITA NUOVA DI DA

IN QUELLA PARTE del libro della mia memoria, dinanzi alla quale poco si potrebbe leggere, si trova una rubrica, la quale dice: Incipit Vita Nova. Sotto la quale rubrica io trovo scritte le parole, le quali è mio intendimento d'assemprare in questo libello, e se non tutte, almeno la loro sentenza. Nove fiate già, appresso al mio nascimento, era tornato lo cielo della luce quasi ad un medesimo punto, quanto alla sua propria girazione, quando alli miei occhi apparve prima la gloriosa donna della mia mente, la quale fu chiamata da molti Beatrice, i quali non sapeano che si chiamare. Ella era già in questa vita stata tanto, che nel suo tempo lo cielo stellato era mosso verso la parte d'oriente delle dodici parti l'una d'un grado: sì che quasi dal principio del suo anno nono apparve a me, ed io la vidi quasi alla fine del mio nono anno. Ella apparvemi

＊1909年にアシェンデプレスより刊行された『ダンテ著作集』のイニシャルレター。「IN」の文字は朱インキで刷られている。『ダンテ著作集』は，『チョーサー著作集』（ケルムスコットプレス，1896年），『英語聖書』（ダブズプレス，1903～1905年）とともに「三大美書」と呼ばれている

▼イニシャルレターの例

［段落冒頭の1字を特太明朝にした場合］

趙の邯鄲の都に住む紀昌という男が、天下第一の弓の名人になろうと志を立てた。己の師と頼むべき人物を物色するに、当今弓矢をとっては、名手・飛衛に及ぶ者があろうとは思われぬ。百歩を隔てて柳葉を射るに百発百中するという達人だそうである。

［段落冒頭の4字を新ゴMにした場合］

趙の邯鄲の都に住む紀昌という男が、天下第一の弓の名人になろうと志を立てた。己の師と頼むべき人物を物色するに、当今弓矢をとっては、名手・飛衛に及ぶ者があろうとは思われぬ。百歩を隔てて柳葉を射るに百発百中するという達人だそう

composition of signs

記号類の組方

記号は適切なアキを伴うことにより記号本来の役割を果たすと考えるべきである。

● 句読点

タテ組の句読点は「。」「、」（句点と読点）が使われ，ヨコ組では，「。」「、」／「.」「,」（ピリオドとコンマ）／「。」「,」（句点とコンマ）の3通りの方式がある。

句読点の前はベタ組（空けない），句点の後は半角アキ（全角ドリ）とし，読点の後は原則として半角アキ（全角ドリ）とする。

「全角ドリ」とは，半角幅内に設計されている句読点と後ろの半角アキをセットと考え，合計全角分として使うことである。

タテ組で数値の位取りに使われる読点では後ろの半角アキは入れない。

● 中黒

原則として全角ドリ（＝前後四分アキ）で使うが，タテ組での小数点や，ヨコ組での数式・化学式に使う場合は前後ベタ組にして半角ドリにする。

● 疑問符・感嘆符

句点の代わりになる疑問符・感嘆符の後は原則として全角アキとする。ただし，ダッシュが続く場合はベタ組。

● ダッシュ・リーダー

ダッシュ，リーダーの前後はベタ組。リーダーは2倍分セットで使うのが原則。

● 括弧類

「「　」」（カギ），「(　)」（パーレン）など括弧類の前後は半角アキとする。ただし，起こしの括弧類が行頭にくる場合は，行頭の字下げの原則に則る。参照 ▶62ページ

［括弧類が連続する場合］

①受けの括弧類+起こしの括弧類：半角アキ

②受けの括弧類＋受けの括弧類：ベタ組

③起こしの括弧類+起こしの括弧類：ベタ組

［句読点と括弧類が連続する場合］

①句読点＋起こしの括弧類：半角アキ

②句読点＋受けの括弧類：ベタ組

③受けの括弧類＋句読点：ベタ組

▼記号類の組方

［句点］

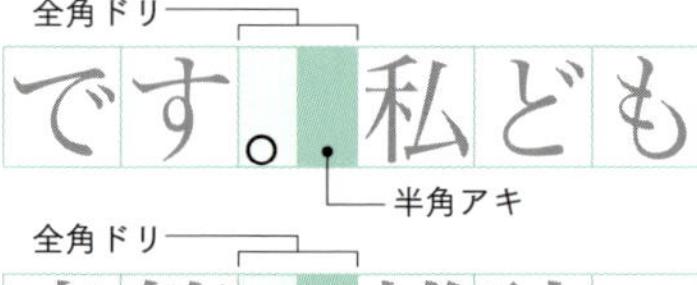

［読点］

全角ドリ
書籍、雑誌の
半角アキ

［中黒］

全角ドリ
東京・大阪が
四分アキ

［疑問符］

本当？　では
全角アキ

［感嘆符］

感激！　あり
全角アキ

［2倍ダッシュ］

した――でも
2倍で使用
ベタ

［3点リーダー］

のだ……当然
2倍で使用
ベタ

［受けの括弧類＋起こしの括弧類］

［受けの括弧類＋受けの括弧類］

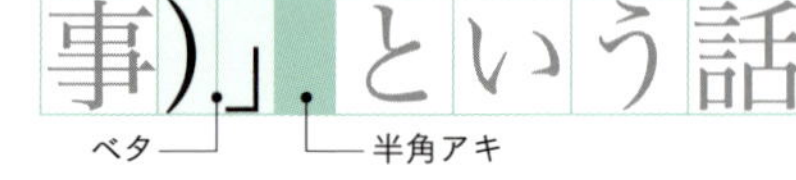

［起こしの括弧類＋起こしの括弧類］

［句読点＋起こしの括弧類］

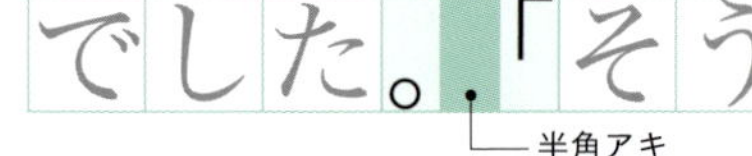

［句読点＋受けの括弧類］

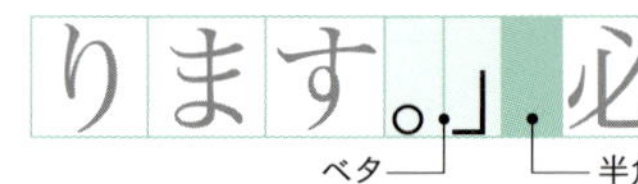

［受けの括弧類＋句読点］

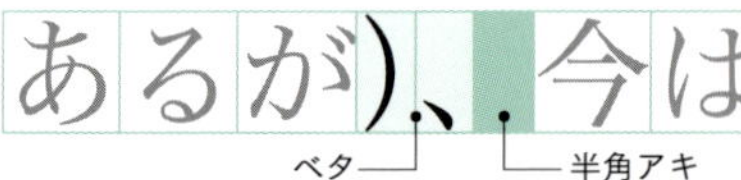

和欧混植

● 和欧混植

和文中に欧文が混在する組版を和欧混植という。和文書体と欧文書体とでは文字設計の考え方が違うため，違和感のないように調整する必要がある。

和文書体には混植に適した設計がなされている従属欧文・数字があり，これを使うかぎりはなじみのよい組版となる。

従属欧文ではない欧文書体を使う場合は，欧文は和文書体になじむものを選ぶ。和文が明朝系書体ならば欧文はセリフ体，和文がゴシック系書体ならば欧文はサンセリフ体とし，ウエイトも近似のものにする。

和文と欧文では文字設計の基準線が違う。和文は仮想ボディの天または地のラインが揃っているが，欧文のベースラインは和文の仮想ボディの地よりも上がっている（仮想ボディの下から120/1000の位置）。そのため和欧混植では，欧文と和文がまっすぐに見えない現象が生じるので，欧文のベースラインの位置を調整する必要がある。

また，和文と欧文は同サイズでも欧文の方が小さく見えるので，欧文の方を若干大きめなものにする必要が生じることがある。

和文と欧文が接する部分は，四分アキが原則だが，最近はつめる傾向にある（本書では原則八分アキにしている）。

なお，欧文部分については，欧文組版の原則に則って組む。参照 ▶70ページ

● タテ組中の欧文組

タテ組中のアラビア数字については，「原稿整理」の項を参照。参照 ▶26ページ

タテ組内の欧文は，そのまま横置きにするのが原則であるが，大文字だけの略称では立てて組んでもよい。また「cm」や「kg」などの単位を表す欧字は，セットとして扱い縦中横で組むが，横広になりすぎる場合は文字幅を調整する必要がある。

2バイト欧文の小文字を立てて組むことは避けるべきである。

▼和文書体と欧文書体の基準線の違い

▼和欧混植

＊和文は20Q，和欧間四分アキ

和文：ヒラギノ明朝W3 欧文：ヒラギノ明朝W3従属欧文 （欧文20Q　ベースライン調整0）	装丁は Design の一種
和文：ヒラギノ明朝W3 欧文：Century Old Style Regular （欧文20Q　ベースライン調整0）	装丁は Design の一種
和文：ヒラギノ明朝W3 欧文：Century Old Style Regular （欧文21Q　ベースライン調整0）	装丁は Design の一種
和文：ヒラギノ明朝W3 欧文：Garamond Regular （欧文20Q　ベースライン調整0）	装丁は Design の一種
和文：ヒラギノ明朝W3 欧文：Garamond Regular （欧文22Q　ベースライン0.5H上）	装丁は Design の一種
和文：ヒラギノ明朝W6 欧文：Times Roman Regular （欧文24Q　ベースライン調整0）	装丁は Design の一種
和文：新ゴR 欧文：Helvetica Regular （欧文20Q　ベースライン調整0）	装丁は Design の一種
和文：新ゴR 欧文：Helvetica Regular （欧文24Q　ベースライン1H下）	装丁は Design の一種

▼タテ組内に欧文字を入れる場合

［単位は縦中横］
A5判の天地は210mm

［大文字略称は立てても可］
激動のASEAN諸国

［2バイトの小文字を立てるのは避けたい］
装丁はDesignの一種

［横置き（原則）］
装丁はDesignの一種

＊「mm」は80％の長体

▼和欧間のアキ

［三分アキ］
装丁は Design の一種

［四分アキ（原則）］
装丁は Design の一種

［八分アキ］
装丁は Design の一種

［ベタ］
装丁はDesignの一種

禁則文字・禁則処理

●禁則文字

行頭や行末に置いてはならない文字・記号類があり，これを「禁則文字」という。行頭や行末に禁則文字がきた場合は，前後の行の字間をつめたり空けたりして調整する必要があり，これを「禁則処理」という。

禁則が適用される文字・記号類が多いと組版作業の効率は悪くなり，体裁が崩れて可読性が悪くなる。そのため，禁則にすべき文字・記号類，しなくてもよい文字・記号類の基準をハウスルールとして独自に定めている出版社もある。

DTPアプリではデフォルトで禁則文字が設定されているが，任意に禁則を設定したり解除したりすることができる。主な禁則文字は右図の通り。

●行頭禁則文字

行頭に置いてはならない文字・記号類である。このうち拗促音や音引き（長音記号）は本来は行頭禁則文字であるが，昨今のカタカナ語の増加などの事情で，禁則文字から外す傾向にある。また，くり返し記号類が行頭にくる場合はそれを使わず，元の文字をくり返して記すのが原則である。ただし，「佐々木」などの固有名詞の場合は繰り返しの文字が行頭にきてもよい。

●行末禁則文字

行末に置いてはならない文字・記号類である。このうちカギ括弧以外の記号類は，それに数字が続く場合が多く，数字とセットで1つの語であるという考え方であるが，行末に置くことを許容する傾向にある。

●分割禁止文字

通常2字分セットで使う分離禁止文字は行末と行頭に分かれてはならない。また，欧文単語，複数桁の数値（連数字），連数字と前後の単位記号，小数点の前後などを分割禁止にすることがある。

●禁則処理

禁則文字・分割禁止文字が行頭／行末に

▼行頭禁則文字（行頭においてはならない文字・記号類）

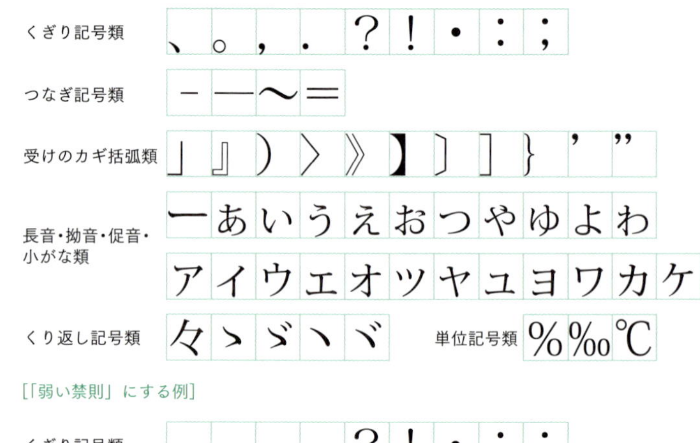

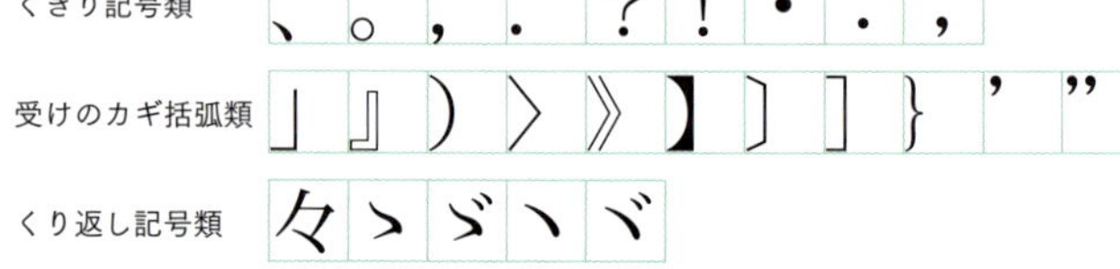

▼行末禁則文字（行末においてはならない文字・記号類）

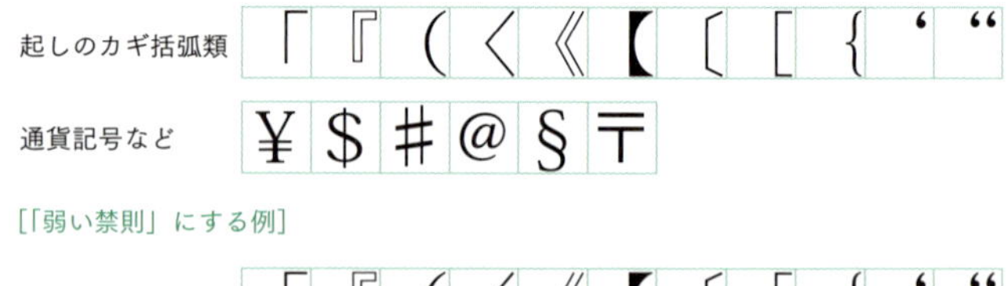

▼分割禁止文字

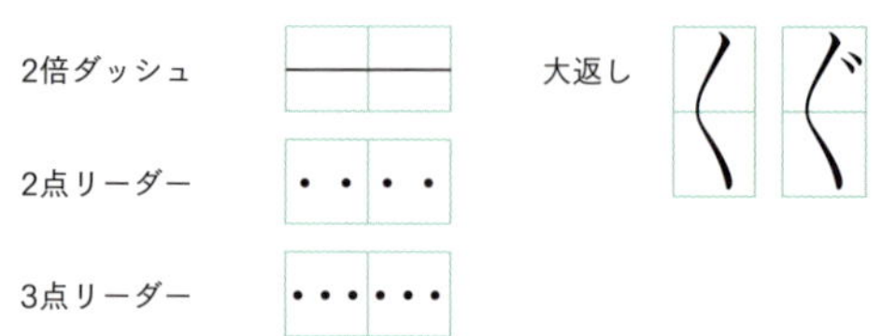

［その他の分割禁止文字］

組み合わせ数字	(03) (085)
連数字と単位記号等	12,345人　9876km
小数点の前後	3.14　1.414

こないように，前行の字間をつめる処理が「追込み」，字間を空ける処理が「追出し」である。

禁則処理の方式を「追込み」原則とするか「追出し」原則とするかは，1冊の本の中で統一しておくことが望ましい。

ただし，括弧類や句読点が続いて多重の禁則処理の必要が生じた場合は，「追込み」「追出し」の一方だけでは処理しきれないことが多く，併用することになる。

「追込み」では，中黒の前後，括弧類の前後，読点の後ろ，仮名の前後，の順でつめていく。句点・ピリオド（「。」「.」）の後の二分（半角）アキはつめない。

「追出し」では，仮名の前後，漢字の前後，の順で空けていく。

現在のDTPでは，こういった微細な設定をすることは煩雑で，ほとんどなされていないのが実情であるが，DTPアプリでは文字や記号類間のつめ～空けの範囲をあらかじめ設定しておくことができ，禁則処理の作業をある程度効率化できる。

●ぶら下げ組

文章中には「、」「。」（「,」「.」）が頻出するが，これらは行頭禁則の対象である。禁則処理を行うと「、」「。」の前行の字間をつめたり空けたりしなければならないが，この作業が煩雑で，組上がりの随所に字間の乱れが生じるため，「、」「。」に限って版面の外にはみ出させてもよいことにしたものが「ぶら下げ組」である。

雑誌などの多段組では，段間に「、」「。」が頻出して見栄えが悪いので採用しないという考え方もある。

なお，中黒（「・」）や受けの括弧類など句読点以外をぶら下げるのは間違いである。

欧文組版では引用符，ハイフン，カンマ，ピリオドなどを組幅の外側にはみ出させる場合がある。

▼禁則処理

ルビ（ふりがな）・圏点

●ルビ（ふりがな）

難読漢字や年少者向けの本にはルビ（ふりがな）を付ける。

「ルビ」とは，宝石の“ruby”に由来する。活字組版時代の欧米では，活字の大きさを表す符丁に宝石の名称を使っており，5.5ポイント活字のそれは“ruby”だった。日本では本文に5号活字がよく使われ，その半分大の7号活字がふりがな用として使われたが，この大きさが5.5ポイント活字に近かったことから，ふりがなを「ルビ」というようになったという。参照▶40ページ

ルビは本文文字の半分の大きさにし，親字（親文字）1字につきルビは2字になるのが原則。つまり，ルビを付けるためには，本文の行間は本文文字サイズの半角以上が必要となる。ただし辞書などで行間が狭い場合には，「割りルビ」という方法がある。

●総ルビとパラルビ

文中のすべての漢字にルビを付けるやり方を「総ルビ」といい，年少者向けの本などで行われている。これに対して，難読漢字や固有名詞など，必要な漢字のみにルビを付けるものを「パラルビ」という。

●肩つきと中つき

タテ組で，親字の上揃えでルビを付ける方式を肩つき，親字の中央揃えでルビを付ける方式を中つきという。どちらにするかを1冊の本で統一する。ヨコ組では中つきのみである。

●モノルビとグループルビ

ルビは親字1字ごとに付けていくモノルビ（対字ルビ）が原則だが，個々の親字の読み分けが判然とせず熟語全体で読ませる熟字訓，あて字，原語の読みをカタカナルビにするなどの場合には，熟語全体に付けるグループルビ（対語ルビ）にする。グループルビでは，ルビの字間は均等アキにする。

●ルビの書体など

ルビは親字と同じ書体を使うのが原則だ

▼ルビの原則

［総ルビ・肩つき］

趙（ちょう）の邯鄲（かんたん）の都（みやこ）に住（す）む紀昌（きしょう）という男（おとこ）が、天下第一（てんかだいいち）の弓（ゆみ）の名人（めいじん）になろうと志（こころざし）を立（た）てた。己（おのれ）の師（し）と頼（たの）むべき人物（じんぶつ）を物色（ぶっしょく）するに、当今弓矢（とうこんゆみや）をとっては、名手（めいしゅ）・飛衛（ひえい）に及（およ）ぶ者（もの）があろうとは思（おも）われぬ。百歩（ひゃっぽ）を隔（へだ）

［パラルビ・中つき］

趙（ちょう）の邯鄲（かんたん）の都に住む紀昌（きしょう）という男が、天下第一の弓の名人になろうと志を立てた。己（おのれ）の師と頼（たの）むべき人物を物色するに、当今弓矢をとっては、名手・飛衛（ひえい）に及（およ）ぶ者があろうとは思われぬ。百歩を隔（へだ）て

←熟語ルビ

［グループルビ］

Rock'n Roll（ロックンロール）　ASEAN（東南アジア諸国連合）
硝子（ガラス）　四重奏（カルテット）　技術（テクノロジー）　携帯電話（ケータイ）
山茶花（さざんか）　雲雀（ひばり）　微温湯（ぬるまゆ）　海鼠（なまこ）

［熟語ルビ］

京都（きょうと）　法隆寺（ほうりゅうじ）
紀昌（きしょう）　四重奏（しじゅうそう）　和洋折衷（わようせっちゅう）

［親字がゴシック系書体の場合］

趙（ちょう）の邯鄲（かんたん）の都（みやこ）に住（す）む紀昌（きしょう）
→ルビは明朝体にするのが望ましい
趙（ちょう）の邯鄲（かんたん）の都（みやこ）に住（す）む紀昌（きしょう）

［割りルビ］

パーレンを使用しない

天下第一（てんかだいいち）　志（こころざし）　邯鄲（かんたん）　趙（ちょう）

パーレンを使用

天下第一（てんかだいいち）　志（こころざし）　邯鄲（かんたん）　趙（ちょう）

［親字が大きい場合］

24Q（ルビ12Q）	20Q（ルビ10Q）	16Q（ルビ8Q）	14Q（ルビ7Q）	12Q（ルビ6Q）
趙（ちょう）の邯鄲（かんたん）	趙（ちょう）の邯鄲（かんたん）	趙（ちょう）の邯鄲（かんたん）	趙（ちょう）の邯鄲（かんたん）	趙（ちょう）の邯鄲（かんたん）

ルビを小さくする↓

24Q（ルビ8Q）	20Q（ルビ6Q）	16Q（ルビ6Q）
趙（ちょう）の邯鄲（かんたん）	趙（ちょう）の邯鄲（かんたん）	趙（ちょう）の邯鄲（かんたん）

が，親字がゴシック系書体の時には明朝体のルビにするのが原則である。

本文の仮名がひらがななならルビもひらがな，カタカナならルビもカタカナにする。

拗促音のルビは，子ども向けや，中国，韓国などの固有名詞など以外では，可読性の点から使わないのが一般的な考え方だが，近年は拗促音を使う事例が増えている。

● 親字が大きい場合

ルビは親字の半分大にするのが原則だが，見出しなど大きな文字では，原則通りでは大きすぎ，バランスのよい大きさにする。この場合は拗促音のルビも容認される。

● ルビが長い場合

ルビが親字よりも長い場合は調整が必要となる。原則は，親字の前後に仮名があればルビ1字分は仮名にかかってもよく，親字の前後が漢字だけや，ルビがさらに長い場合には，親字の前後や字間を空けて調整する。ただし，可読性の点からは親字はできるだけベタ組を維持するのが望ましい。

また，熟語で各親字のルビの字数が違う場合には，ルビは熟語全体の読みと考え，ルビ1字分までを前後の漢字にかけてもよいとされる（熟語ルビ）。

長いルビが行頭，行末にくる場合は，ルビが行頭・行末からはみ出てはいけない。行頭なら親字の上（左）揃え，行末なら親字の下（右）揃えで組むが，親字の前／後を空けてルビを行頭／行末に揃えてもよい。

句読点，中黒，受けの括弧類，ダッシュ，リーダーなどにはルビ1字分かかってもよい。起こしの括弧類，疑問符，感嘆符にはルビ半角分かかってもよいとされる。

● 圏点（傍点）

強調したい語句に付けるもので，「、」（ゴマ点）や「・」（黒丸）などが使われる。圏点（けんてん）はタテ組ヨコ組とも中つきが原則。

▼圏点の種類

［ゴマ点］［白ゴマ］［蛇の目］

天下第一

［黒丸］［白丸］［二重丸］

天下第一

［星］［三角］

天下第一

＊圏点は親字の中央揃えに置く（中つきルビと同じ）のが原則

▼親字とルビの関係例

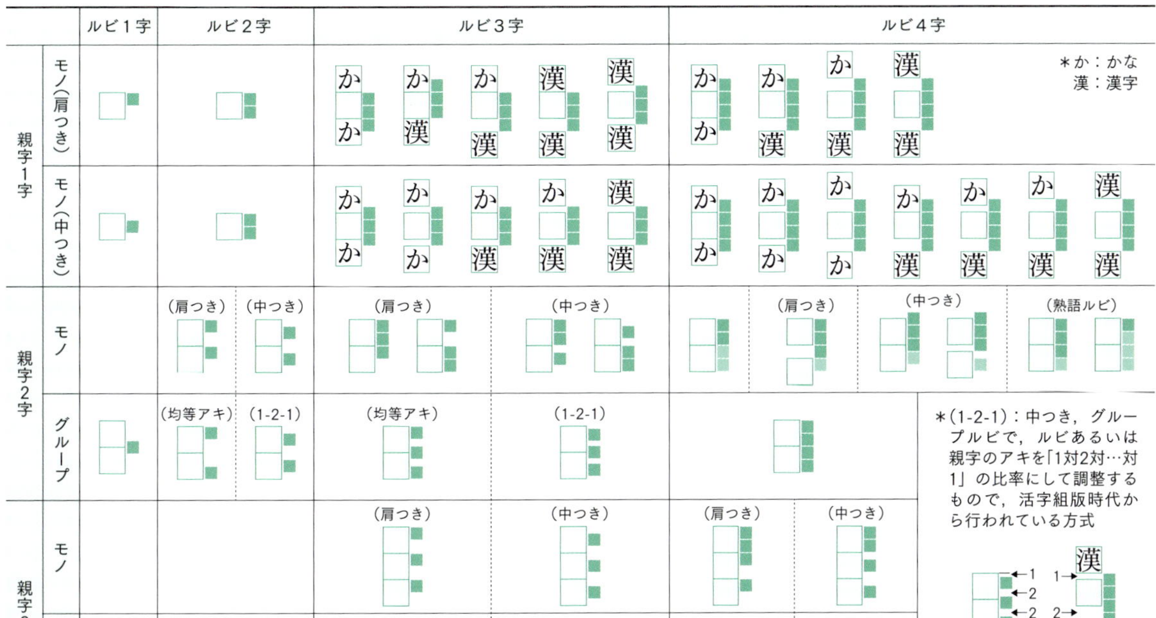

欧文組版

欧文の組版では，和文と異なる欧文の特徴を考慮する必要がある。

欧文は，和文のように正方形の仮想ボディを単位とせず，文字の高さを5つのラインで揃える方法で設計されている。また，文字ごとに幅が異なり，組んだときに均等間隔に見える「プロポーショナル」なものになっている。参照▶35ページ

●書体の選択

欧文にはさまざまなバリエーションの書体がある。これらの中からふさわしい書体を選択するにあたっては，おおむねの目安がある。参照▶38ページ

書籍であれば，本文書体は，通常は日本の明朝系書体に相当する「セリフ体」が使われる。セリフとは画線の端部にある小さなでっぱり（ひげ）のことで，これが文字の水平方向への案内の役割を果たすため可読性がよい。

また，見出し類は，同書体のファミリーから太いものを選択するか，日本のゴシック系書体に相当する「サンセリフ体」（セリフのない書体）を使う。参照▶39ページ

書籍の場合は，1冊を通しての使用書体はせいぜい2～3種類に限定するのが基本で，あまり多くの書体を使用するとまとまりがなくなる。

本文中で特記すべき語句などがある場合は，本文書体の「イタリック体」（傾いている書体）を使うか，同ファミリーの中から選ぶのが基本である。

雑誌では本文に細目のサンセリフ体を使い，見出し類はディスプレイ書体で大胆に組むことも多い。

●語間と行間

欧文では原則として文字間の調整（レタースペーシング）はせず，語間を空けて可読性を保つ。語間は使用サイズ（Q，ポイント）の三分（1/3）が原則とされてきたが，近年はつめる傾向にあり四分（1/4）の例も多く見られる。均等配置（ジャスティフィケーション）で組む場合には，語間は行長を揃えるための調整に使われ，つまったり空いたりする。語間＝三分の場合は，調整は二分～四分の範囲内でするとされる。

行間は和文での基準よりも狭く設定する。欧文文字はアセンダ，ディセンダにアキを持つ文字が多く，小文字だけであれば行間ベタでも空いて見える。行間は，通常は，使用サイズの二分以下に設定する。

●インデント

段落（パラグラフ）行頭の字下げを「インデント」という。欧文では，行長，行間，

▼オックスフォード・ルールとシカゴ・ルール

欧文組版の規範とされる代表的な組版ルールに，イギリス・オックスフォード大学出版局による「オックスフォード・ルール」（The Oxford Guide to Style）と，アメリカ・シカゴ大学出版局による「シカゴ・ルール」（The Chicago Manual of Style）があり，いずれも何年かごとに改訂されている。日本での欧文組版の指針は古くから「オックスフォード・ルール」に依ってきたが，近年はアメリカの影響が重視され，「シカゴ・ルール」の要素も勘案されている。

▼ジャンルによる書体選択の目安

文芸書・美術書	Garamond　Caslon　Baskerville　Bembo　Venice Light Face
理工学書	Bodoni Book　Baskerville　Optima　Times
教科書・ビジネス誌	Times　Century Old Style
スポーツ誌	Times　Universe
商業印刷物	Universe　**Futura**　Optima　Stymie　News Gothic
名刺・封筒など	Garamond　**Futura**　COPPERPLATE　*Park Avenue*

▼語間

［二分アキ］

they gave the last full measure of devotion–that we here highly resolve that these dead shall not have died in vain, that this nation under God shall have a new birth of freedom, and that government of the people, by the people, for the people shall not perish from the earth.

［三分アキ］

they gave the last full measure of devotion–that we here highly resolve that these dead shall not have died in vain, that this nation under God shall have a new birth of freedom, and that government of the people, by the people, for the people shall not perish from the earth.

［四分アキ］

they gave the last full measure of devotion–that we here highly resolve that these dead shall not have died in vain, that this nation under God shall have a new birth of freedom, and that government of the people, by the people, for the people shall not perish from the earth.

＊いずれもCentury Old Style，11Q行送り13H

文字サイズなどを考慮して全角～3倍程度下げるのが通常である。ただし，各章最初のパラグラフはインデントを行わない場合もある。

1行目のみ飛び出したインデント（通常全角分）もあるが，これを「ハンギング・インデント」という。

● 行揃えとハイフネーション

欧文の行揃えには，和文と同様に「左揃え」「右揃え」「中央揃え」「均等配置」があるが，このうち「均等配置」の場合は，行長を揃え，かつ語間をできるだけ均一にする必要がある。長い単語が原因で語間が極端に空くことがあるが，その場合は原因となった単語をハイフン（「-」）で分割してその後を次行に送り，語間が空きすぎないように調整する（ハイフネーション，分綴）。

ただし，行末のハイフンの連続は原則3行までとし，4行以上続かないようにするのが望ましい。

ハイフンを挿入する際は，英語辞書などを参照し，単語の持つ音節の区切りの箇所に挿入しなければならない。

● ウィドウとオーファン

欧文独特の回避事項・禁止事項がある。

段落の最終行が短い場合や，段落の最終行がページあるいは段の初行にくることを「ウィドウ」（widow）といい，避けるべきとされている。

また，段落の初行がページあるいは段の最終行から始まることを「オーファン」（orphan）といい，これも必ず回避すべきとされている。

ただし，ウィドウとオーファンの定義は混乱しており，上記のすべてをウィドウとしている文献や，上記のウィドウとオーファンの意味を逆に解説している文献もある。

● リバー

語間のスペースが縦方向につながって，川のように見えるものを「リバー」（river）と呼び，語間やハイフネーションを調整して避けることが望ましいとされている。

● カーニング

「A と V」「Y と o」などは，字間調整をせずに組むと字間が空いて見える。そのため，字間をつめて調整（カーニング）する必要がある。参照 ▶51ページ

DTP ではこれらペア・カーニングの機能が搭載されていることが多く，適切な字間にする調整はたやすい。

▼カーニング

[字間を調整しない状態]

Tokyo

Tokyo 開いて見える

[カーニングで字間を調整]

Tokyo

Tokyo 均等に見える

▼行揃えとハイフネーション

[左揃え（flush Left，ragged right）]

for which they gave the last full
measure of devotion–that we here
highly resolve that these dead shall not
have died in vain, that this nation under
God shall have a new birth of freedom,
and that government of the people, by
the people, for the people shall not
perish from the earth.

[右揃え（flush right，ragged left）]

for which they gave the last full
measure of devotion–that we here
highly resolve that these dead shall not
have died in vain, that this nation under
God shall have a new birth of freedom,
and that government of the people, by
the people, for the people shall not
perish from the earth.

[中央揃え（centered）]

for which they gave the last full
measure of devotion–that we here
highly resolve that these dead shall not
have died in vain, that this nation under
God shall have a new birth of freedom,
and that government of the people, by
the people, for the people shall not
perish from the earth.

[均等配置（justification）]

for which they gave the last full
measure of devotion–that we here
highly resolve that these dead shall not
have died in vain, that this nation under
God shall have a new birth of freedom,
and that government of the people, by
the people, for the people shall not
perish from the earth.

1，2行目の語間が開いているのでハイフンを入れて語間を調整

for which they gave the last full mea-
sure of devotion–that we here highly
resolve that these dead shall not have
died in vain, that this nation under God
shall have a new birth of freedom, and
that government of the people, by the
people, for the people shall not perish
from the earth.

＊「ragged」とは「ラグ組」（行末／行頭を揃えない組み方）のことで，左揃え＝右はラグ，右揃え＝左はラグ，になる

▼ウィドウとオーファン

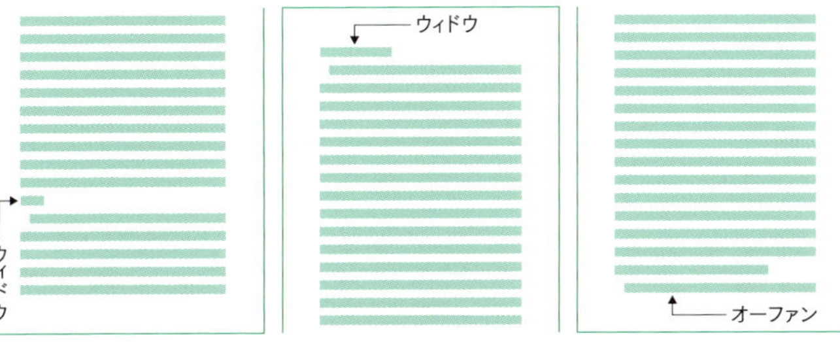

罫線(ケイ)・矢印

組版・レイアウトでは，文章を仕切ったり囲んだり，表組などのために罫線（ケイ）が使われる。ケイは形状・太さによっていくつかの種類があり，使い分けられている。

ケイの太さの呼び名は，活字組版時代のものが今も使われる場合があるが，現在はmm（あるいはポイント）で表示するのが一般的であり，古い呼称は誤解の原因となるので使わない方がよい。

また，本来はケイとして使うものではない記号や花形（装飾）などを並べて「飾りケイ」にすることもできる。参照▶133ページ

矢印は，ケイの先端部分を三角形などにして，視線を誘導する役目を果たすが，本書では，ケイの先端が三角形状以外のものも，広義の矢印として扱う。

Illustrator，InDesignでのケイ，矢印の作成方法は後述。参照▶146ページ

▼ケイの種類

0.08mmケイ

0.1mmケイ

0.12mmケイ(表ケイ)

0.15mmケイ

0.2mmケイ

0.25mmケイ(中細ケイ)

0.3mmケイ

0.4mmケイ(裏ケイ)

0.5mmケイ

0.6mmケイ

0.7mmケイ

0.8mmケイ

0.9mmケイ

1mmケイ

2mmケイ

3mmケイ

4mmケイ

0.1mm双柱ケイ(ケイ間0.5mm)

0.1mm双柱ケイ(ケイ間1mm)

0.5mm双柱ケイ(ケイ間0.5mm)

0.5mm双柱ケイ(ケイ間1mm)

子持ちケイ

両子持ちケイ

0.1mm三筋ケイ(ケイ間0.5mm)

0.2mm星ケイ(点ケイ)

0.5mm星ケイ(点ケイ)

0.1mmミシンケイ

0.3mmミシンケイ

0.1mm波ケイ(ブルケイ)

0.3mm波ケイ(ブルケイ)

1mmカスミケイ

3mmカスミケイ

0.3mm1点破線

0.3mm2点破線

鉄道線(主に国鉄・JR)

鉄道線(主に私鉄)

[飾りケイ]

Bodoni Ornaments

Bodoni Ornaments

Wingdings

Wingdings

Adobe Wood Type Ornaments1

Adobe Wood Type Ornaments1

Zapf Dingbats

＊「表ケイ」「中細ケイ」「裏ケイ」は活字組版時代の呼称。JIS（X 4051）には,「表ケイ」＝0.12mm,「中細ケイ」＝0.25mm,「裏ケイ」＝0.4mmと記されている

[InDesignの矢印]

バー

四角ベタ

四角

円ベタ

円

曲線

ひげ状

広い三角

三角

広いシンプル

シンプル

▼矢印

[Illustratorの矢印]

1 2 3 4 5 6 7 8 9 10 11 12 13 14 15 16 17 18 19 20 21 22 23 24 25 26 27 28 29 30 31 32 33 34 35 36 37 38 39

＊いずれもケイの太さは0.3mm，矢印作成機能（デフォルト）を適用

図表類・写真

図版原稿・網

本書では出版物を製作するための素材の中で，文字以外のものを「図版」として扱う。図版は，視覚に訴えてメッセージを伝える役目を果たすものであるが，いくつかの種類がある。

● 線画原稿と階調原稿

図版には写真，イラストレーション，図，表などがある。

このうち，図表類，濃淡のないイラストレーション（漫画やカットなど），描き文字，ロゴマークなど，白部分と黒（色）部分がはっきりわかれている原稿のことを「線画原稿」という。

これに対して，写真，絵画，濃淡のあるイラストレーション，書など，明るい部分から暗い部分へ，ある色から別の色へ，濃度や色の調子が徐々に変化する（これを「階調」「グラデーション」という）原稿のことを「階調原稿」（または調子原稿）という。

● 線画原稿の再現

線画原稿は白黒がはっきりしているので，黒い部分がそのまま画線部（インキが乗るところ）になる。

原稿がデジタルでつくられて仕上げられたものであればそのままDTPアプリに取り込むことができるが，紙の版下でつくられた原稿の場合は，スキャニングしてデジタル化する必要がある。参照▶80ページ

● 平網

印刷で濃淡を表すためには，濃淡を網点に置き換える必要がある。

均一の大きさの網点の集合を平網という。ある範囲の面積を均一の濃度や色にしたい場合に使用するが，このことを「網ふせ」「網かけ」という。

平網の濃淡は，網ナシ＝0%，黒（ベタ）＝100%と定め，従来はその間を10%刻みにして表現していたが，DTPアプリではさらに詳細な%を指定することができる。しかし，紙への印刷では網点の濃度の数%

▼線画原稿

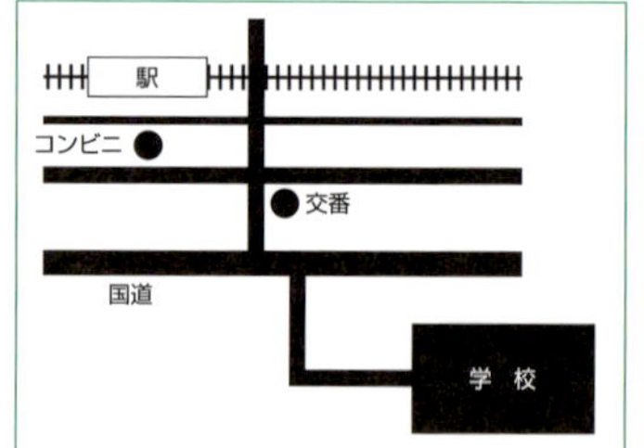

▼階調原稿

ルーペで拡大すると網点の集合になっていることがわかる

▼平網と網点

［平網］

0%　10%　20%　30%　40%　50%　60%　70%　80%　90%　100%

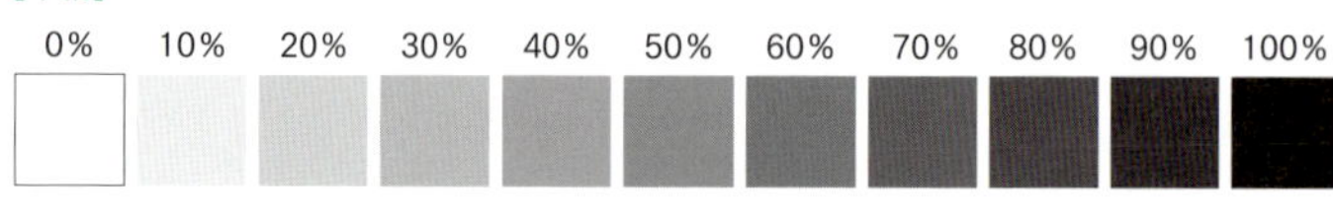

［網点の形状模式（拡大）］

0%　10%　20%　30%　40%　50%　60%　70%　80%　90%　100%

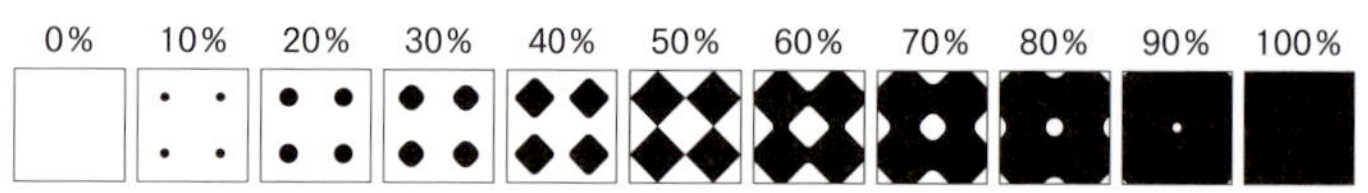

▼グラデーション

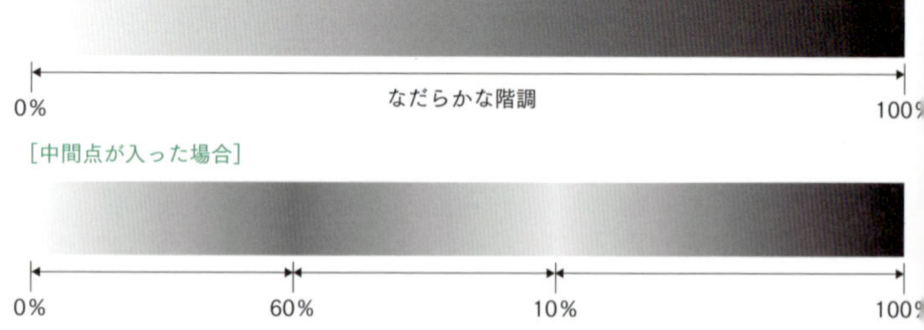

▼スクリーン線数

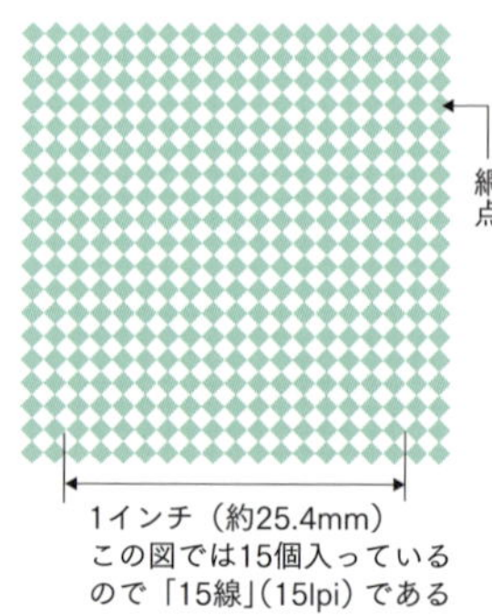

1インチ（約25.4mm）
この図では15個入っているので「15線」(15lpi)である

▼AMスクリーンとFMスクリーン

［AMスクリーンの網点］　［FMスクリーンの網点］

＊従来から使われている網点は，規則正しくドットが並ぶ網点形状を持つ「AMスクリーン」(Amplitude Modulation Screening，左)であるが，多色刷などで網点が重なることで発生する「モアレ」の発生が避けられないなどの短所があった 参照▶79ページ
これを克服するために開発されたFMスクリーン（Frequency Modulated Screening，右）では，網点形状がランダムになっており高解像度でのきめ細かな階調の再現が可能である。当初は扱いづらかったFMスクリーンだが，AM・FM両スクリーンの長所を併せ持つ「ハイブリッドFMスクリーン」も開発され，CTPによる正確な刷版出力の普及とともに広く使われるようになっている

の違いはほとんど差違として現れないので，細かすぎる指定はあまり意味がない。

● スクリーン線数

網を使用する場合は，濃度の％とともに，網点間の距離（きめの細かさ）の基準であるスクリーン線数（線数，lpi〈lines per inch〉）を考慮しなければならない。線数は網点の密度であり，1インチ（約25.4mm）あたりに入る網点の数である。

線数は用紙の平滑度によって変えるが，
①新聞紙などのざらついた紙：80線程度
②一般書籍の本文用紙：133～175線
③アート紙・コート紙：175～200線
など，用紙の質や平滑度が向上するに従って，線数は大きなものが使われている。

一般的に平滑でない紙はインキの吸い込みの度合いが大きいので，密度の大きい線数を使うと網点同士がくっついてしまい，印刷面がムラになるおそれがある。

● グラデーションと階調原稿

網点が徐々に大きくなったり小さくなったりして，自然な濃淡や色の移り変わりがある状態をグラデーションという。グラデーションをつくるには，その始端と終端（場合により中間点）の色や濃度％を指定するが，始端と終端の距離に比して色の変化が大きいと自然なグラデーションになりにくいので注意する。参照 ▸91ページ

平網・グラデーションなどは本文のコラム枠などにふせて目立たせたり，線画原稿内のある部分にふせてメリハリをつけるなどの使い方をする。

また，写真，絵画，濃淡のあるイラストレーションなどの階調原稿＝グラデーションを持つ原稿の再現も，その濃淡を網点の集合に置き換える必要がある。新聞などの写真をルーペで覗くと，写真が網点の集合になっていることが分かる。

▼グラフ・表組に平網・グラデーションをふせた例

［棒グラフ］

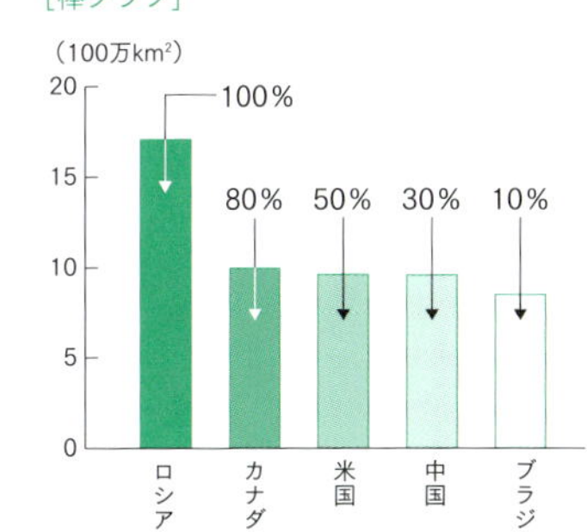

［レーダーチャート］

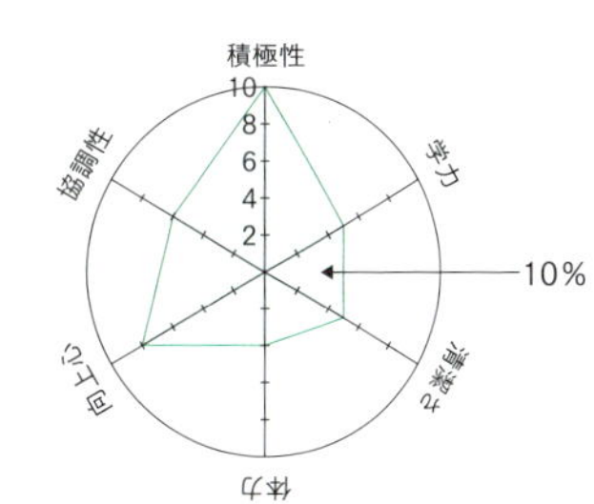

［折線グラフ］

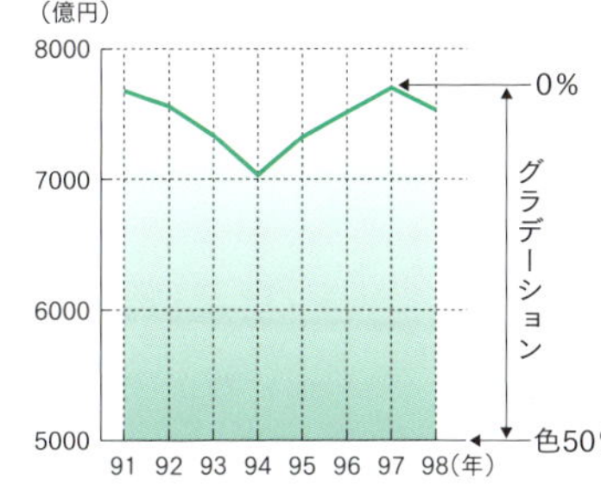

［表組］

科　目	費用(円)	割合(%)
消耗品費	8,600	23.2
交際費	13,700	36.9
交通費	6,960	18.7
通信費	1,660	4.5
資料費	5,220	14.1
雑　費	960	2.6
合　計	37,100	100.0

色50%　←グラデーション→　色0%

▼階調原稿の線数による比較

［50線］

［80線］

［100線］

［150線］

tables, graphs, charts

表組・グラフ

●表組

日本の印刷物には表組が多いといわれる。表組を使用すれば，込み入った情報を文章で詳細に説明するよりも明確に伝達することができる。また，多くの情報を狭いスペースに入れ込むこともできるという利点がある。

通常の表組は，数値などをタテケイ・ヨコケイで区切り（区切られた各部分を「セル」または「こま（小間）」という），タテ組ならば右端と上端，ヨコ組ならば上端と左端にそれぞれの列・行の項目が入っている。

表組内の文字は，本文の使用サイズよりも1〜2まわり小さいものとし，セル内で2行以上になる場合は，行間はあまり空けず2H（2ポイント）〜使用文字サイズの半角内に収めると引き締まって見える。

また表組では，項目欄の文字の字間を，最大の文字数に合わせて均等に空ける「字取り組」にすることも多い。

ケイの多用はかえって見にくい表組になりがちなので，ケイはできるだけ少なくする方向で表を組むのが好ましい。また，見やすくするために項目欄に平網をふせるなどの工夫も考えられる。

表組には表題，単位，出典などを明示することが必要である。

●グラフ

グラフは，文章で解説すると冗長になりがちで説明しにくい統計データなどを，視覚的に表し，瞬時に把握できるようにするものである。

グラフにはさまざまな種類があり，呼称もまちまちであるが，おおむね次のように分類される。それぞれの特長を理解して適切なグラフを使用したい。

①数量を比較するもの

棒グラフ／ヒストグラム／積重グラフ／点グラフ／面積グラフ／体積グラフ／立体グラフ

▼一般的な表組

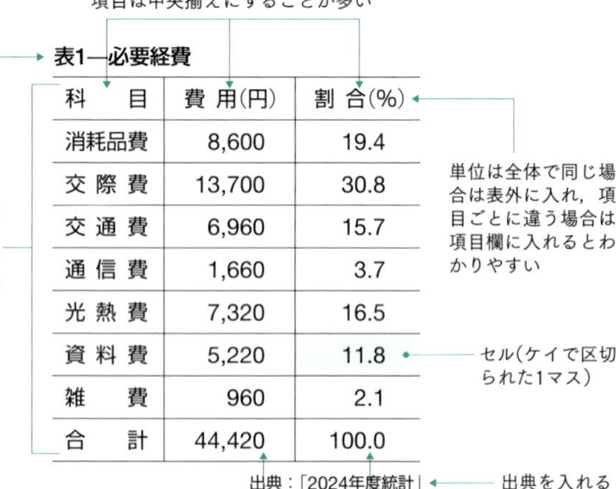

表1—必要経費

科　　目	費 用(円)	割 合(%)
消耗品費	8,600	19.4
交 際 費	13,700	30.8
交 通 費	6,960	15.7
通 信 費	1,660	3.7
光 熱 費	7,320	16.5
資 料 費	5,220	11.8
雑　　費	960	2.1
合　　計	44,420	100.0

出典：「2024年度統計」

［横ケイを省き項目に平網をふせた］

科　　目	費 用(円)	割 合(%)
消耗品費	8,600	19.4
交 際 費	13,700	30.8
交 通 費	6,960	15.7
通 信 費	1,660	3.7
光 熱 費	7,320	16.5
資 料 費	5,220	11.8
雑　　費	960	2.1
合　　計	44,420	100.0

［ケイは省き1行おきに平網（色網）をふせた］

科　　目	費 用(円)	割 合(%)
消耗品費	8,600	19.4
交 際 費	13,700	30.8
交 通 費	6,960	15.7
通 信 費	1,660	3.7
光 熱 費	7,320	16.5
資 料 費	5,220	11.8
雑　　費	960	2.1
合　　計	44,420	100.0

▼表組項目の字取り組

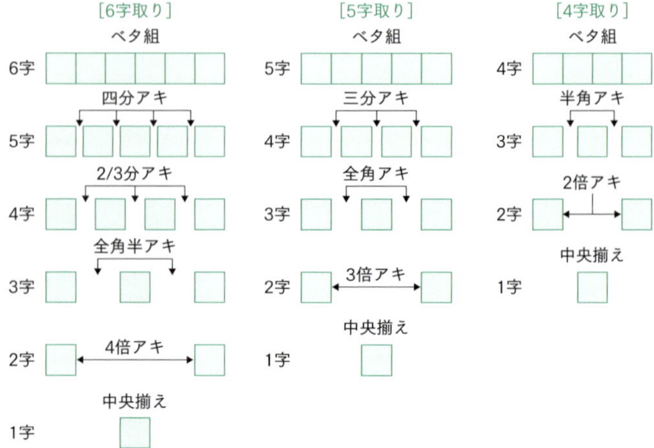

②時間の推移による数値の変化を表すもの

折線グラフ／階段グラフ／曲線グラフ

③全体の中での割合を示すもの

円グラフ／帯グラフ／正方形グラフ

④その他

分布図／散布図／レーダーチャート

実際には時間の推移による変化を棒グラフで表したりすることもあるなど，必ずしもこの分類通りに使われているわけではない。また，棒グラフと折線グラフを組み合わせるなど，複合された形のグラフもある。

グラフ内の文字は，本文の使用サイズよりも1～2まわり小さいものとする。

積重グラフ，円グラフ，帯グラフなどでは，同種のものを仕分け，比較をわかりやすくするためにグラフ内に平網をふせることが多いが，モノクロの場合は，平網の濃度（%）の差を考慮する必要がある。隣り合う部分の平網の差が10%ではその差が判然としないことがあるので，20%以上の差がつくように工夫する。

グラフには表題，タテ軸・ヨコ軸の項目，凡例，単位，出典などを明示することが必要である。

表・グラフとも，本文の関連記述に近いところに置く。

表組や図のタイトル位置　図表にはタイトルが入る場合が多いが，JIS（X 4051「日本語文書の組版方法」）には，その入れ方の原則は「図では下（注記がある場合は上）」「表では上」となっている。この規定は大学での論文指導などにも見られるものだが，筆者は図，表ともタイトルは「上」に統一するのがよいと考える。数値などの変化や割合をわかりやすく示すために表組か図（グラフなど）かを選択するのであればその役割に違いはない。ならばタイトルの位置も統一するのがよく，図に注記があるかないかでタイトルの位置が変わるのも統一感も欠くことになる。まずは何についての図なのか表なのかを明示することが重要であり，ならばタイトルは「上」が望ましい。JISはわかりやすさという必要の前では金科玉条ではない。

▼代表的なグラフの例

［棒グラフ（タテの場合）］

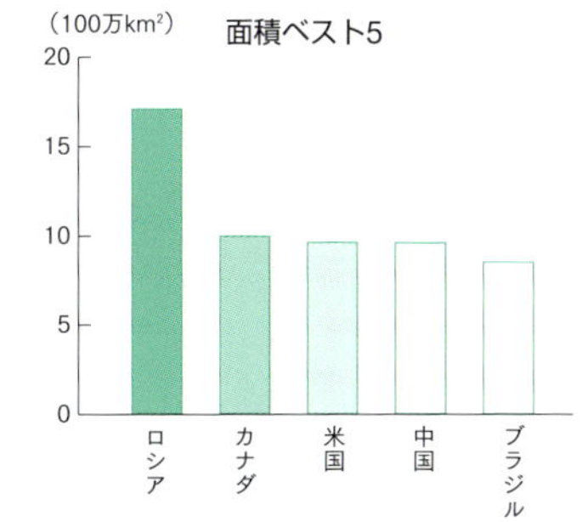

［積重グラフ（ヨコの場合）］

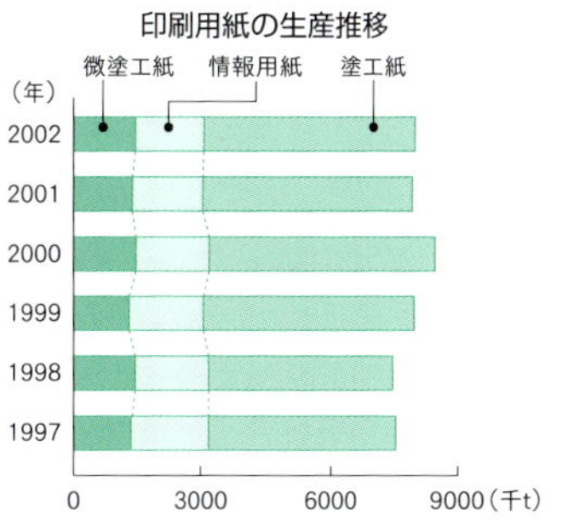

［体積グラフ］

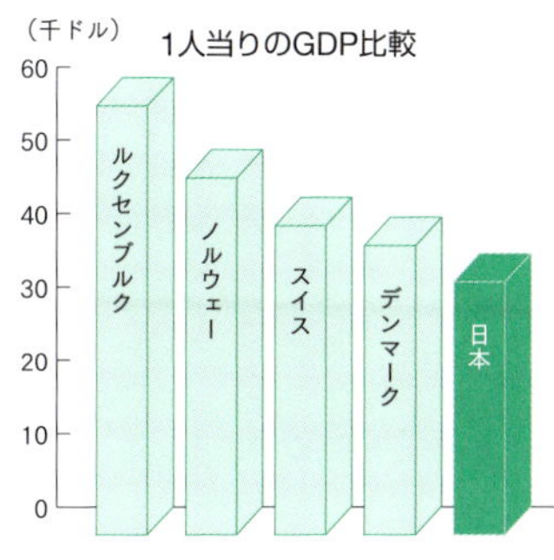

［円グラフ］

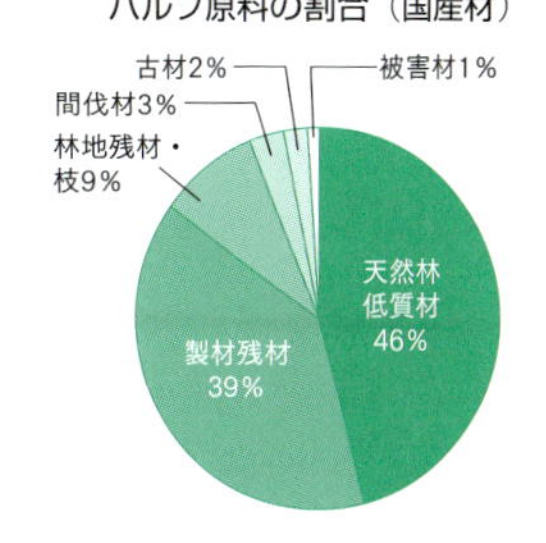

［帯グラフ］

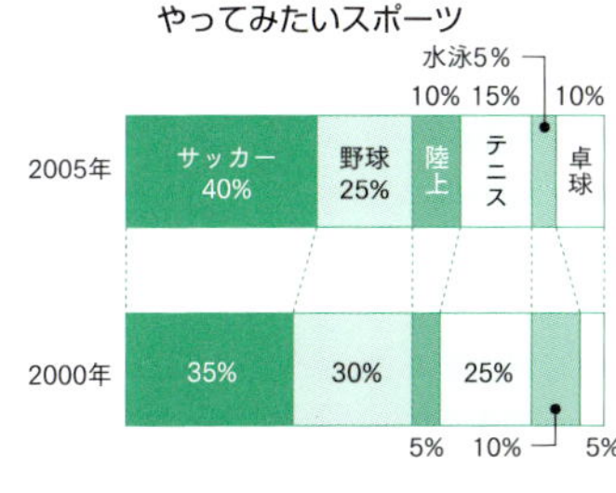

［折線グラフ］

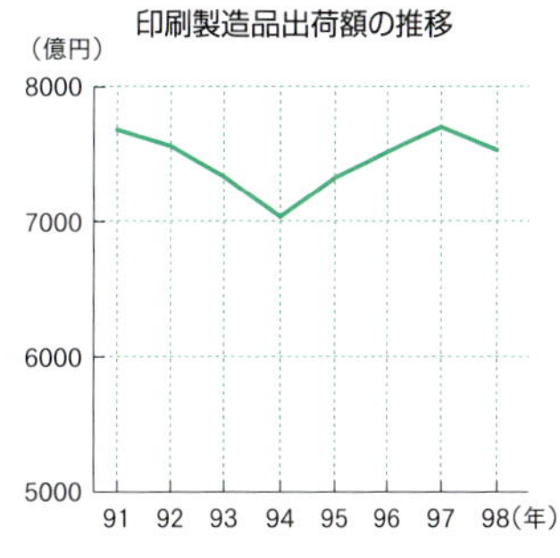

［散布図］

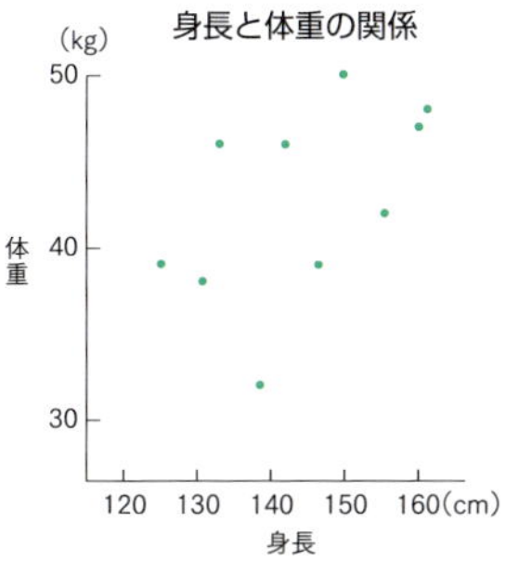

［レーダーチャート］

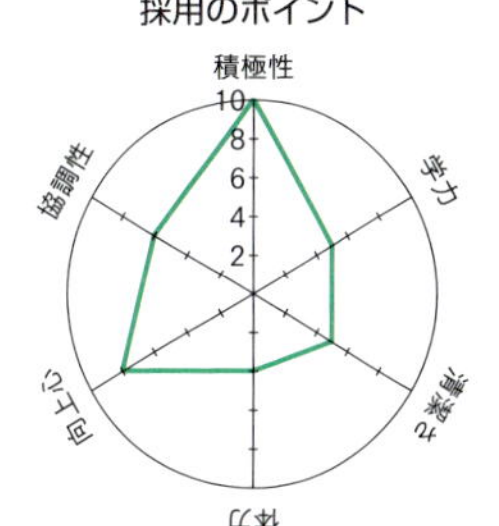

階調原稿・スキャニング

● トリミング

書籍・雑誌で写真を素材として使う場合は，カメラで撮影された画像そのままの形状で使うことはほとんどない。写真は通常は横長や縦長の長方形なので，紙面の大きさや写真のスペースの形に合わせて不要な部分をカットして使われることが多く，これを「トリミング」という。さらに拡大・縮小してレイアウトされる。

● 角版と切り抜き

トリミングは四角形に限らず，円形，楕円形，多角形，不定形などさまざまである。これらのうち幾何的図形状にトリミングされた状態を「角版」（円形の場合は「丸版」ということもある）という。

これに対して被写体の輪郭などに沿って切り抜いて背後を消すこともあり，このトリミングの方法を「切り抜き」という。商品写真などによく使われる方法である。

● 写真のレイアウト

写真を本文中に入れる場合は，本文とのアキに配慮しなければならない。おおむねの目安は本文と写真とのアキを本文サイズの全角〜全角半程度とする。

写真には説明文であるキャプションがつくことが多いが，キャプションと本文とのアキも本文の全角〜全角半程度空ける。

● スキャニングと解像度

ポジフィルムや紙焼，イラストレーションの版下などは，スキャナでスキャニングしてデジタル化するが，その際，「入力解像度はスクリーン線数（lpi）の2倍が目安」とされている。

解像度とは，「画像での細線の表現能力」のことで，モニタ，プリンタ，イメージセッタなどの出力装置ではどの程度きめ細かく再現できるかの度合いのことをいい，スキャナ（入力装置）ではどの程度きめ細かく取り込むかの度合いのことをいう。

解像度の単位は「ppi」（pixels per inch）な

▼トリミング

▼写真の組み込み

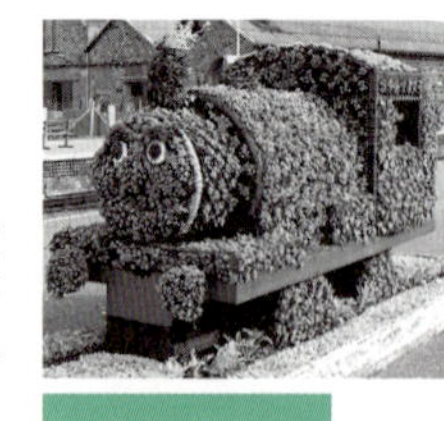

本文サイズの全角〜全角半アキ
本文に写真をレイアウトする際に留意しなければならないのは、写真と本文とのアキである。おおむねの目安は、本文の全角〜全角半アキにする。キャプションがつく場合は、キャプションと本文とのアキも同様に考える。
写真の天地が本文の行長よりもかなり短い場合は、写真の下部に本文を入れる（組み込む）が、組み込まれた本文が10字以下になると折り返しの字数が少なくて可読性が悪くなる。できれば15字くらいは確保したいものであり、10字以下になりそうな場合は、写真の下に本文を組み込まないで空けたままにしておく方がよい。
本文サイズの全角〜全角半アキ
組み込み部分の字間が他の部分（通常はベタ組）よりつまったり空いたりしないように注意する

＊写真の左右のアキと下のアキはできるだけ揃える
＊ヨコ組では写真は版面の左右中央に置き，本文を組み込まない場合が多い

いし「dpi」(dots per inch)を使うが，いずれも1インチ(約25.4mm)あたりのピクセル数／ドット数のことで，数値が大きいほど画像はきめ細かくなる。印刷物のデータ作成においては同様の扱いと考えてよい。

● スキャニングの手順

スキャンが必要な階調原稿をDTPでレイアウトするには，2通りの方法がある。

①低解像度のアタリデータ(大きさやトリミングなどの目安)をレイアウトし，データに元原稿(ポジ，紙焼など)を添えて印刷所に入稿し，印刷所で元原稿を高解像度でスキャンし，アタリデータと置換

②印刷物の品質に見合う高解像度のデータを使ってレイアウトして入稿

①の場合はスキャニングの品質は任意で，プリントの校正がきれいならばよい。

②の場合は，スキャニングは厳密性を要求され，スキャン後の調整・補正が必要となる。これをパーソナルスキャナ〜Photoshopで行う場合の手順は右図の通り。

入力解像度は前述の通り「使用線数の2倍」であるが，拡大／縮小の場合には，これに拡大率／縮小率を乗じたものになり，そのように説明される場合が多いが，これでは写真ごとに入力解像度を変更しなければならず煩雑である。しかし，スキャナのドライバ(スキャンの操作画面)には，解像度とともに倍率の入力欄があるので，そこに拡縮率(%)を入力すればよい。

さらに，現実には使用サイズが最初から決まっていなかったり，数量が多くてその都度拡大率・縮小率を計算できない場合もある。その場合には，いったんすべてを大き目の拡大率でスキャニングしてレイアウト用アプリで割り付け，使用サイズが確定したところで元画像をPhotoshopで開き，レイアウト用アプリに表示される縮小率で縮小すればよい。ただし極端な縮小になる場合は，スキャニングし直す必要がある。

▼入力解像度の算出

使用線数 × 2 × 拡大率・縮小率 ＝ 入力解像度(dpi)

▼主な用途別の入力解像度の目安

用途		入力解像度(dpi)	
		写真	線画 中間調
ディスプレイ表示		72	72
インパクトプリンタ 熱転写プリンタ インクジェットプリンタ		120	360
レーザープリンタ(600dpi)		200	600
FAX送信		200	200
OCR読み取り		——	400
印刷物	100線(新聞用紙など)	200	300
	133線(上質紙・書籍用紙)	266	400
	150線(書籍用紙・塗工紙)	300	600
	175線(塗工紙)	350	800

▼モアレ

規則的に分布している点や線を重ねた時に生ずる干渉縞のことを「モアレ」(モワレ，moire)という。すでに網点になっている印刷物の画像をスキャンした場合にモアレが生じることがあるが，Photoshopの「ぼかし」フィルタである程度は目立たなくさせることができる。

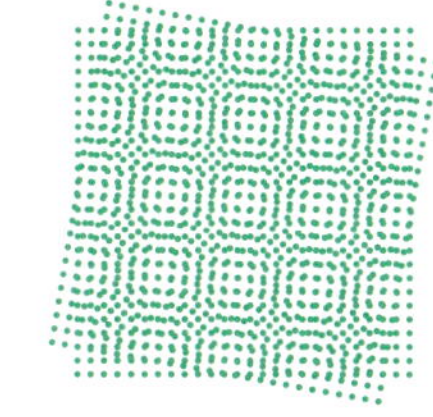

＊網点が重なることによりモアレが発生する

▼階調原稿のスキャニング〜保存までの手順

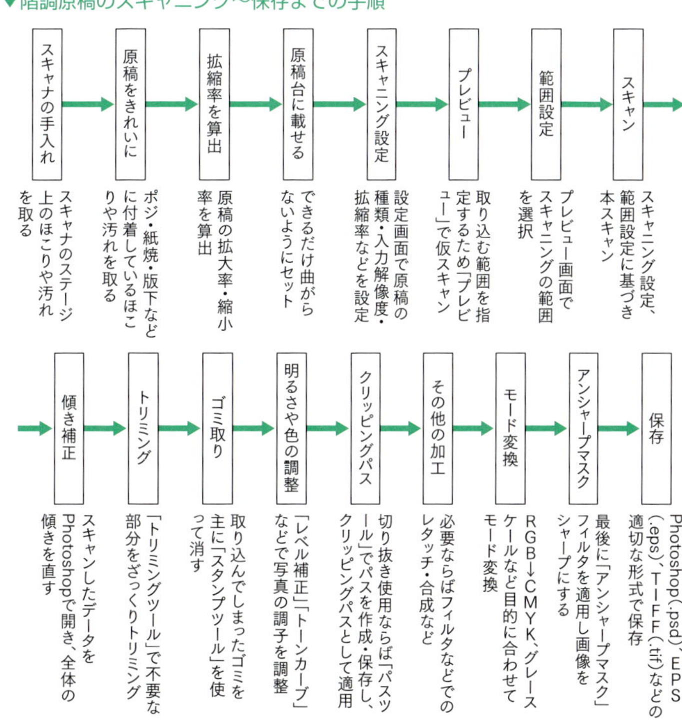

＊「ゴミ取り」の後に「モード変換」をする方法もある。最終的にはCMYKになるのであり，またCMYKモードで最終的な色を確認しながらの方が調整しやすいという理由からである。ただし，CMYKモードでは使えないフィルタもあるので注意が必要

線画・デジタルカメラ写真

●線画原稿のスキャニング

ロゴマークや線画イラストなど，黒か白かで成り立っている線画原稿は，階調原稿のような濃淡を持たない。これをデジタル化するには，超高解像度でスキャニングした上で，Photoshopで黒と白のコントラストを極端につける必要がある。保存データをモノクロ2階調にすることで，印刷では画線部がはっきりと出る。

●デジタルカメラの写真を使用する場合

デジタルカメラ（デジカメ）やスマートフォン（スマホ）で撮影され提供される写真の解像度はまちまちである。これを印刷用に適した350ppiなどにするためには，Photoshopの「画像解像度」で解像度を設定し直す。解像度を変更すると適切な使用サイズの最大値が判明する。

デジカメやスマホの画像は基本的にデータを圧縮する「JPEG」形式で保存されるが，この形式は，再保存を繰り返すことで画像が劣化する。デジカメ画像を加工して保存する際は，Photoshopネイティブ（.psd）かTIFF（.tif／.tiff）で保存し直すのがよい。

デジカメでは機種によるが，データの保存方法で「記録サイズ」と「画質」を設定できる。「記録サイズ」は記録画素数によって3～4段階あり，「画質」は圧縮率の大きさで「スーパーファイン」「ファイン」などがある（メーカーや機種によって名称は異なる）。使用目的や大きさによるが，印刷物では，「記録サイズ」を最大に，「画質」は圧縮率のもっとも低い「スーパーファイン」などに設定しておけば，印刷物でのさまざまな使用サイズに柔軟に対応できる。

デジカメの保存形式で「RAW」というモードがあるが，これはカメラ側の設定が反映されず，撮影時の状態のまま圧縮せずに保存されるもので，画素数が多く，そのままでは印刷物には使えない。Photoshopなどのアプリで適切な形式に変換する。

▼線画原稿のスキャニング

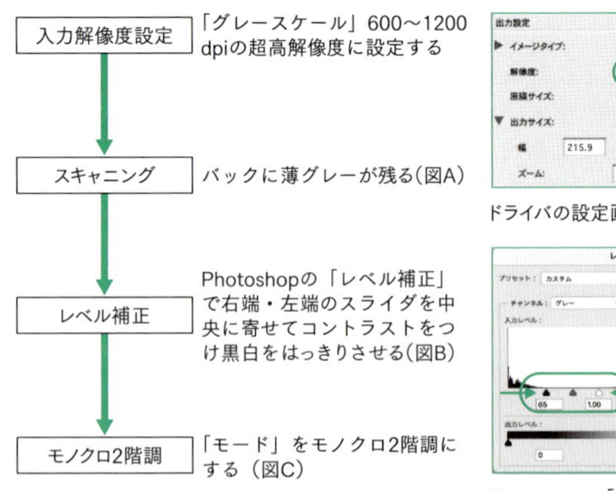

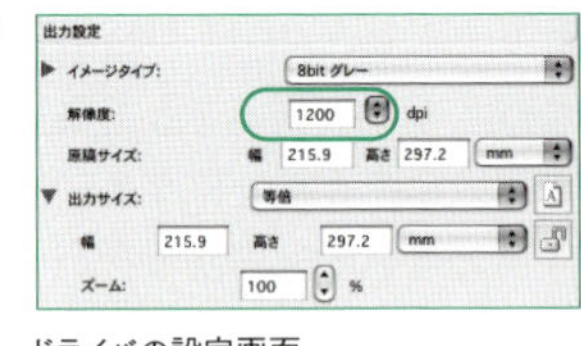

ドライバの設定画面

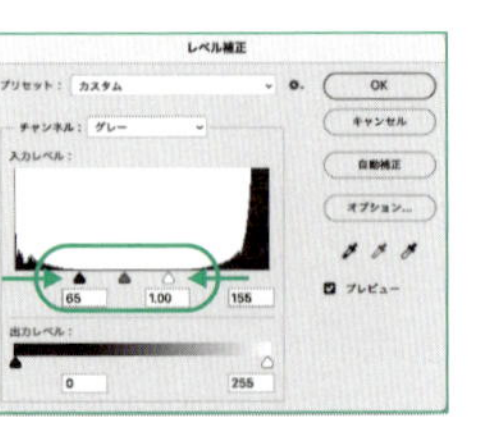

Photoshopの「レベル補正」

A

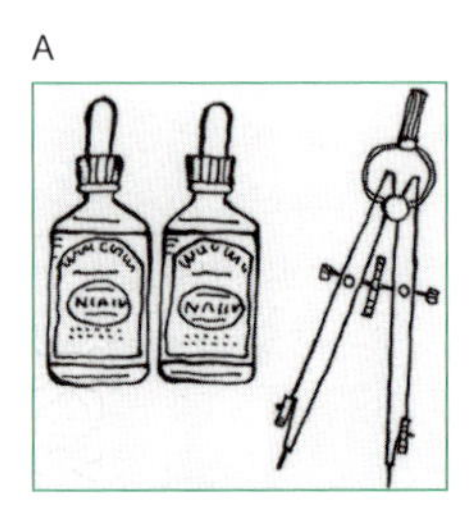

B

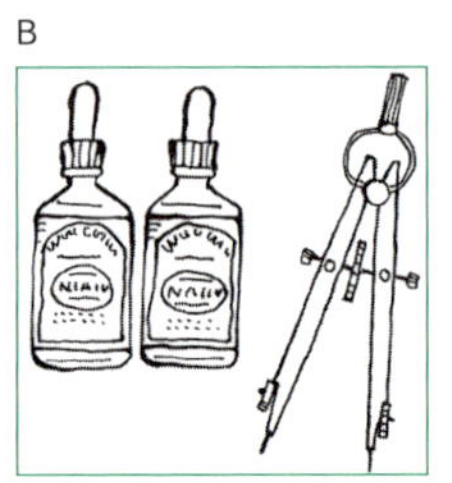

C

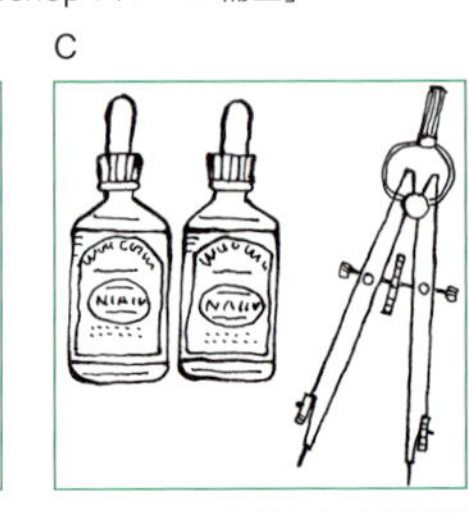

イラスト：佐藤弥恵子

▼デジタルカメラ画像の解像度と大きさの変更

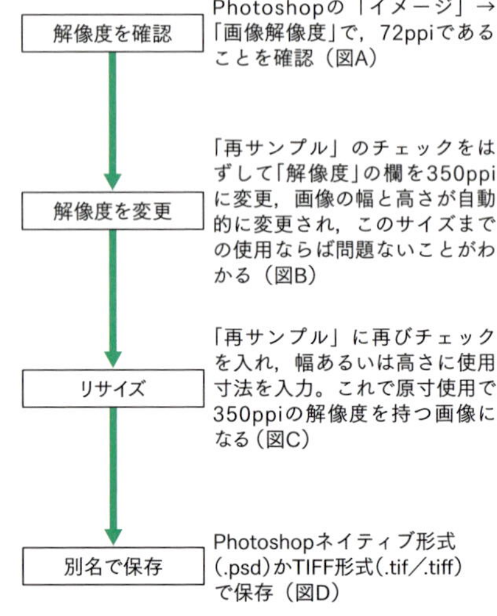

D

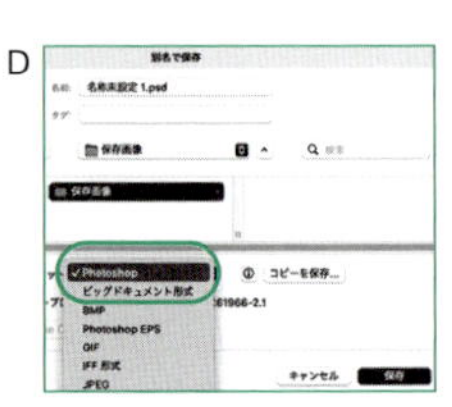

A

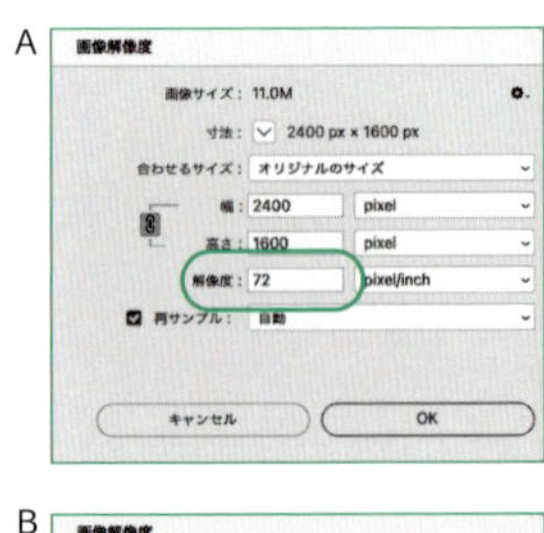

B

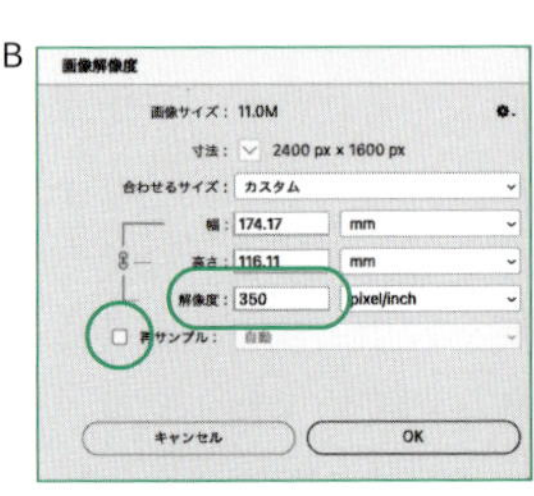

C

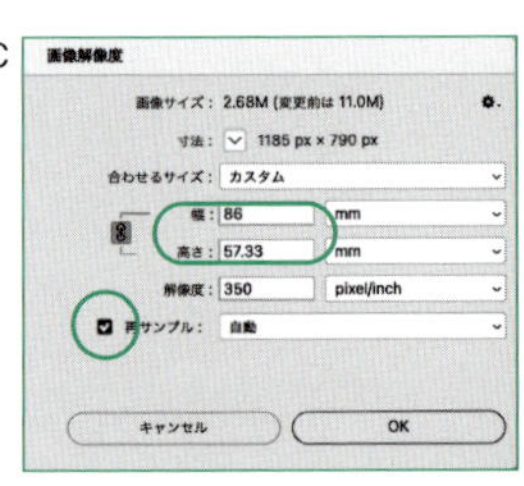

階調の補正・リサイズ

Photoshopには，階調原稿の階調や色を補正するためのさまざまな機能が用意されているが，代表的なものが「レベル補正」と「トーンカーブ」である。補正は行えば行うほど画質が劣化していくので，できるだけ少ないステップで行いたい。

● レベル補正

画像の持つ階調分布を「ヒストグラム」で確認し，手軽に補正ができるのが「レベル補正」である。ヒストグラムの下にある△などのスライダを動かすことで最明部～中間調～最暗部の階調分布を調整する。

● トーンカーブ

画像の持つ階調の各部分を，出力でどのような濃度にするかをグラフでコントロールするのが「トーンカーブ」である。グラフの横軸が入力側（現在の画像の濃度）で，縦軸が出力側である。たとえば入力側の中間調の部分のグラフを下方にずらせば，現在の中間調が明るく出力される。濃度ごとに細かいポイントを作成して調整できるので，精度の高い補正が可能である。

● リサイズ

階調原稿のレイアウトでは，アプリ上で拡大／縮小するよりも，元画像自体が使用サイズになっている方が望ましい。

Photoshopでのリサイズは，「画像解像度」コマンドで行う。

画像の解像度が印刷にふさわしくない値であれば，左ページの要領で解像度を変えた上でサイズを変更する。

解像度が適切であれば，「画像の再サンプル」を選択，さらに通常は「バイキュービック法」を選択し，「ピクセル数」あるいは「ドキュメントのサイズ」に任意の数値を入力して目的のサイズにする。

なお，画面ショットはレイアウト用アプリ上でリサイズする方がよいとされている。

▼Photoshopでの画像補間方式

Photoshopでは，画像の補間方式として以下のものが選択できるようになっている。

［ニアレストネイバー法］隣接するピクセルのうちもっとも近いものをコピーして新しいピクセルを作り，足りない部分を埋める方法。元データに存在しない色は使えないため，ジャギー（ガタガタ）が目立ちやすく，階調原稿の補間には向かない

［バイリニア法］隣接するピクセルの平均値を算出して新しいピクセルを作り，足りない部分を埋める方法。平均化によりボケることがある。ニアレストネイバー法とバイキュービック法の中間的な精度

［バイキュービック法］隣接するピクセルの平均値を算出し，さらにその外側にあるピクセルとの関係を計算して新しいピクセルを作り，足りない部分を埋める方法。精度の高い補間ができるので通常の補間ではこれを使用する。さらに拡大に適した「バイキュービック法—滑らか」と，縮小に適した「バイキュービック法—シャープ」などがある

▼印刷サイズと画素数

印刷サイズ（寸法） pixel数（350ppiの場合） 画素数（容量）
A3判（297×420mm） 4093×5787pixel 2370万画素（67.8MB）
B4判（257×364mm） 3541×5016pixel 1780万画素（50.8MB）
A4判（210×297mm） 2894×4093pixel 1180万画素（33.9MB）
B5判（182×257mm） 2508×3541pixel 890万画素（25.4MB）
A5判（148×210mm） 2039×2894pixel 590万画素（16.9MB）
B6判（128×182mm） 1764×2508pixel 440万画素（12.7MB）

＊値は印刷物に使用する場合の標準値である175線，350ppi（dpi），モードはRGBとして算出

＊pixel数＝使用寸法（mm）×解像度（350ppi）÷25.4

▼「レベル補正」の例

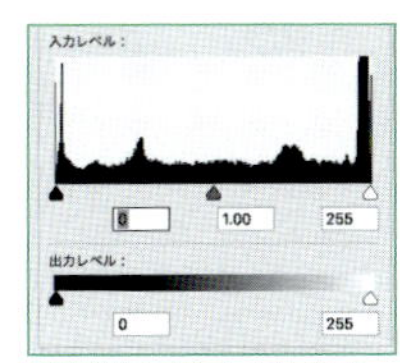

［元画像］

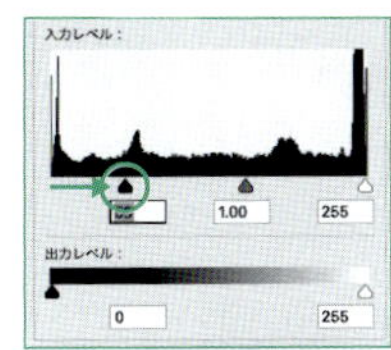

［暗く］
シャドウがつぶれる

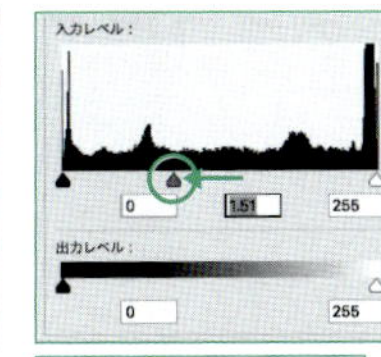

［中間調明るく］

［明るく］
ハイライトが飛ぶ

▼「トーンカーブ」の例

縦軸（結果）

横軸（現状）

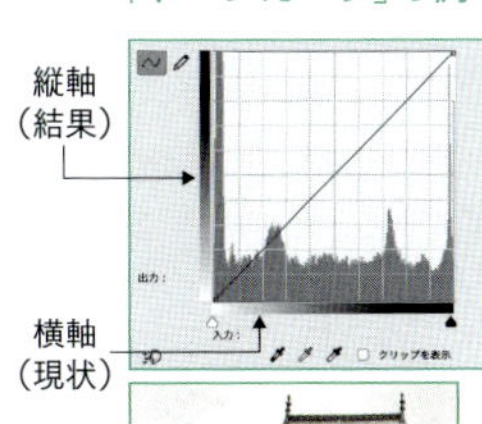

［元画像］
グラフは直線

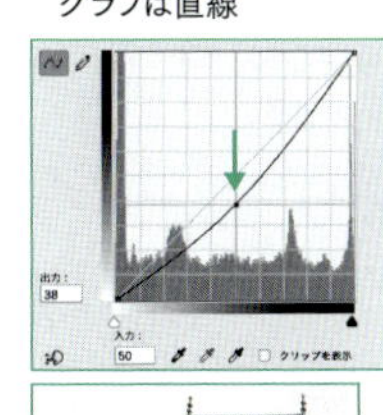

［中間調明るく］
グラフ中程を下へ

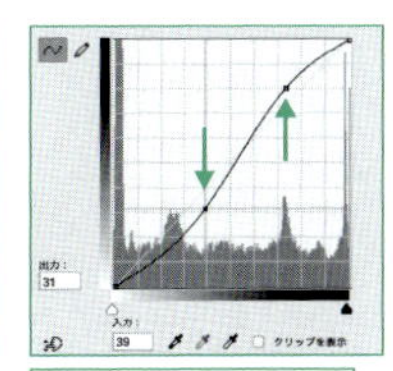

［コントラスト］
グラフをS字に

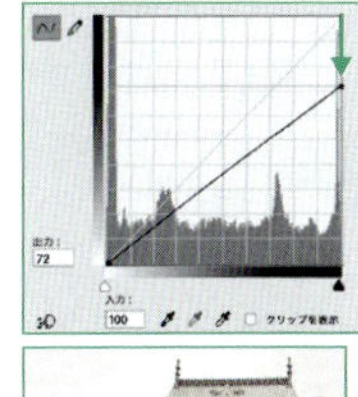

［半調］
グラフ右端を下へ

Photoshopのフィルタ

ペイント系アプリのPhotoshopは，画像にさまざまな効果をもたらす「フィルタ」機能が充実している。その実例を一覧した（一部割愛）が，これらのほとんどはデフォルトの設定での結果であり，設定の数値などを変えれば効果の度合いは変化する。

また，フィルタによってはRGBモードでないと使えないものがある。その場合は，RGB→CMYKのモード変換はフィルタを使用した後に行う。

［元の画像］

▼ぼかし

［ぼかし（ガウス）］

［ぼかし（放射状）］

［ぼかし（移動）］

▼シャープ

［アンシャープマスク］

▼アーティスティック

［こする］

［エッジのポスタリゼーション］

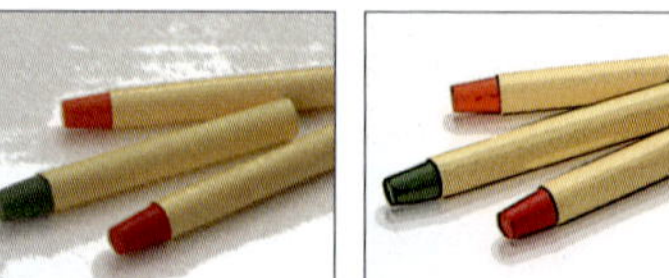

［カットアウト］

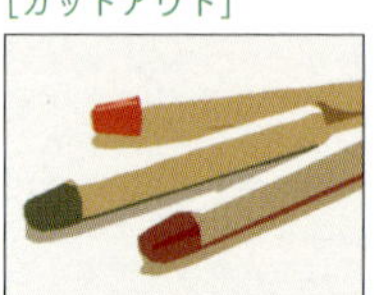

［スポンジ］

［ドライブラシ］

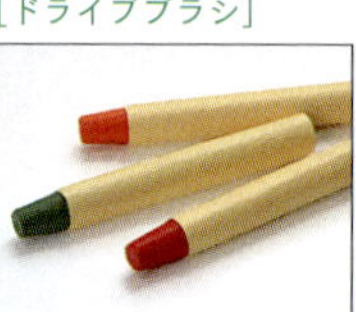

［ネオン光彩］

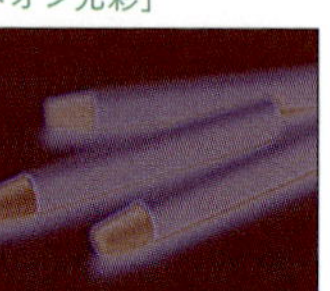

［パレットナイフ］

［フレスコ］

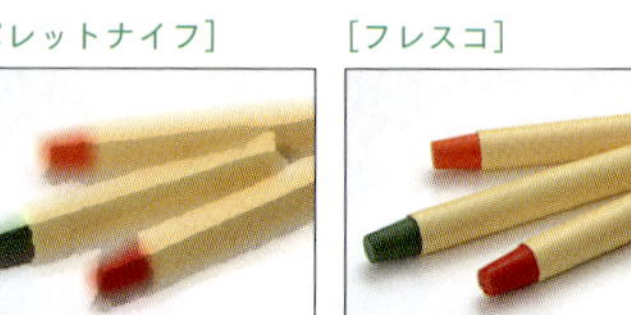

［ラップ］

［塗料］

［水彩画］

［粒状フィルム］

［粗いパステル画］

［粗描き］

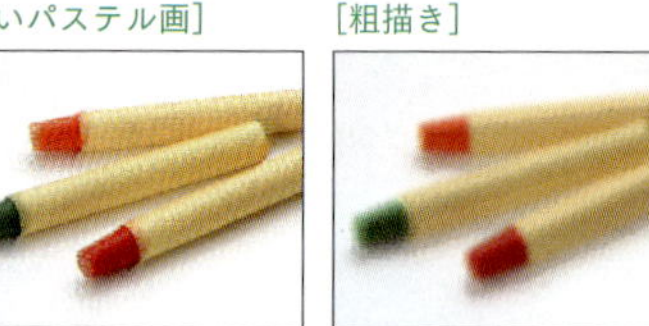

［色鉛筆］

▼スケッチ

［ぎざぎざのエッジ］

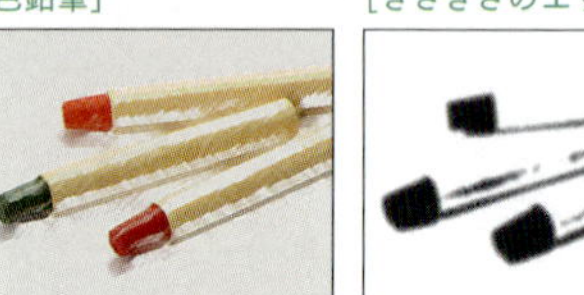

［ちりめんじわ］

［ウォーターペーパー］

［クレヨンのコンテ画］

［クロム］

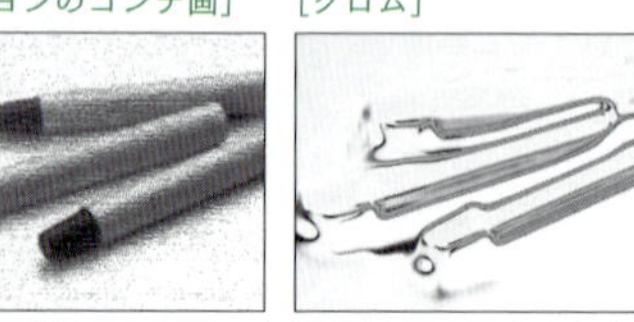

［グラフィックペン］

［コピー］

［スタンプ］

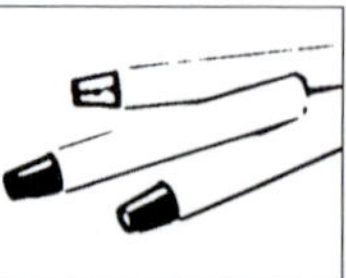

［チョーク・木炭画］

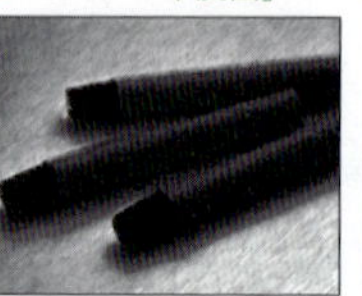

［ノート用紙］

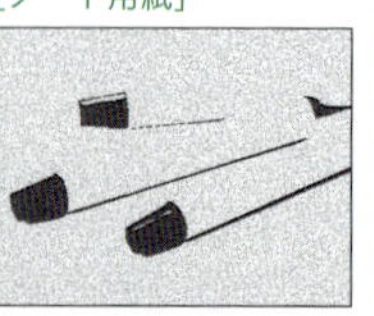

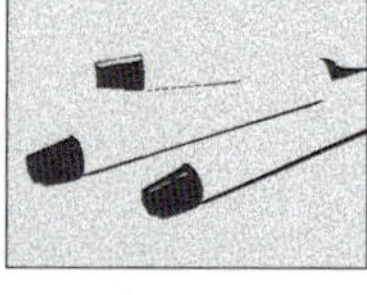

［ハーフトーンパターン］

［プラスター］

［木炭画］

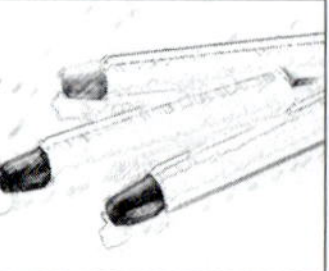

［浅浮彫り］

▼テクスチャ

［クラッキング］

［ステンドグラス］

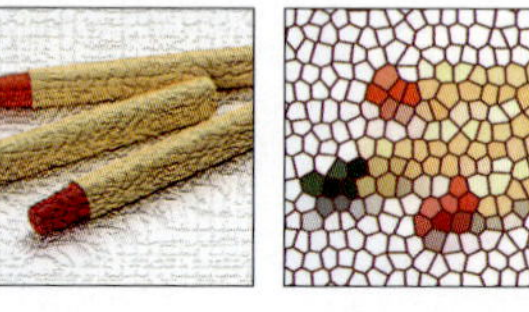

［テクスチャライザ］

[パッチワーク]　[モザイクタイル]　[粒状]

▼ノイズ

[ダスト＆スクラッチ]　[ノイズを加える]

▼ピクセレート

[ぶれ]

[カラーハーフトーン]　[メゾティント]　[モザイク]　[水晶]　[点描]　[面を刻む]

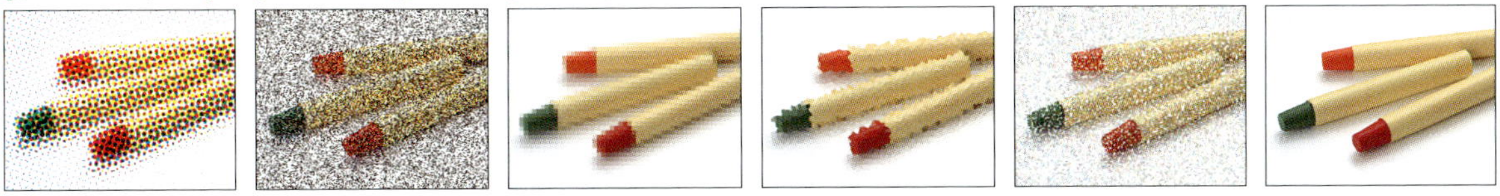

▼ブラシストローク

[はね]　[インク画（外形）]　[エッジの強調]　[ストローク（スプレー）]　[ストローク（斜め）]　[ストローク（暗）]

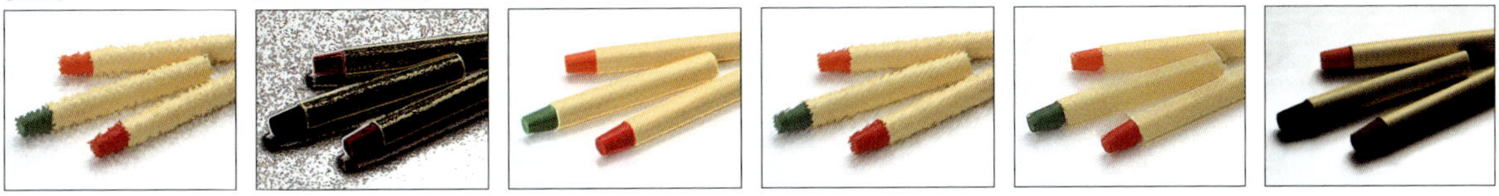

[墨絵]　[網目]

▼変形

[つまむ]　[ガラス]　[シアー]　[ジグザグ]

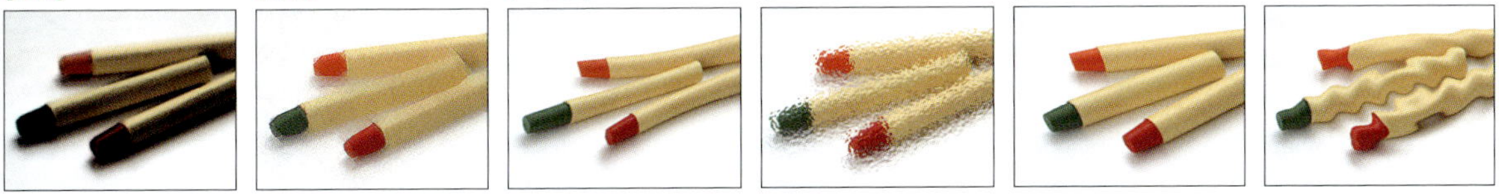

[光彩拡散]　[極座標]　[波形]　[波紋]　[海の波紋]　[渦巻き]

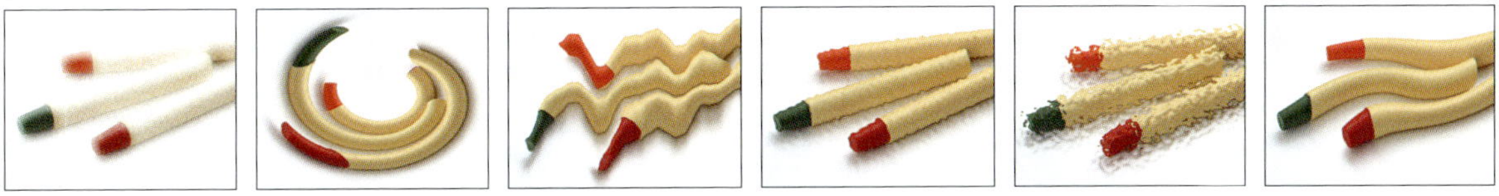

[球面]

▼描画

[照明効果]　[逆光]　[雲模様 1]

▼表現方法

[エッジの光彩]　[分割]

[押し出し]

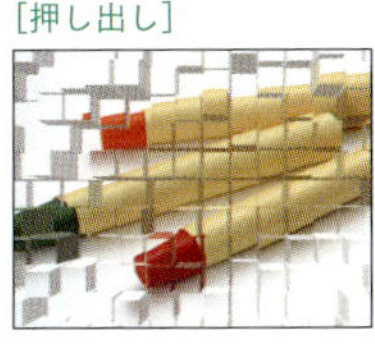

[拡散]

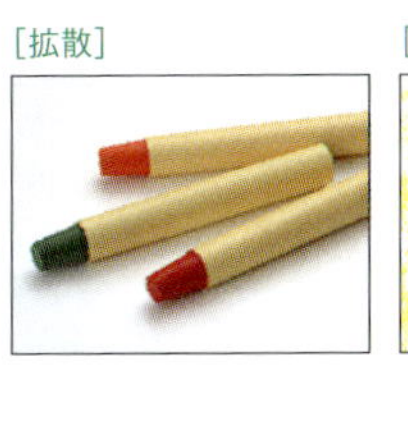

[輪郭のトレース]

[輪郭検出]

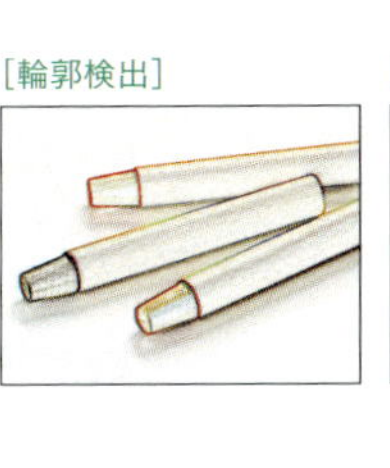

[風]

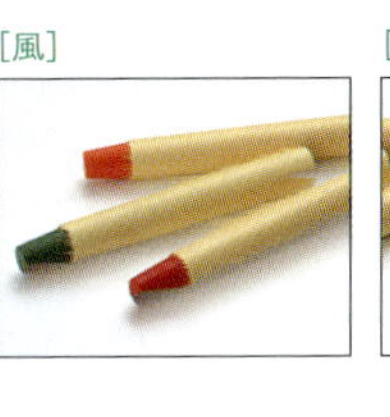

▼その他

[スクロール]

画像の形式

画像の形式にはさまざまなものがあるが，印刷物に適した形式のものを使う必要がある。素材としての画像データを拡張子で確認し，印刷にふさわしくないものであれば，Photoshop などで最適なものに変換しておかなければならない。

▼代表的な画像の形式と特徴・用途

画像形式（拡張子）	RGB	CMYK	レイヤー	アルファチャンネル	クリッピングパス	プロファイル	特徴・用途
Photoshop (.psd)	○	○	○	○	○	○	Adobe Photoshop のネイティブ形式。レイヤー情報などがそのまま保存される
EPS (.eps)	○	○	×	×	○	○	EPS：Encapsulated PostScript。PostScript 出力に対応するフォーマットで，DTP での画像ファイルの標準だった。ほとんどのペイント系アプリ（ビットマップ画像），ドロー系アプリ（ベクトル画像）でサポート。EPS 形式では，低解像度の画像表示（プレビュー）用のデータと高解像度の出力用データ（実画像）が1ファイルに入っており，モニタではプレビュー用画像が表示され，PostScript 出力では実画像が出力される。現在は推奨されていない形式
DCS1.0 (.eps)	×	○	×	×	○	○	DCS：Desktop Color Separations。EPS 形式の一種。DCS1.0 では，CMYK の4つのカラーチャンネルごとの高解像度画像（実画像）ファイルが作成され，プレビュー用画像として1つのコンポジットファイルが作成される。5つのファイルを，同じ階層（フォルダ）に入れておく必要がある。「5ファイル形式」ともいう
DCS2.0 (.eps)	×	○	×	○	○	○	DCS2.0 形式では，スポットカラー（特色）チャンネルが保存できる。DCS1.0 と同様にカラーチャンネルごとの複数のファイルでの保存もできるが，単一ファイルでの保存も可能
TIFF (.tif/.tiff)	○	○	△	○	○	○	TIFF（ティフ）：Tagged-Image File Format。古くから Macintosh と Windows の両方で扱えるフォーマットとして使われ，ほとんどの DTP アプリでサポートされているビットマップ画像形式
JPEG (.jpg/.jpeg)	○	○	×	×	○	×	JPEG（ジェイペグ）：Joint Photographic Experts Group。写真を Web で表示したり CD-ROM や通信で配布したりする場合に使われることが多い。また，デジタルカメラ，スマートフォンでの撮影により供給される画像データの多くが JPEG 形式になっている。JPEG は画像の一部を破棄して容量を圧縮しており，保存後は元の状態には戻せず（非可逆圧縮），圧縮を繰り返すほど画質が劣化するので，印刷用としては推奨されていない
GIF (.gif)	×	×	—	×	○	×	GIF（ジフ）：Graphics Interchange Format。主に Web での画像表示に使われる。GIF は，インデックスカラーという256色に限定したカラー再現環境を採用することでデータ容量を小さくするもの。印刷用には不適
PNG (.png)	○	×	△	○	○	×	PNG（ピング）：Portable Network Graphics。GIF 形式の発展系で，主に Web で使われる。フルカラーの約1677万色を反映し，圧縮による画質の劣化がない（可逆圧縮）。CMYK をサポートしないためそのままでは印刷用には不適
PICT (.pict)	○	×	×	○	△	○	PICT（ピクト）：Macintosh での標準画像形式。印刷用としては使われない
BMP (.bmp)	○	×	×	×	△	×	BMP（ビットマップ）：Windows での標準画像形式。印刷用としては使われない

＊○はサポート，△は限定された状態でサポート，×は非サポート
＊アプリの種類やバージョンによっては保存できなかったり取り込めなかったりする場合もある

色

プロセスカラー

●色の再現

物体のさまざまな色が見えるのは，「色光の3原色」「色材の3原色」の原理で説明される。「色光の3原色」は透過光による色の見え方であり，「色材の3原色」は反射光による色の見え方である。印刷におけるカラーの再現は，「色材の3原色」の理論を応用したものである。

●色光の3原色―RGB

色光の3原色は，レッド（red，R），グリーン（green，G），ブルーバイオレット（blue violet，Bv）の3色光で，これらを重ね合わせるとだんだん明るくなり，3色をフルに重ねると白（透明）になる。これが太陽光である。

色光の3原色による発色の原理は，テレビやパソコンのモニタなどで使われる。カラー画像の「RGBモード」である。

●色材の3原色―CMYとプロセスカラー

色材の3原色は，色光の3原色のそれぞれの補色であるシアン（cyan，C），マゼンタ（magenta，M），イエロー（yellow，Y）の3色で，これらを重ね合わせるとだんだん暗くなり，3色をフル濃度で重ねると黒になる。

この色材の3原色＝CMYをさまざまな濃度で混色（掛け合わせ）すれば，多くの色を表現できることを，カラー印刷に応用しているのである。

CMYの3色を同濃度で混色すると，理論的には無彩色（白～灰色～黒）になるので，灰色～黒色はこの3色で再現できるはずだが，印刷物には，文章をはじめとしてグレーやスミ色の要素が非常に多く，それをCMYの3色の掛け合わせで再現するとなると非効率になり，また，濃度のバランスがわずかでも崩れれば完全な無彩色にはならず，掛け合わせの精度の点でも可読性が悪くなる。そこで，CMYに加えて黒（慣用で「スミ」という，K）のインキが使われる。

▼色光の3原色（加色混合・加法混色）―RGB

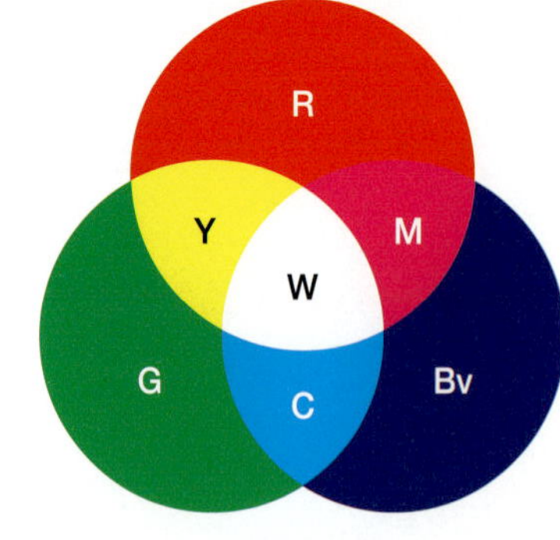

色光の3原色による「加色混合」（加法混色）の理論。光の3原色を重ねると，明度が高くなり明るくなる。3原色がフルで重なると「白色光」になる

▼色材の3原色（減色混合・減法混色）―CMY

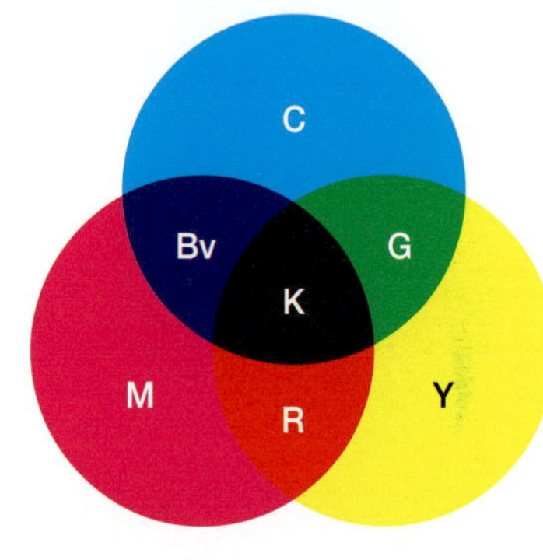

色材の3原色による「減色混合」（減法混色）の理論。色材の3原色を重ねると，明度が落ちてだんだん暗くなる。3原色がフルで重なると「黒色」になる

▼CMYインキ掛け合わせのグレー～スミとKインキによるグレー～スミ

［CMY掛け合わせによるグレー～スミ］　［Kインキのみによるグレー～スミ］

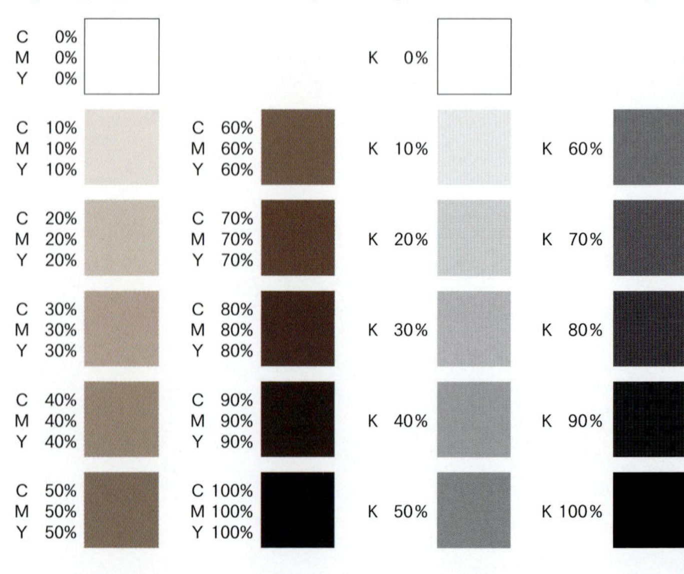

CMYの3色で再現される無彩色の部分をスミインキに代替させるのである。

CMYにスミインキを加えたCMYKの4色を「プロセスカラー（インキ）」，この4色での印刷を「プロセス4色印刷」という。

DTPではプロセス4色刷での印刷物を作成するので，データは「CMYKモード」にする。

● プロセスカラーチャート

CMYKの4色をさまざまな濃度で掛け合わせることにより多くの色を再現することができるが，具体的な色指定には，掛け合わせの見本である「カラーチャート」を参照する。

カラーチャートは，各色の濃淡を5%ないし10%刻みで掛け合わせた場合の発色を一覧するものである。参照▸88～91ページ（カラーチャート）

DTPアプリでは，各色の濃度を1%あるいはそれ以下の刻みで指定できるようになっているが，これほどの細かい指定は現実的ではない。印刷工程では，濃度は±5～10%程度でぶれるのが現状である。濃度の指定は5%刻みまでにとどめておくべきである。

● カラー4色分解

カラー写真やイラストレーションなどカラーの階調原稿は，CMYKの4色の版に分られ，プロセスカラーで塗り重ねることによって元の色調が再現される。印刷されたものをルーペで覗くと，CMYKの微細な網点が重なり合っていることが確認できる。

▼スクリーン角度

網点の対角線の水平線に対する傾きの度合いが「スクリーン角度」で，単色刷では45度である。多色刷では，モアレを防ぐために各版のスクリーン角度を調整する必要がある。参照▸79ページ
通常のプロセスカラー4色刷の場合は，CMKの3版をもっともモアレが目立たない30度ずつの関係にし，濃度差がわかりにくいY版を15度ずらした関係で配する。

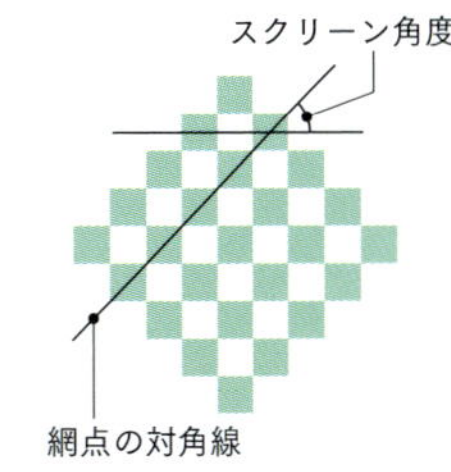

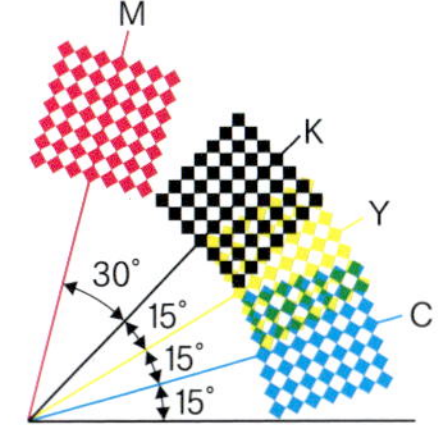

＊C版とK版，K版とM版との関係は30度になる

▼カラー4色分解

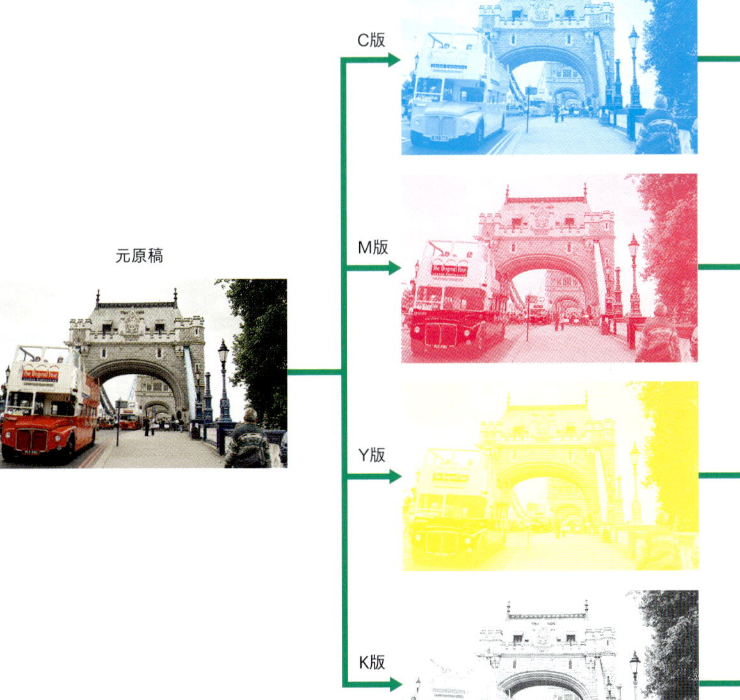

印刷物

網点の重なり

カラーチャート

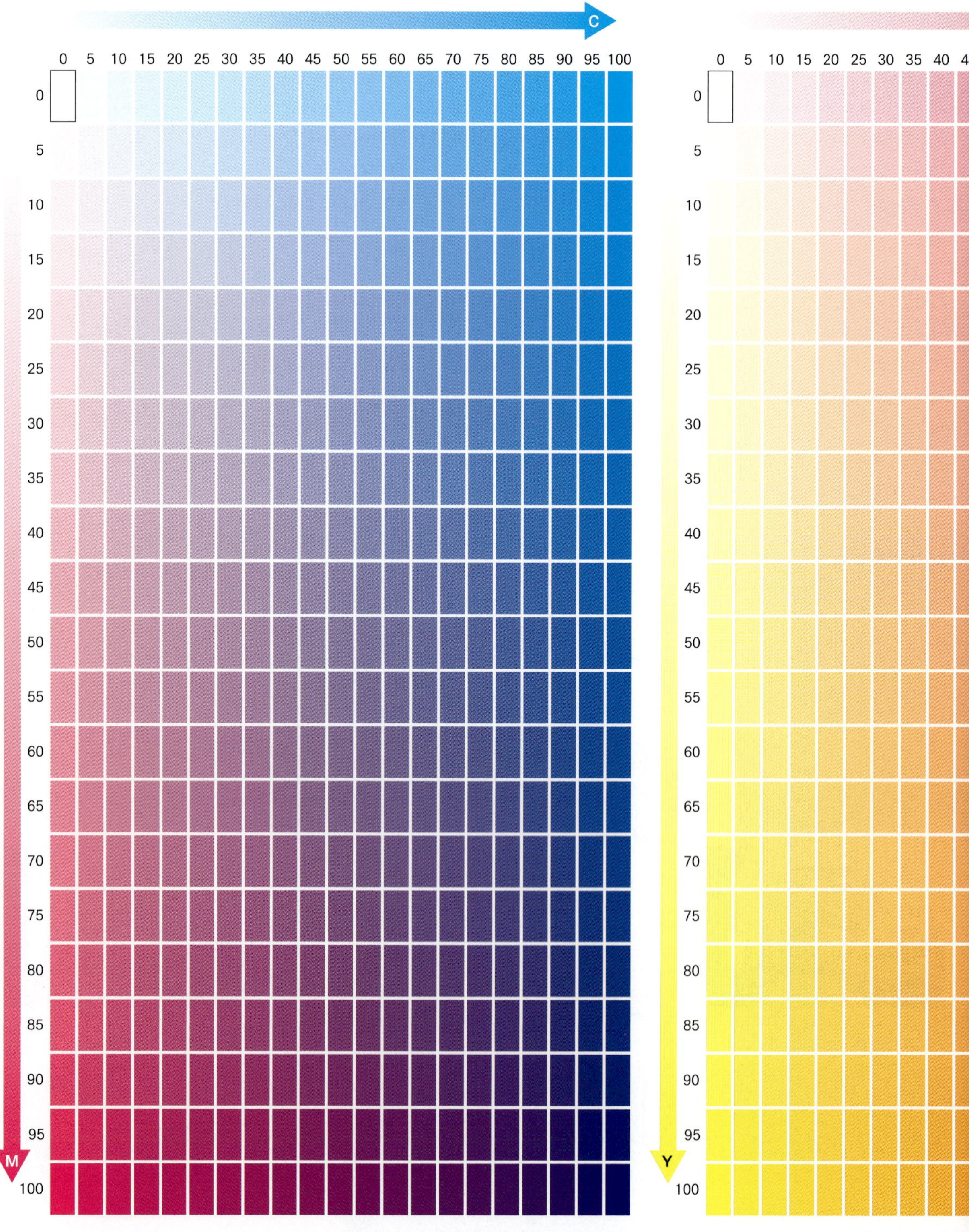
C
0 5 10 15 20 25 30 35 40 45 50 55 60 65 70 75 80 85 90 95 100
0 5 10 15 20 25 30 35 40 45 50 55 60 65 70 75 80 85 90 95 100
M
0 5 10 15 20 25 30 35 40 45
0 5 10 15 20 25 30 35 40 45 50 55 60 65 70 75 80 85 90 95 100
Y

M

50 55 60 65 70 75 80 85 90 95 100

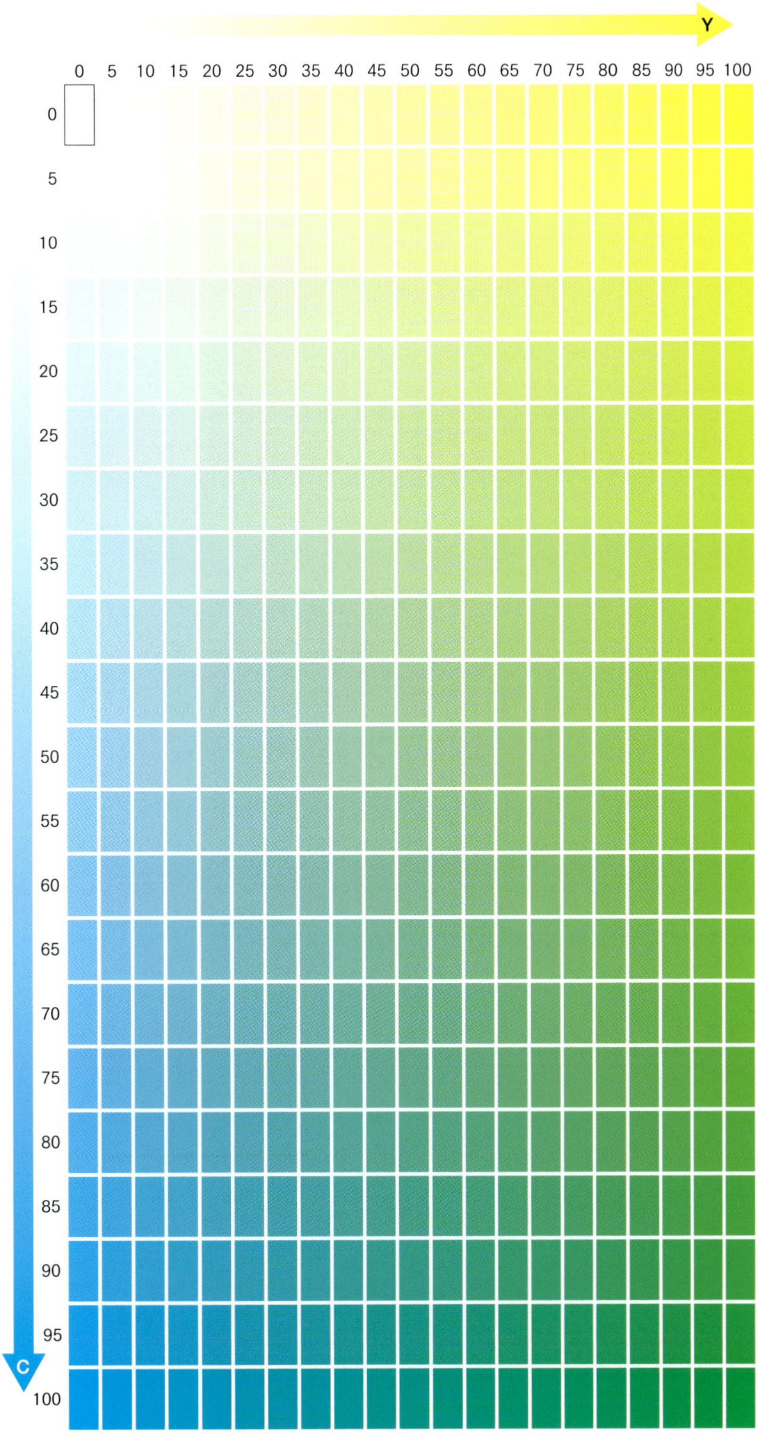

Y

0 5 10 15 20 25 30 35 40 45 50 55 60 65 70 75 80 85 90 95 100

C

0
5
10
15
20
25
30
35
40
45
50
55
60
65
70
75
80
85
90
95
100

Y=10%
C
M
Y=60%
C
Y=20%
M
Y=80%
Y=40%
M
Y=100%
0 10 20 30 40 50 60 70 80 90 100
0
10
20
40
50
60
80
100

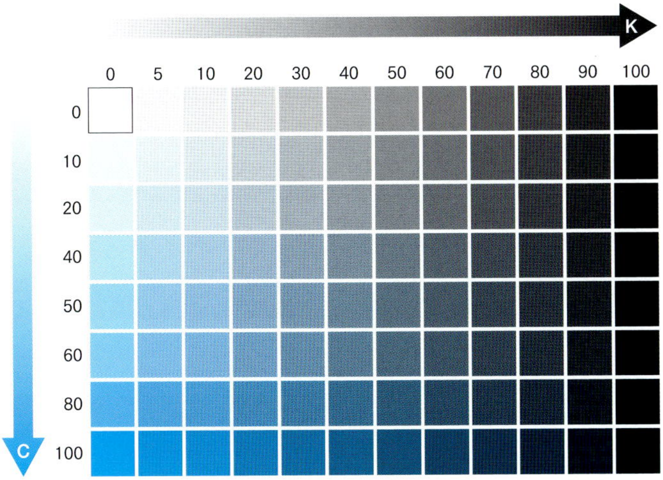

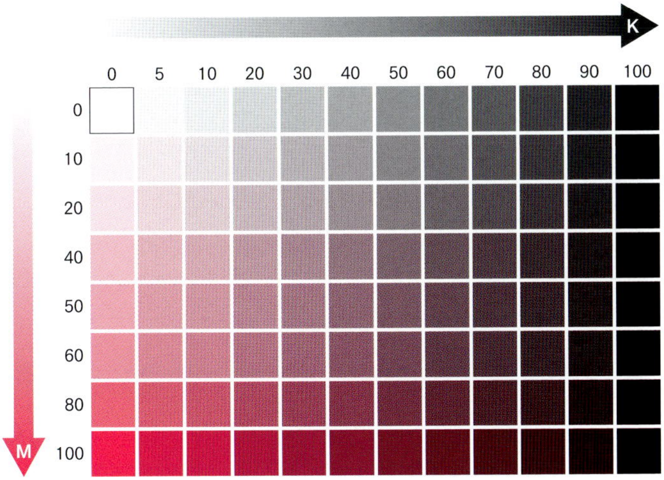

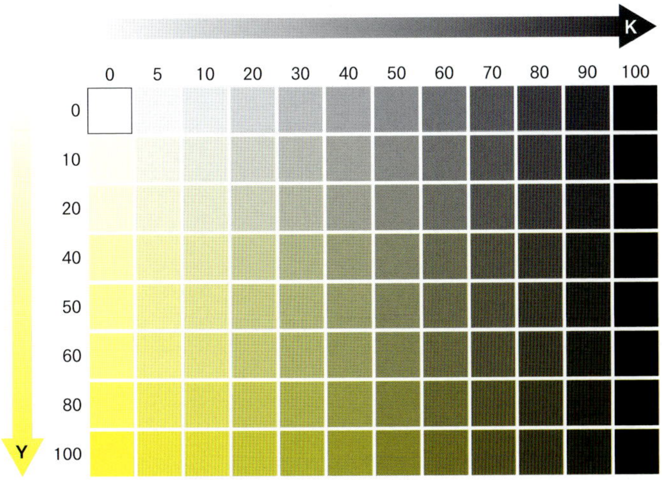

	K 0	5	10	20	30	40	50	60	70	80	90	100
C 0												
10												
20												
40												
50												
60												
80												
100												

	K 0	5	10	20	30	40	50	60	70	80	90	100
M 0												
10												
20												
40												
50												
60												
80												
100												

	K 0	5	10	20	30	40	50	60	70	80	90	100
Y 0												
10												
20												
40												
50												
60												
80												
100												

▼カラーグラデーションの例

C 0% — C 100%

M 0% — M 100%

Y 0% — Y 100%

K 0% — K 100%

C 0% M 0% — C 100% M 100%

C 0% Y 0% — C 100% Y 100%

M 0% Y 0% — M 100% Y 100%

C 100% M 0% — C 0% M 100%

C 100% Y 0% — C 0% Y 100%

M 100% Y 0% — M 0% Y 100%

C 100% M 50% Y 0% — C 0% M 100% Y 50% — C 50% M 0% Y 100%

C 50% M 50% Y 0% — C 50% M 0% Y 50% — C 0% M 50% Y 50%

C 70% M 100% Y 100% — C 0% M 70% Y 30% — C 0% M 20% Y 50%

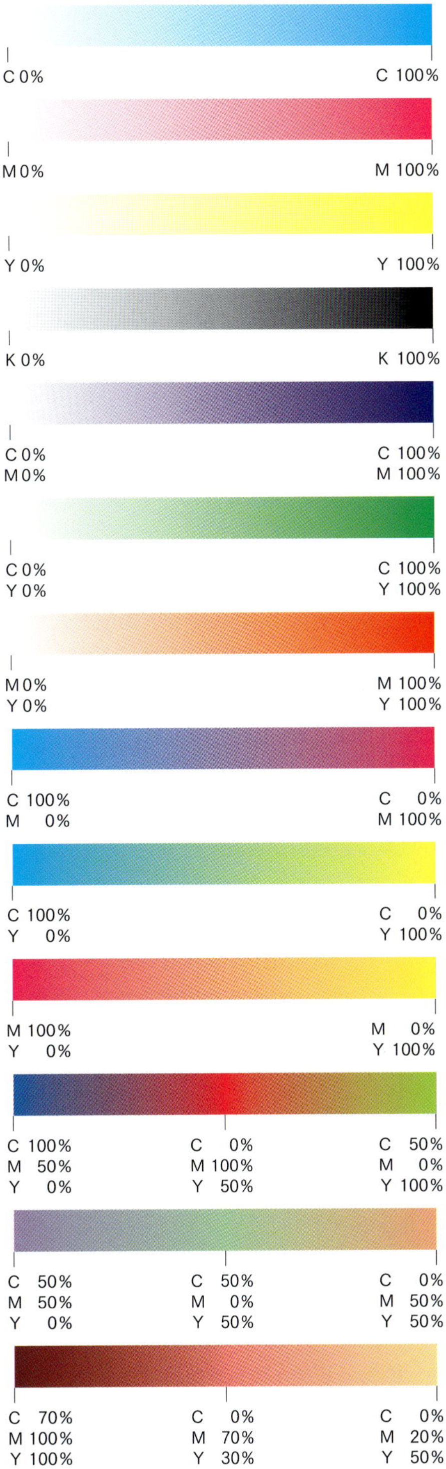

process color ink, spot color, color names

プロセスインキ・特色・色名

●プロセスインキ

カラーを印刷物上で再現するには，通常はシアン(C)，マゼンタ(M)，イエロー(Y)，スミ（K, BL, BK）の4色のインキによる「プロセス4色印刷」が使われる。この場合は，4つのプロセスインキを掛け合わせ（重ね合わせ）るので4枚の刷版が必要である。化粧品や自動車のポスターやカタログなど色の再現に厳密な印刷物の場合は，これに薄紅や薄藍などの「補色」を加えて5色刷り，6色刷りなどにすることもある。

●リッチブラック

プロセス4色の印刷物でのスミ部分を，より深みのある濃い「黒」に見せたい場合，K100％に加えて，CMYの各版を30～50％重ねることがある。このようなK版以外のインキが刷り重ねられている黒色のことを「リッチブラック」といい，印刷物のメインタイトルなどに使われる。

なお，濃い黒にしたい場合はスミ版を2度刷りすることもある。

●特色

プロセスカラーのCMYKを掛け合わせれば多くの色調が再現できるが，プロセスカラーで再現できる色域は，人間の可視色域を十分にカバーしておらず，限られた範囲でしかない（右図）。プロセスカラーの再現色域から外れた色を再現するには，その色そのものの色調を持つインキを使って印刷するしかない。こういった固有の色調を持つインキのことを「特色インキ」という。

また，1色，2色の色調で済む印刷物をプロセス4色で印刷するのは印刷費の無駄でもあるので，特色インキが使われる。

特色インキは，十数種類の基本となるインキやメジューム（濃度調節や光沢付加に使われる無色インキ）などを調合してつくる（調色，調肉）。インキの見本帳には基本インキの「配合比」が明示されており，これが調合の目安であるが，紙質，季節，色指定や

▼リッチブラック

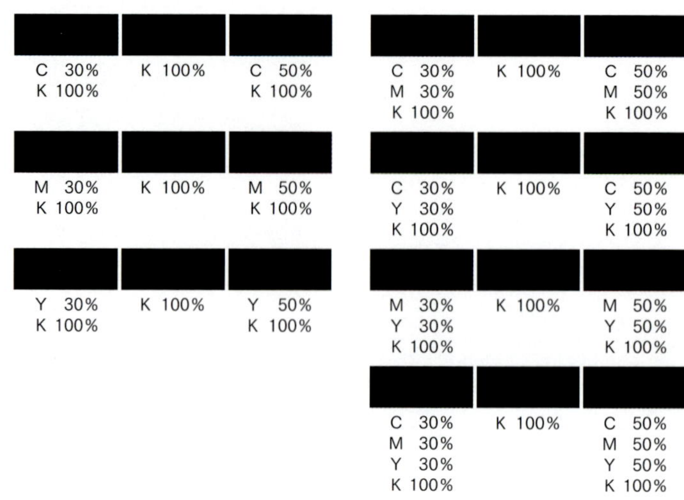

▼XYZ色度図によるCMYKの再現領域

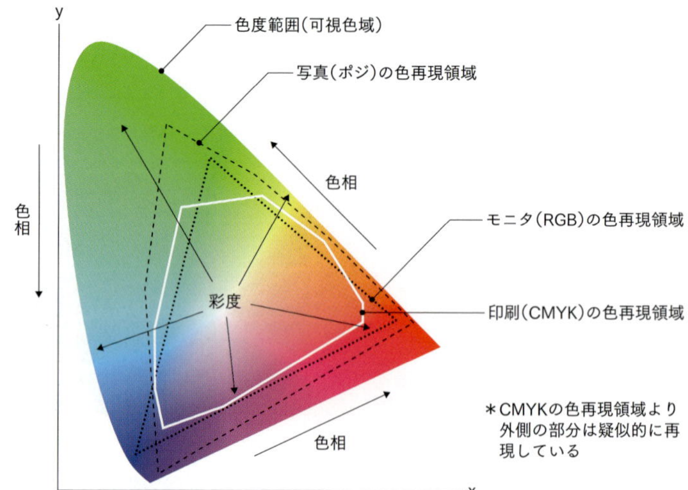

色校正での指示などに応じて微調整がなされている。

●表色系

色は長さや重量などと同様に，JISにより数値や記号での管理がなされている（JIS Z 8721）。JISが色の数値管理の基準として採用しているのは「マンセル表色系」で，これは，色を「色相」「明度」「彩度」の3属性の組み合わせで表す。

色相（Hue）は，基準の色を赤（5R），黄赤（5YR），黄（5Y），黄緑（5GY），緑（5G），青

▼金色・銀色をCMYKで疑似的に表現する例

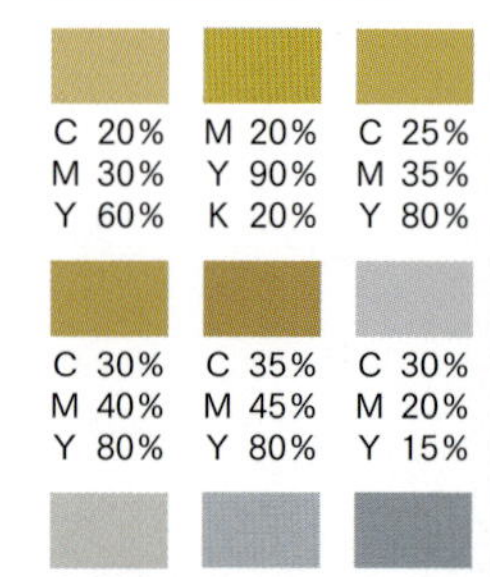

緑(5BG), 青(5B), 青紫(5PB), 紫(5P), 赤紫(5RP)の10色相とし, 各基準色相間を2分割した20色相あるいは4分割した40色相を円周状に並べて表す。

明度(Value)は, 0〜10の11段階がある。白〜灰色〜黒の無彩色は色相がなく明度の差だけで表し, 0＝黒, 10＝白である。

彩度(Chroma)は, 色の鮮やかさで, 白〜灰色の無彩色を0とし, 無彩色に, ある色相の色を加えていくに従って徐々に鮮やかさが増す状態を数値で表す。

色相, 明度, 彩度の値を, 「Hue(アキ) Value／Chroma」と並べて固有の色を示す。

● 基本色名と慣用色名

通常は色を表すのに数値は使わず「赤」「青」などの色名が使われるが, JISでは基本色名を定めている(JIS Z 8102)。

マンセル表色系の10色相である赤, 黄赤, 黄, 黄緑, 緑, 青緑, 青, 青紫, 紫, 赤紫に加えて無彩色の白, 灰色, 黒が基本色名として定められ, 他の色はこれらの基本色名に「明るい」「暗い」「こい」「うすい」「あざやかな」「くすんだ」などの修飾語を付して表すとしている。参照 ▶96ページ

基本色名を補うため, JISには藍, 金赤など296色の「慣用色名」が定められている。慣用色名は人によって認識の幅が広いため使用には注意が必要で, 指示する場合はインキ見本のチップを添付するのがよい。

▼マンセル表色系の色相環(20色相)

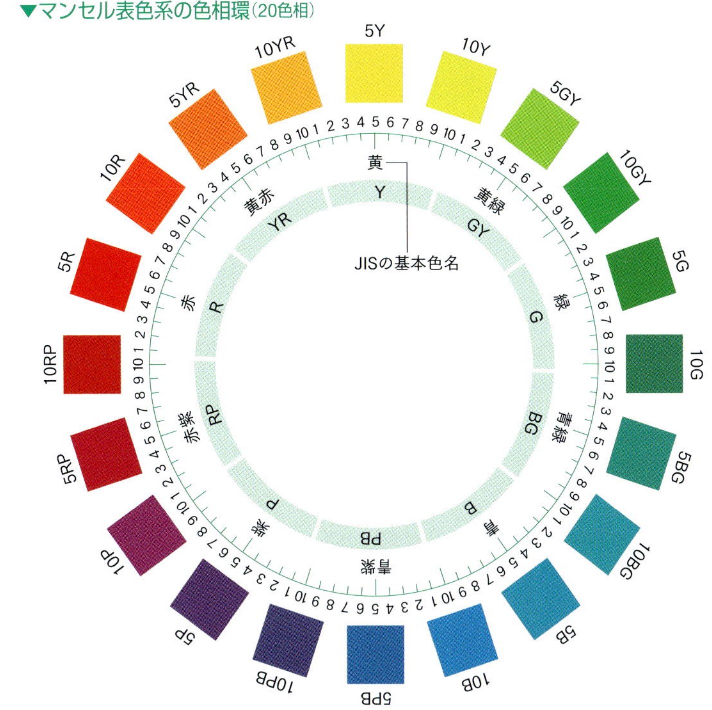

▼マンセル表色系の色票(明度と彩度)

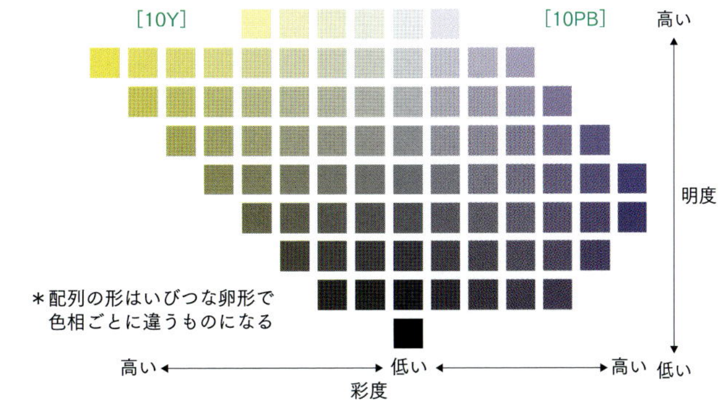

▼JISで定められている代表的な慣用色名(JIS Z 8102:2001)

慣用色名	マンセル記号		プロセスカラー(%) C	M	Y	K
金赤	9R	5.5/14	0	90	100	0
橙色	5YR	6.5/13	0	60	95	0
小麦色	8YR	7/6	0	40	55	0
山吹色	10YR	7.5/13	0	40	100	0
カナリヤ色	7Y	8.5/10	0	11	85	5
藤色	10PB	6.5/6.5	40	35	15	0

慣用色名	マンセル記号		プロセスカラー(%) C	M	Y	K
若草色	3GY	7/10	45	15	100	0
エメラルドグリーン	4G	6/8	90	0	70	0
水色	6B	8/4	50	5	15	0
藍色	2PB	3/5	100	75	50	8
ワインレッド	10RP	3/9	35	100	60	15
マゼンタ	5RP	5/14	5	85	20	10

＊JISでは慣用色名の色記号としてマンセル値が採用されている。表のプロセスカラー値はJISにはなく文献などを参照して近似値を示したもの

2色印刷

2色印刷には，単純に紙面を2色のインキで塗り分けたり平網で掛け合わせたりするもの以外に，「2色分解」と「ダブルトーン」がある。

●2色分解と疑似カラー

スーパーマーケットの折り込みチラシなどで，商品の写真が赤と青などの2色の掛け合わせで印刷されており，カラー（4色）印刷のように見える「疑似カラー印刷」のものを見かけることがある。

この方法は，カラー原稿をいったん4色分解し，そのうちのC版とM版を使用するもので，C版を緑，青，濃グレーなどのインキで刷り，M版を赤，オレンジなどのインキで刷るものである。青と赤のインキを使えば，青にシアンとマゼンタの要素が，赤にマゼンタとイエローの要素が入っているので，掛け合わせによってカラー写真風な印象が生まれる。

また，これらの青と赤，緑と赤などはほぼ「補色」（色環の点対称の位置関係にある色同士）関係にある。補色は互いの色を目立たせる性質をもち，同濃度で混合すると無彩色（白～灰色～黒）に近似するので，2色印刷でも灰色～黒が入った効果が得られる。

2色分解のことを「ツインカラー」あるいは「ドコアトーン」ということもある。

なお，「3色分解」という言葉もあるが，これはプロセスカラーの4色のうちスミ版を除いたCMYの3版で分解することをいい，2色分解のようにインキを別の色に置き換えて印刷することではない。

▼2色分解と疑似カラー

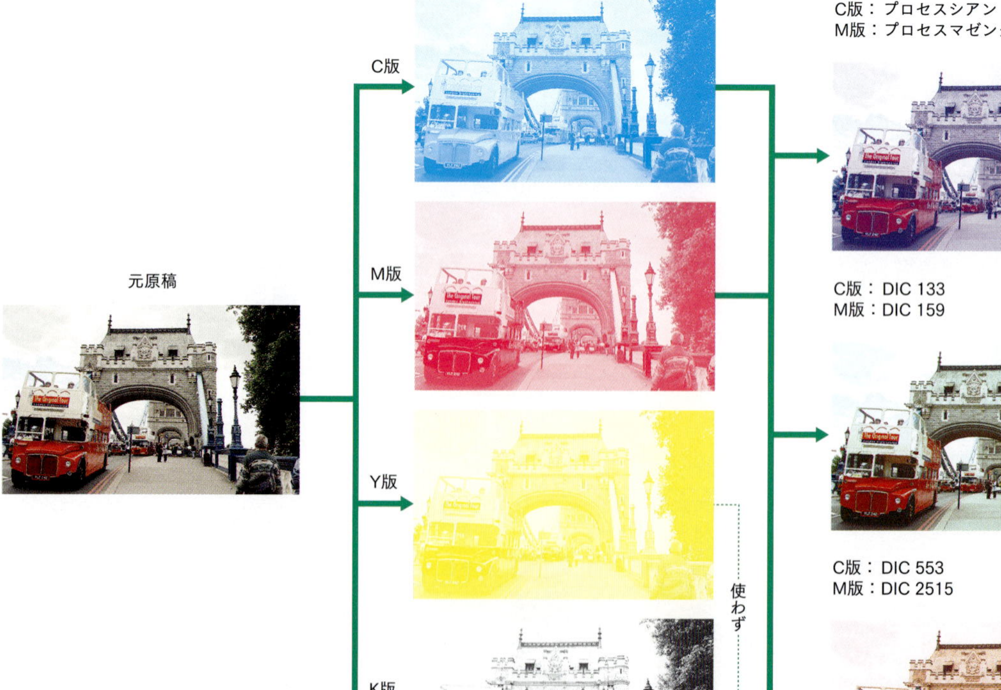

＊[注] 印刷の都合上，本ページのサンプルでは特色は使わず，2色印刷をプロセスカラーで疑似的に再現している

●ダブルトーン

ダブルトーンは，モノクロの階調原稿を，色分解せずにスクリーン角度を変え，硬調（コントラストの強い調子）と軟調（中間調からシャドウにかけての階調を出したもの）の2種類の刷版を作製して重ね刷りをするものである。

刷色は，同色2色，同系色の濃淡2色，スミともう1色，などの組み合わせがある。

ダブルトーンは，写真集などグレードの高さを求められる印刷物で，1色刷よりも奥行きやコクを出すために使われる。同系色の濃淡2色（スミと濃グレーなど）で刷られることが多く，この際，主版（硬調の版）の方をスミにすることが多い。

これ以外にも，モノクロ写真に色を感じさせたい場合には，スミと薄赤・薄青・クリーム・薄茶などの組み合わせも使われる。昔の写真風にセピア色にしたいような場合である。

また，プロセス4色刷りの中でモノクロ写真を使う際に，CMYKのいずれか2色の掛け合わせで表現する場合も「ダブルトーン」という。

ダブルトーンは2色だが，これを3色にすると「トリプルトーン」になる。この場合は，モノクロの階調原稿から調子を変えた3つの刷版を作製し，3色で刷り重ねるものである。

なお，「デュオトーン」という語があるが，これは，「ダブルトーンと同義」「ダブルトーンのうち濃淡2色で印刷する場合」「アメリカではデュオトーンというが日本ではダブルトーンという」など，さまざまな見解がある。また印刷現場でも，その解釈は人ぞれぞれに違うのが実情なので，使わない方が賢明である。

＊[注] 印刷の都合上，本ページのダブルトーン，トリプルトーンのサンプルでは特色は使わず，プロセスカラーで疑似的に再現している

▼ダブルトーン・トリプルトーン

［ダブルトーン］

元原稿（モノクロ）

主版（硬調）

副版（軟調）

主版：スミ
副版：DIC 550

主版：スミ
副版：DIC 294

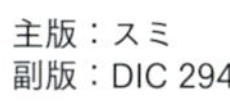

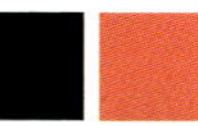

主版：スミ
副版：DIC 2591

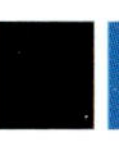

主版：スミ
副版：DIC 2552

主版：TOYO 0101
副版：TOYO 0646

主版：TOYO 0348
副版：TOYO 0222

［トリプルトーン］

主版：K 100%
副版：C　20%
副版：M　30%

主版：C100%
副版：M　90%
副版：Y　70%

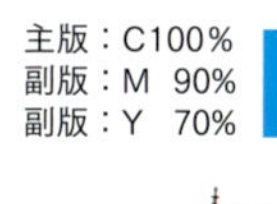

本紙(色)校正・製版校正

●本紙(色)校正・製版校正

印刷用のデータを使い，実際に使う紙にテスト印刷したものを「本紙(色)校正」という。DTP以前の版下入稿では製版処理や発色が実際の印刷でどうなるかは，版下のままでは予想が難しかった。DTPでもモニタに見える色やプリントは疑似的なものでしかない。そこでデータ(版下)入稿後に，本番で使う紙に校正を刷って確かめる必要があるが，これが本紙校正である。

本紙校正では，文字の修正などはしてはならない。ここでは印刷の調子のチェック，ページ物では面付のチェック，版の汚れのチェックなどに限定した作業をするのが原則である。

通常の用紙にスミ1色刷りで印刷するものに関しては，本紙校正をせず，プリント校正で済ますことも多い。

本紙校正が責了／校了になると，刷版～印刷の工程に進む。

●色校正の手順・注意点

色校正・製版校正では，まずコーナートンボの内側を結んで仕上り線を引いて余白や裁ち落としのチェックをし，折りトンボを結んで折り部分のチェックをする。特に仕上り線や折り線ぎりぎりに文字や図柄が配置されている場合は，断裁，製本によるズレで切れたり隠れたりするおそれはないか，などに注意する。

次に控えの校正刷を，ページ物であれば折って仕上り線で切り，ページ順と，背丁・背標が正しく入っているかを確認する。装丁関係であれば仕上り線で切って束見本に掛けて全体を点検する。参照▶149ページ

同時に校正紙が正目(本の仕上りの天地方向に紙目が並ぶこと)で刷られているかを点検する。本はできあがった状態で，用紙が正目になっている必要がある。紙の表裏についても注意する。参照▶101ページ

プロセスカラーをはじめとする多色刷の場合は，センタートンボをルーペで覗いて各版の見当が正しいか(版ずれがないか)，校正紙の余白部分に付いている「色玉」や「チャート」を見て各版の刷り濃度にバラツキがないか，特色の色調が正しいか，などを点検する。

発色の点検では修正すべき点を赤字で記入するが，具体的にどこの何をどうするかを判断できる用語を使うことが重要である。「明部」「暗部」あるいは物体名といった対象,「明るく／暗く」「うすく／こく」「あざやかに／くすませる」といった修正の方

▼「ノセ」と「ヌキ」

カラー印刷で背面の写真や色面の上に文字や色面を重ねる場合に，背面の色を残して重ねるものを「ノセ」(オーバープリント)といい，背面を除いて重ねるものを「ヌキ」(毛抜き合わせ，ノックアウト)という。「毛抜き合わせ」とは，背面と前面との合わせ目には髪の毛1本分のすき間もないという意味。
写真や色面の上にスミ文字を置く場合には，通常は「ノセ」(スミノセ)にする。これは，版ズレが起きてもそれが目立たないようにするためである。

[ノセ]

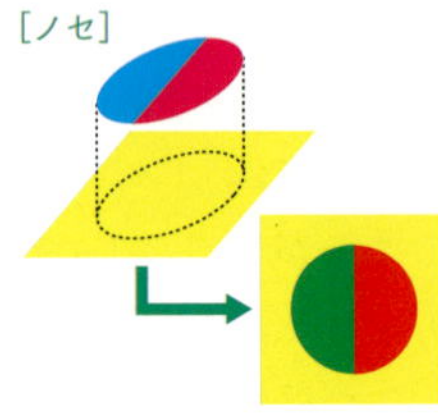

＊重なり部分は背面色と前面色の掛け合わせになる

[ヌキ]

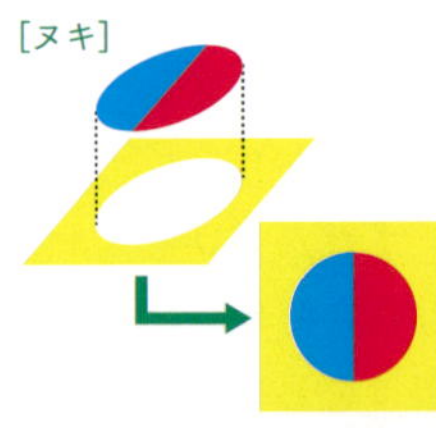

＊重なり部分は前面色だけになる

▼色校正で使う主な語句

明度に関する指示	明るく／暗く　うすく／濃く　ボリュームアップ　強く／弱く　濃度上げる／抑える　コクを出す
彩度に関する指示	鮮やかに　くすませる　彩度上げる／抑える　にごりトル　くすみトル
色調に関する指示	色が浅い(フラット)　スミっぽい　生っぽい　(～色)かぶり(色浮き)なく　(～色を)効かせる
程度の表現	やや　気持ち　ごく　少し　若干　一段と　もっと　かなり　最高に
写真の調子に関する指示	コントラスト出す／抑える(強く／弱く)　メリハリつける(出す)　調子を立てる／落とす　(明部の)階調出す　(暗部の)調子出す(つぶれなく)　硬く(硬調に)　カリッと　軟調に　ハイキーに　ローキーに　シャープに　ぼかす　ザラツキなく　なめらかに　ムラなく　ハイライト効かす　(より)白く　健康色に　透明感を出す　質感を出す　パステル調に　シズル感を出す　メタリック感を出す　白茶けている　モアレ抑える
印刷についての指示	見当正しく　版ずれなく　刷りムラなく　(～版)濃度抑える　これ以上濃く／うすくせず　インキ盛る　スミ版しっかり黒く刷る　見本にできるだけ近づける　見本参照　(インキ)チップ通りに　乾燥十分に

▼有彩色の明度・彩度に関する修飾語(JIS Z 8102)

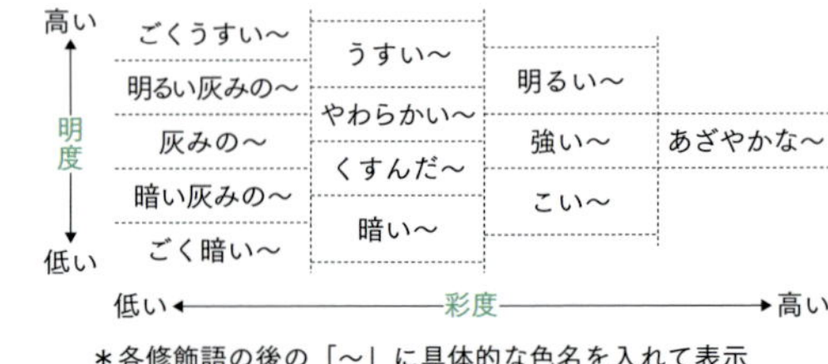

＊各修飾語の後の「～」に具体的な色名を入れて表示
例：「明るい灰みの赤」「くすんだ黄緑」

向が分かる語（JISに提示されている「有彩色の明度・彩度に関する修飾語」が参考になる），「やや」「かなり」「最高に」といった程度の表現を組み合わせ明確に指示する。

次のような表現は避けるべきである。①「若々しく」「落ち着いた感じに」といった抽象的な表現，②「バック落とす」「赤版マイナス」（「赤版」が「紅版（マゼンタ）」を指すのかが不明）といった対象が不明で具体性に欠けるもの，③「明るめに濃度アップ」「なめらかな調子を保ちシャープに」といった内容が矛盾するもの，④人によって解釈の違うあいまいな表現，など。

また，「原稿（画）通りに」という指示は簡易なのでよく使われるが漠然としている。モニタで見る画像やカラーポジフィルムなど透過光での発色はRGBであり，それらの持つ色域よりもCMYKで再現できる色域は狭いので完全に再現することはできないし，蛍光色の再現もCMYKでは無理である。ある程度の許容が必要となる。

最後に印刷時における注意事項，表面加工（ニス刷り，PP貼りなど）の指示を書き込んで責了／校了として戻す。

色校正刷はこれまで，色校正用に特化した色校正用専用機（平台校正機）が使われてきたが，近年は本紙校正は本番の印刷機を使った「本機校正」になることが多くなった。ただし，本機校正ではページ数の多い書籍などでは色校正料が膨らむので，節約のために部分的に色校正を出し，それを判断材料として全体の刷り調子を指示しなければならない場面が増えている。

発色の厳密性を問わないもの，時間がない場合などには，簡易校正（カラーマッチングが調整されたプリント出力など）で確認したり，校了データから書き出したPDFのモニタ確認で済ます方法も行われる。ポスターなどでは本機校正並に発色できるインクジェット校正機が使われることもある。

▼色校正（製版校正）の手順

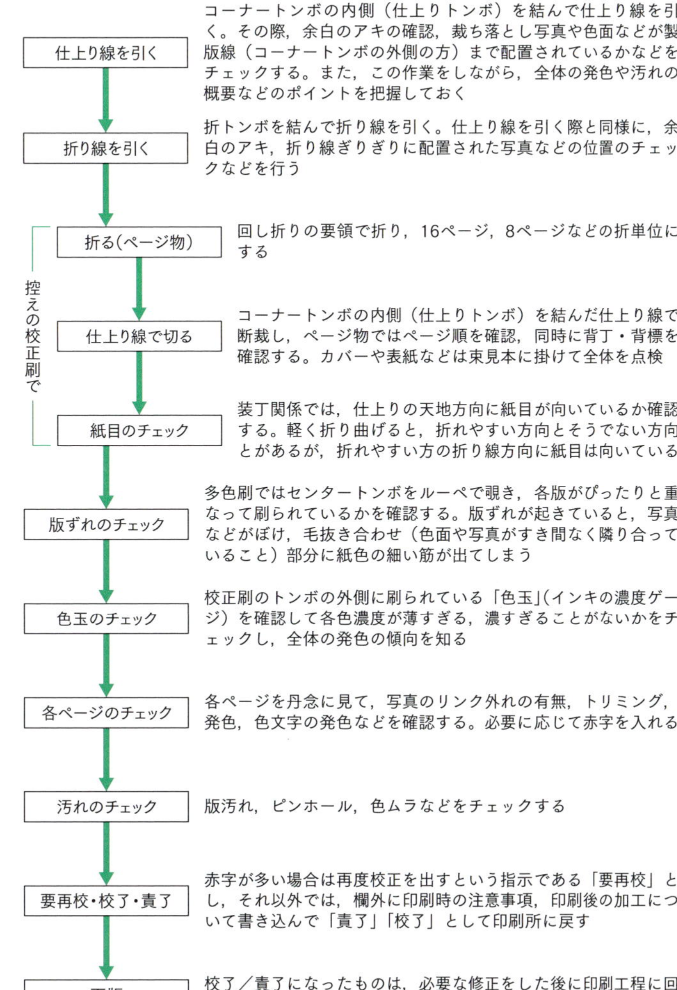

印刷結果の色が違う

「本ができたら色が色校正と違う」「校正のPDFと本番の印刷結果が違う」「モニタで見る色と印刷物が違う」等々と指摘されることがよくある。しかしこれらは発色についての基本的な知識不足による発言といえよう。編集者，デザイナー，印刷所の各モニタの違い，RGB（透過光）で再現するモニタとCMYK（反射光）で再現する印刷物やプリントの違い，インキとトナーの違い，用紙の違い等々，さまざまな要因により色が違って見えるのは当然なのである。関係者の色環境を揃えればいいとはいえ，多くの人のモニタ，プリンタ，印刷機などのカラー環境を揃えるのは不可能だ。
ではどうすればいいのか。まずは色は見る環境によって違って見える，そのからくりを関係者が理解し，ある程度は見え方の違いを許容する姿勢が重要だと考える。その上で，最終の印刷物の色ができるだけ完成イメージに近いものになるように，入稿データでは印刷結果を見越して，写真の色調や色設定の微細な調整をしておくことだろう。そのさじ加減は多くの事例を経験することでしか得られないと言えよう。

インキ見本帳・特殊インキ

● DIC・TOYO・PANTONE

代表的なインキメーカーには，DIC（DICグラフィックス㈱），TOYO（artience㈱〈東洋インキ〉），PANTONE（米・パントン社）などがある。日本の出版物でよく使われているのはDICとTOYOで，PANTONEは広告の印刷物などでよく使われている。

インキの見本帳はミシン目の入った各色の短冊を数百色分綴じたもので，必要な色のインキチップを切り離して指定紙に貼付する。慣行としてメーカーの異なるインキの混用は避ける。

見本帳の各色には基本インキの配合比が明示されており，この数値を目安にして求める色になるようにインキを調合する。

● 特殊印刷・特殊インキ

印刷物に特殊な効果を出すためのさまざまなインキがあるが，総称して「特殊インキ」という。これらの特殊インキを使った印刷の多くは「特殊印刷」と呼ばれている（金属やプラスチックなど紙以外のものへの印刷，曲面への印刷なども特殊印刷といわれる）。

特殊インキは，通常のオフセット印刷で使えるものとそうでないもの（スクリーン印刷など）がある。印刷費は割増料金が設定されているインキが多く，オフセット印刷以外の印刷方式を使う場合も割高になったり，日数が余計にかかったりする場合が多い。使用の際には印刷所との打ち合わせが欠かせない。

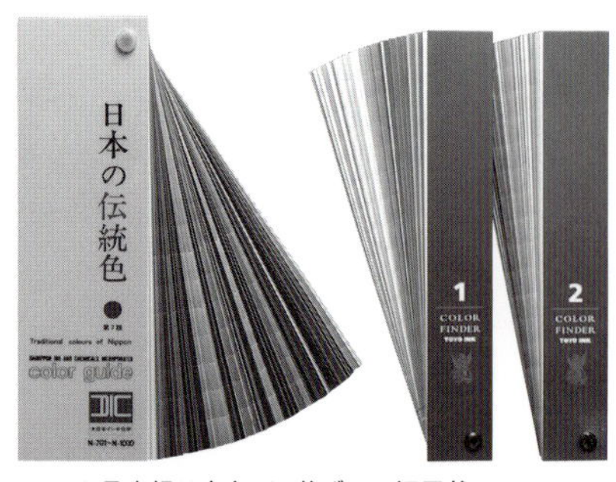

＊インキ見本帳は各色が1枚ずつの短冊状になっており，数百色分が綴じられている

▼代表的なインキ見本帳（2024年8月現在）

DIC	DICカラーガイド（No.1～654／特色652色） DICカラーガイド　PART II（No.2001～2638／特色637色） 日本の伝統色（N701～N1000／特色300色） フランスの伝統色（F1～F322／特色321色） 中国の伝統色（C1～C320／特色320色）
TOYO	COLOR FINDER（10001～11050／特色1050色）
PANTONE	PANTONE Formula Guide（特色2390色） PANTONE Pastel & Neon Guide（特色210色） PANTONE Metallic Guide（特色655色）

▼特殊インキの例

マットインキ	粒子が粗く乱反射する有機顔料を含んでいるため，インキ自体に光沢がなく，艶消しの仕上りになる
オペークインキ	不透明インキで下の色を隠すので，スクリーン印刷で刷ったような効果が得られる
カールトンインキ	板紙やダンボール用のインキで，被膜が強化され摩擦に強く，乾燥が早い。刷りたての印刷物を重ねても裏移り（インキの転移）のトラブルが起きにくい
高濃度スミ色インキ	通常のスミインキよりも濃い黒色を再現するインキで，青味，赤味などがある。デビルブラック，サタンブラック，ロイヤルブラック，スーパーブラックなどと称される
金インキ 銀インキ パールインキ	金属的な光沢を表現する。金インキには真鍮の粉末，銀インキにはアルミニウムの粉末，パールインキには雲母などの鉱物や金属粉が含有されている 金インキを使う場合はY50％程度，銀インキを使う場合はC40％程度の下色を刷っておくと金インキ・銀インキの発色がよくなるといわれる 金インキ・銀インキ・パールインキは原則として100％（ベタ）の濃度で使用し，アミでの使用は避ける。これらのインキは乾燥性などが一般のインキと違うので，アミにすると網点に乗ったインキ同士がくっついてムラになる危険がある
蛍光インキ	蛍光染料で染めた顔料が入っている。明度の高いインキで耐光性が弱く，褪色が早い
液晶インキ	温度変化によって色が変わる。温度変化で変色する液晶をマイクロカプセルに入れてインキに練り込んだもの
香料インキ	香料をマイクロカプセルに入れてインキに練り込む。印刷部分をこするとカプセルが壊れて香りを発する
UV（紫外線硬化型）インキ	紫外線で硬化する性質をもつインキで，印刷後に紫外線を照射する。部分的に光沢を付ける（UVクリアー），盛り上げる（UV圧盛り），ラメ入り，皺付け（縮み）などの応用が可能。UVオフセット印刷，スクリーン印刷で使用される
スクラッチ印刷用インキ	スクラッチカードなどに使われる。コインなどでこするとその部分だけ剥がれるもの。スクリーン印刷で行うのが主
昇華転写インキ	熱を加えるとインキが溶け出して紙や布に転写できるようになる。アイロンプリントなどに使われる
発泡インキ	発泡剤を含んだインキで，印刷部分に熱を加えると盛り上がり，ゴム状の感触になる
バーコ（隆起）印刷用インキ	オフセット印刷後に発泡剤を含んだ樹脂パウダーをかけて熱を加えると，印刷部分が盛り上がるもの。盛り上がった部分に光沢が出る。グリーティングカードなどに使われるが，書籍・雑誌のカバーや表紙に使われる例も見られる

用　紙

size of paper, paper grain

紙のサイズ・紙の目

印刷物にはさまざまな大きさや形（判型）があるが，A4判，B5判，A5判といったJISに定められている「紙加工仕上寸法」（JIS P 0318）に示された寸法に則った長方形のものが多く，書籍・雑誌についても同様である。参照▶19ページ

● JIS紙加工仕上寸法

JISでは，紙製品の仕上寸法の規格として，①国際的な標準サイズを採用したA列系統の寸法と，②日本の伝統的な紙のサイズの流れを取り入れたB列系統の寸法とを定めており，A列，B列ともに0番から10番までの寸法が示されている。

このJIS「紙加工仕上寸法」は，次のような特徴を持っている。

①A列，B列とも，番号が1つ増えるごとに面積が半分になる

②A列，B列とも，「短辺の長さ：長辺の長さ」＝1：$\sqrt{2}$の比率（白銀比）になっており，A0判～A10判，B0判～B10判はすべてが相似形になる

③A列とB列の同番号の紙の面積比は1：1.5で，A0判の面積≒1m²，B0判の面積≒1.5m²になる

● 原紙寸法

印刷物ははじめから仕上寸法の紙に印刷されるのではなく，大判の紙に印刷された後に，折り，断裁を経て目的の大きさに仕上げる。この大判の紙のことを「原紙」という。

JIS（JIS P 0202）では何種類かの原紙寸法を定めているが，出版物の多くは，「A列本判」「菊判」「B列本判」「四六判」の4種類の原紙のいずれかが使われている。

A列本判はA1判よりやや大きく，菊判はさらにやや大きい。B列本判はB1判よりやや大きく，四六判はさらにやや大きい。

目的の印刷物の大きさがA列のものであればA列本判か菊判を，B列のものであればB列本判か四六判を使えば，紙の無駄が最小限で済むようになっている。

▼紙加工仕上寸法（JIS P 0318）

番号	A列（mm）	B列（mm）	主な用途
0	841 × 1189	1030 × 1456	倍判ポスター
1	594 × 841	728 × 1030	ポスター
2	420 × 594	515 × 728	ポスター
3	297 × 420	364 × 515	B3は車内中吊りポスター
4	210 × 297	257 × 364	写真集・地図・ファッション誌
5	148 × 210	182 × 257	専門書・技法書・教科書
6	105 × 148	128 × 182	A6は文庫本・B6は単行本
7	74 × 105	91 × 128	
8	52 × 74	64 × 91	
9	37 × 52	45 × 64	
10	26 × 37	32 × 45	

▼規格判の大きさの関係

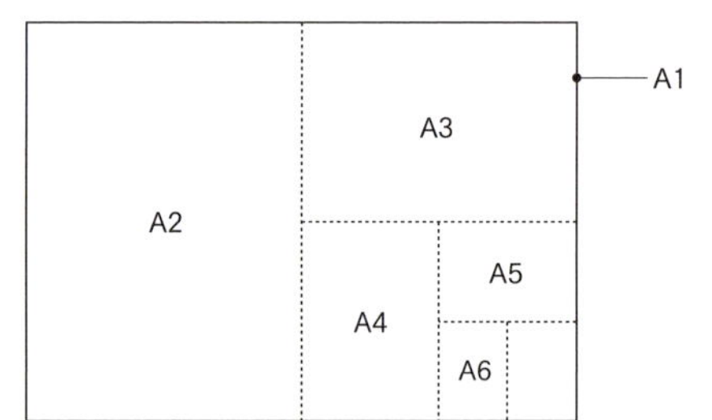

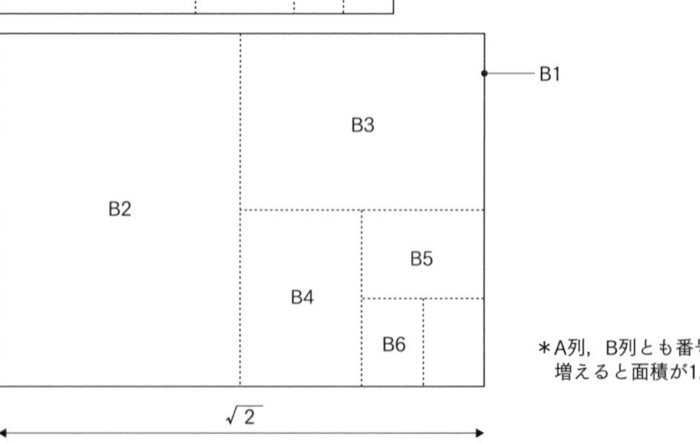

＊A列，B列とも番号が1つ増えると面積が1/2になる

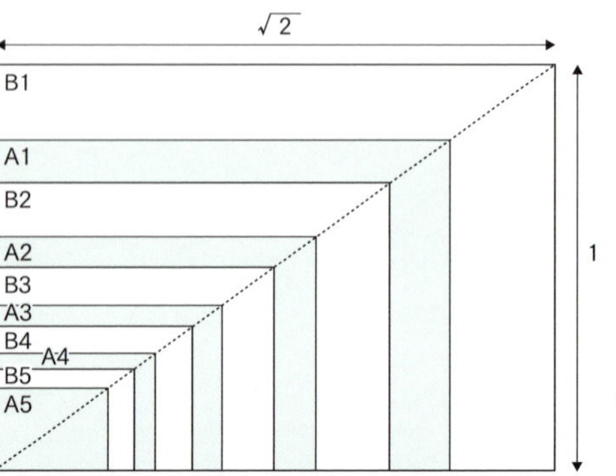

＊A列，B列とも短辺：長辺＝1：$\sqrt{2}$で全てが相似形になる

規格外判型のAB判，新書判用の原紙もある。

● 紙の目

紙とは「植物繊維を水中でバラバラに分散させて絡ませ，漉き上げて薄く平らなシート状にしたもの」と定義することができる。紙を作る工程（抄紙）において，この植物繊維が一定方向に並ぶことにより，紙の「目」が発生する。紙は目に平行な方向に破れやすい。参照▶112ページ

原紙の状態で繊維が並んでいる方向（流れ目）が，紙の長辺と平行方向ならばタテ目（T目）の紙，短辺と平行方向ならばヨコ目（Y目）の紙といい，紙の見本帳には，紙の銘柄や色，厚さや原紙の種類（寸法）とともに，紙の目の方向が表示されている。

書籍や雑誌では，完成状態で使用している紙の流れ目が天地方向になる（正目，順目）ようにする必要がある。これが左右方向（逆目）になると，折りじわが出たりページが開きにくくなったり，壊れやすくなる。

そのため，印刷の元になる原紙の選択では，本の完成状態で流れ目が天地方向になるように考える必要がある。特にヨコ長の本では注意が必要である。

▼原紙寸法（JIS P 0202）

種類	寸法（mm）
四　六　判	788 × 1091
B 列 本 判	765 × 1085
菊　　判	636 × 939
A 列 本 判	625 × 880
ハトロン判	900 × 1200
A　B　判	880* ×1085*
新　書　判	740* × 950*

▼アメリカでの用紙寸法

種類	寸法（inch）	寸法（mm）
letter half判	5.5 × 8.5	140 × 216
legal half判	7 × 8.5	178 × 216
letter判	8.5 × 11	216 × 280
legal判	8.5 × 14	216 × 356

＊「ハトロン判」は包装紙でよく使われる原紙サイズ。ドイツ語のパトローネン（patoronen，弾丸を紙で包んだ薬莢）が語源とされる
＊「AB判」「新書判」の原紙寸法はJISで定められていない。製紙メーカーにより寸法が違うことがある

▼原紙寸法の関係（単位：mm）

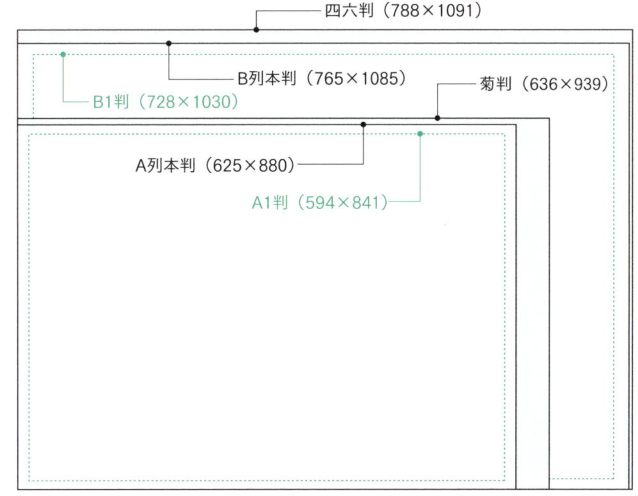

▼紙の目と規格サイズの取り方

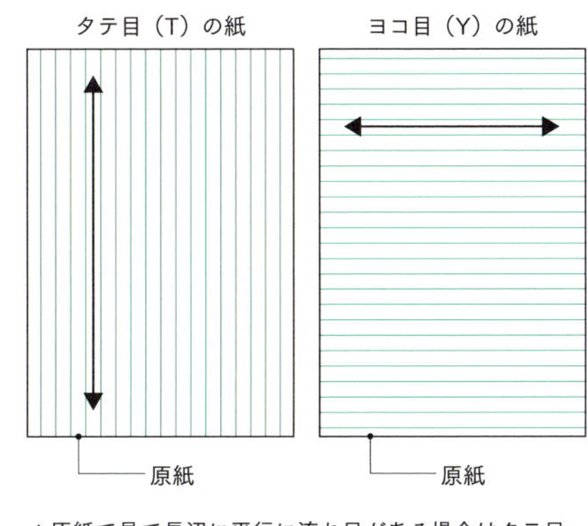

＊原紙で見て長辺に平行に流れ目がある場合はタテ目，短辺に平行に流れ目がある場合はヨコ目

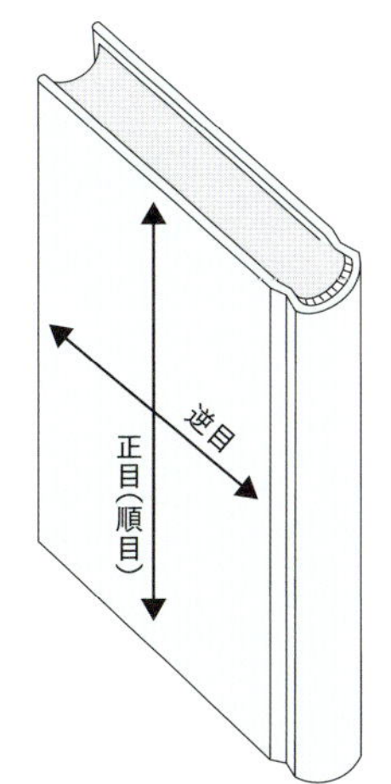

＊完成状態で使用している紙の流れ目が天地方向（正目）になる必要がある

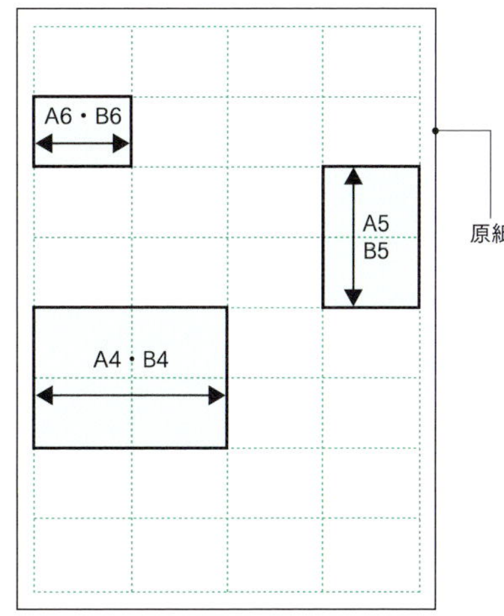

＊A4・B4タテ長の本ではヨコ目の原紙から8面取れる
A5・B5タテ長の本ではタテ目の原紙から16面取れる
A6・B6タテ長の本ではヨコ目の原紙から32面取れる

紙取り（面付）

印刷物は，複数ページ分を組みつけ（面付し）た刷版を印刷機にセットし，原紙に印刷した後に断裁されてつくられる。原紙に面付できるページ（面）数を割り出すのが紙取りである。

紙取りを考える際には，前述の通り，本が完成した状態で紙の目が天地方向に並ぶ（正目）ようにすべく，印刷時の紙の目の方向を考慮しなければならない。参照▶101ページ

● 本文

本文は，8ページ，16ページ，32ページなどを1つの単位（折）として面付し，印刷後断裁，折りを経て「折丁」になり，それを重ねて綴じる。

半端が出た（たとえば四六判では64ページで割り切れないページ数になるなど）場合は，同じ折を複数面付し，印刷枚数（通し数）を減らして刷る。

● 本扉（別丁）・表紙・カバー・帯など

本文以外の付物は，原紙に対して複数面付して印刷し，断裁される。

これらの付物では，原紙の半分や1/4の大きさの紙しか通せない小さな印刷機（小台）で刷ることも多い。そのため，原紙を半分や1/4に断裁した状態での紙目を考慮した上で紙取りを検討する必要がある。

背幅（束寸法）やカバーのソデ幅，帯の幅などは本によって一定でないため，紙取りはその都度の計算が必要になる。

上質紙やコート紙などは，同一銘柄の同じ厚さで複数種類の原紙があり，さらにタテ目，ヨコ目とも用意されていることが多い。一方，表紙や見返しなどによく使われるファンシーペーパーでは「四六判ヨコ目」の原紙しか用意されていない場合が多いので，無駄が出る可能性が高くなる。参照▶104ページ

取数により資材費が大幅に変わる場合もあるので，紙取りの計算は慎重に行う。

▼紙取りの例（本文）

［四六判（左右128mm×天地188mmとする）］

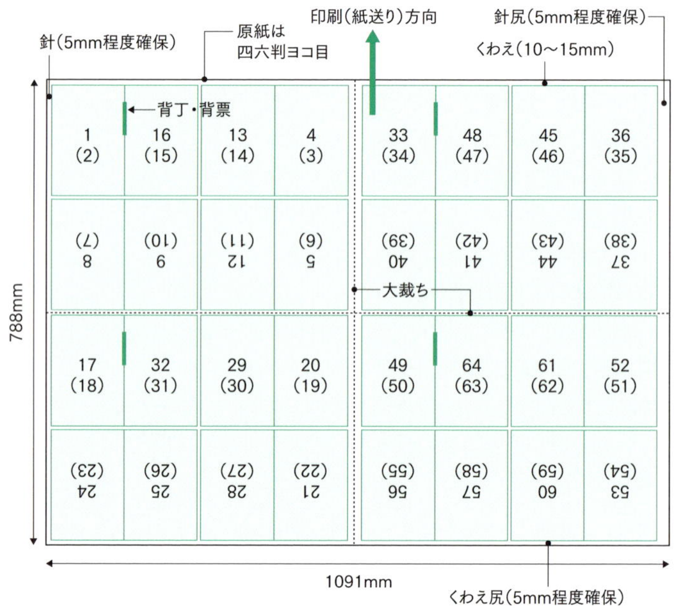

［A5判（左右148mm×天地210mm）］

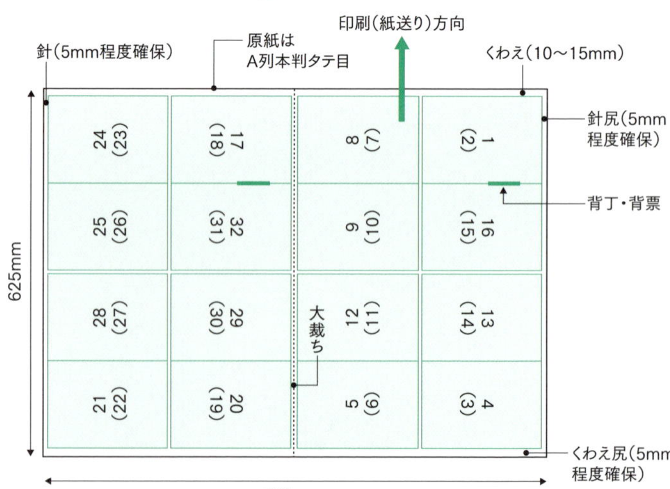

＊各ページ上の数字はノンブル（カッコ内は裏面のノンブル）。四六判では原紙から表面32ページ分，裏面32ページ分の計64ページ分が取れる。A5判では原紙から表面16ページ，裏面16ページの計32ページが取れる。印刷後に「大裁ち」の部分で断裁し，折って16ページごとの折丁にする

＊折った後にタテ組なら地，ヨコ組なら天に生ずる「袋」を断裁するが，面付ではその分の裁ち代（通常は3mm×2＝6mm）を確保する

＊印刷機の紙送りは用紙の長辺をくわえ，紙を「針」に押しあてて印刷位置を揃えるが，紙をくわえる「くわえしろ」は10〜15mm程度，「針しろ」は5mm程度確保する。それぞれその反対側が「くわえ尻」「針尻」で，それぞれ5mm程度は確保する。これらの寸法は印刷機によって異なる。本図での数値は参考値

＊印刷時に針の部分には「針印」が刷られることで，刷本（印刷し終わった用紙の束）の確認時に用紙の位置のズレを容易に確認することができる

▼紙取りの例(四六判の付物の場合)

[本扉：四六判]

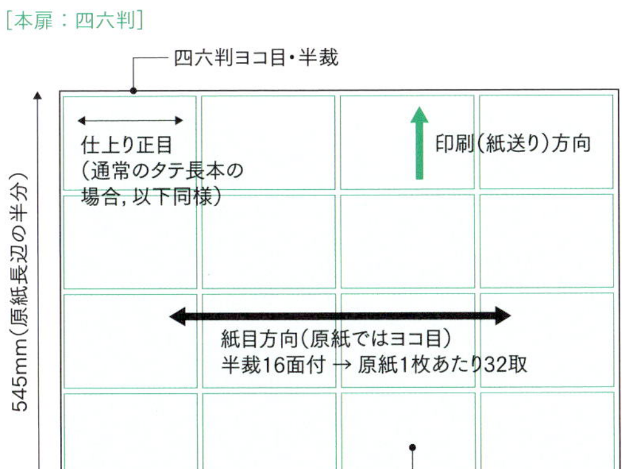

[本扉：同左]

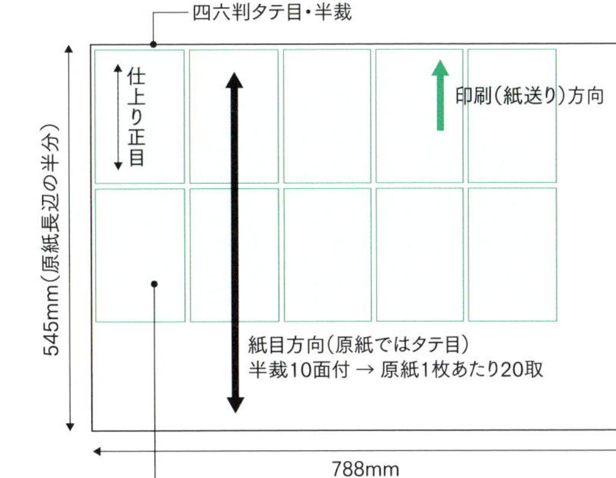

本扉1面：左右128mm×天地188mm

[表紙：上製本／背の厚み20mm]

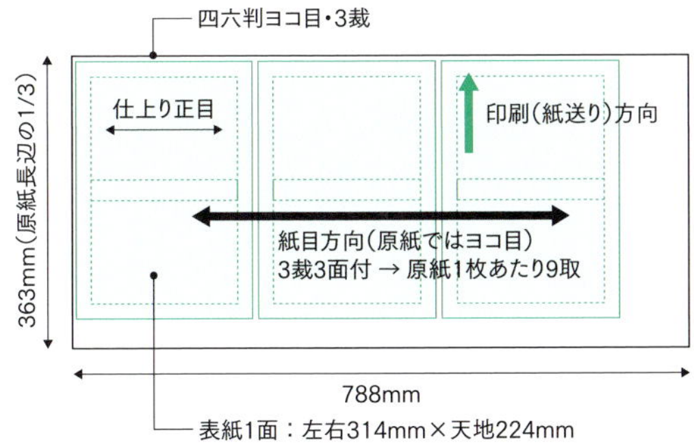

表紙1面：左右314mm×天地224mm

[表紙：並製本／背の厚み20mm]

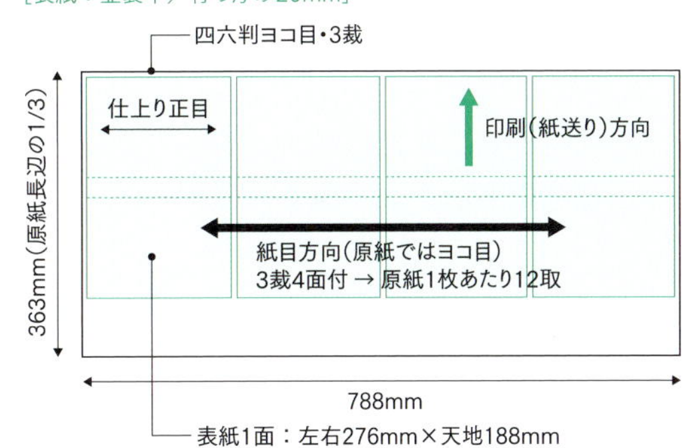

表紙1面：左右276mm×天地188mm

[カバー：上製本／背の厚み20mm／ソデ幅80mm]

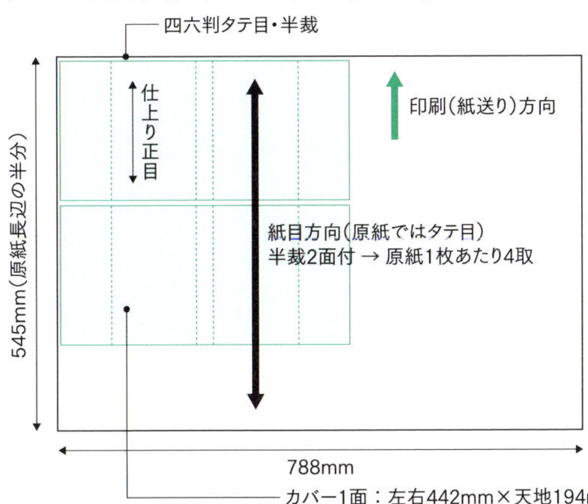

[カバー：同左]

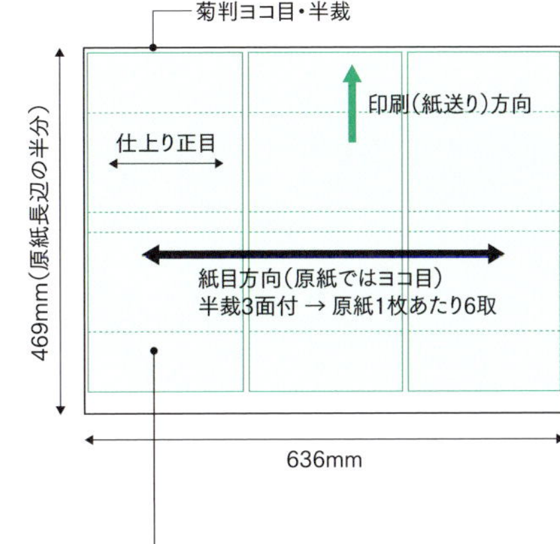

カバー1面：左右442mm×天地194mm

＊「四六判」は，左右128mm×天地188mmとする。背幅（束寸法）などによって取数は変化する。各寸法の出し方は参照▶148ページ
＊カバーの例で明らかなように，原紙の選択，紙目の選択で取数は大きく変わることがある
＊表紙はファンシーペーパーを想定し，圧倒的に多い四六判ヨコ目の原紙を使用した場合を示した
＊各例は小さな印刷機（小台）での印刷を前提にし，印刷面の間に設ける断裁しろ(「ドブ」という）は，いずれも3mm×2＝6mm確保している

paper of various kinds

紙の種類

● 紙の分類

紙には紙と板紙とがある。

出版物に使用される紙は，主として「印刷・情報用紙」で，さらに大きく分けて，①塗工されていない紙（非塗工紙），②塗工されている紙（塗工紙），③わずかに塗工されている紙（微塗工紙）がある。このほか表紙や見返しなどに使われる特殊印刷用紙（ファンシーペーパー，「ファインペーパー」と称することもある）がある。

板紙は，一定の厚さ以上の紙のことであり，出版物では上製本の表紙の芯ボール，函，絵本などに使われる。

● 非塗工紙

一般に上質紙，中質紙などといわれるもので，本文用紙としてもっとも多く使われている。化学パルプの含有率と白色度により，上級，中級，下級などに大別され，さらにクリーム色の書籍用紙などが含まれる。

● 塗工紙

アート紙，コート紙といわれているもので，製紙の最終段階で表面に塗料を塗り，艶出しをしたもの。ベースとなる紙の質，塗工量，白色度を指標として，アート紙，コート紙，軽量コート紙などに分かれる。また，グロス（光沢のあるもの），マット（艶消し），ダル（光沢が抑えられているが印刷部分は光沢になる）がある。雑誌の本文，書籍のカバー，写真集，美術書などに使われる他，商業印刷物にも多用される。

● 微塗工紙

塗工量が少ないもので，書籍の本文，雑誌の写真ページなどに使わる。

● 特殊印刷用紙（ファンシーペーパー）

染料で色を付ける，型押し（エンボス）加工で凸凹を付ける，混ぜもの（チリ）を入れる，表面を鏡面仕上げにする，などの加工をされた紙を特殊印刷用紙（ファンシーペーパー）といい，多種多様な紙が作られている。紙の手触りや風合いがある紙で，書

▼紙の分類

［紙］

- 新聞巻取紙
- 印刷・情報用紙
  - 非塗工印刷用紙
    - 上級印刷紙
      - 印刷用紙A
      - その他印刷用紙
      - 筆記・図画用紙
    - 中級印刷紙
      - 印刷用紙B（セミ上質紙）
      - 印刷用紙B（除セミ上質紙）
      - 印刷用紙C
      - グラビア用紙
    - 下級印刷紙
      - 印刷用紙D
      - 印刷せんか紙
    - 薄葉印刷紙
      - インディアペーパー
      - タイプ・コピー用紙
      - その他薄葉印刷紙
  - 微塗工印刷用紙
    - 微塗工紙1
    - 微塗工紙2
  - 塗工印刷用紙
    - アート紙
    - コート紙
      - 上質コート紙
      - 中質コート紙
    - 軽量コート紙
      - 上質軽量コート紙
      - 中質軽量コート紙
    - その他塗工印刷紙
      - キャストコート紙
      - エンボス紙
      - その他塗工紙
  - 特殊印刷用紙
    - 色上質紙
    - その他特殊印刷用紙
      - 官製はがき用紙
      - その他特殊印刷用紙（ファンシーペーパー）
  - 情報用紙
    - 複写原紙
      - ノーカーボン原紙
      - 裏カーボン原紙
      - その他複写原紙
    - 感光紙用紙
    - フォーム用紙
    - PPC用紙
    - 情報記録紙
      - 感熱紙原紙
      - その他記録紙
    - その他情報用紙
- 包装用紙
  - 未晒包装紙
    - 重袋用両更クラフト紙
    - その他両更クラフト紙
      - 一般両更クラフト紙
      - 特殊両更クラフト紙
    - その他未晒包装紙
      - 筋入クラフト紙
      - 片艶クラフト紙
      - その他未晒包装紙
  - 晒包装紙
    - 純白ロール紙
    - 晒クラフト紙
      - 両更晒クラフト紙
      - 片艶晒クラフト紙
    - その他晒包装紙
      - 薄口模造紙
      - その他晒包装紙
- 衛生用紙
  - ティシュペーパー
  - ちり紙
  - トイレットペーパー
  - タオル用紙
  - その他衛生用紙
- 雑種紙
  - 工業用雑種紙
    - 加工原紙
      - 建材用原紙
        - 化粧板用原紙
        - 壁紙原紙
      - 積層板原紙
      - 接着紙原紙
      - 食器容器原紙
      - コーテッド原紙
      - その他加工原紙
    - 電気絶縁紙
      - コンデンサペーパー
      - プレスボード
      - その他絶縁紙
    - その他工業用雑種紙
      - ライスペーパー
      - グラシンペーパー
      - トレーシング
      - その他
  - 家庭用雑種紙
    - 書道用紙
    - その他家庭用雑種紙

［板紙］

- 段ボール原紙
  - ライナー
    - 外装用（クラフト）
    - 外装用（ジュート）
    - 内装用
  - 中しん原紙
    - パルプしん
    - 特しん
- 紙器用板紙
  - 白板紙
    - マニラボール（塗工・非塗工）
    - 白ボール（塗工・非塗工）
  - 黄・チップボール
    - 黄板紙
    - チップボール
  - 色板紙
- 雑板紙
  - 建材原紙
    - 防水原料
    - 石こうボード
  - 紙管原紙
  - その他板紙
    - ワンプ
    - その他板紙

＊緑字は出版によく使われる紙
（参考）経済産業省「紙・パルプ統計年報」

籍のカバー，表紙，見返し，冊子の表紙，パッケージ，紙袋などに使われる。

● クロス

紙以外の素材として，表紙や函の材料に旧来より使われてきたのがクロスである。布クロス，紙クロス，ビニールクロス，布地などに分けられる。クロスを使用する際は文字などは箔押しにすることが多いが，印刷が可能なクロスも増えている。参照▶106ページ

▼出版に使われる主な用紙の仕様

分類			仕様	特徴・用途など
非塗工印刷用紙	上級印刷紙	印刷用紙A	化学パルプ100％	いわゆる上質紙 書籍，教科書，ポスター，一般印刷用
		その他印刷用紙	化学パルプ100％	書籍用紙，辞典用紙，地図用紙，クリーム書籍用紙など目的別に抄造
	中級印刷紙	印刷用紙B(セミ上質紙)	化学パルプ90％以上　白色度75％前後	書籍，一般印刷
		印刷用紙B(除セミ上質紙)	化学パルプ70％以上　白色度70％前後	教科書，書籍，雑誌
		印刷用紙C	化学パルプ40％～70％未満　白色度65％前後	雑誌，電話帳など
		グラビア用紙	機械パルプ含有　スーパーカレンダー仕上げ	雑誌などのグラビア印刷用
	下級印刷紙	印刷用紙D	化学パルプ40％未満　白色度55％前後	雑誌など
		印刷せんか紙	古紙パルプ100％	漫画誌
	薄葉印刷紙	インディアペーパー	麻パルプ，木綿パルプ，化学パルプ 厚さ0.04～0.05mm	不透明度が高い 辞書，六法全書，聖書など
微塗工印刷用紙	微塗工紙1		両面で12g/m^{2}以下の塗工　白色度74～79％	書籍，雑誌，チラシなど
	微塗工紙2		両面で12g/m^{2}以下の塗工　白色度73％以下	書籍，雑誌，チラシなど
塗工印刷用紙	アート紙(A1)		両面で40g/m^{2}前後の塗工　原紙は上質紙・中質紙	美術書，雑誌表紙，書籍カバー，ポスター，カタログ，カレンダー，パンフレットなど
	コート紙	上質コート紙(A2)	両面で20g/m^{2}前後の塗工　原紙は上質紙	美術書，雑誌表紙，書籍カバー，ポスター，カタログ，カレンダー，パンフレットなど
		中質コート紙(B2)	両面で20g/m^{2}前後の塗工　原紙は中質紙	雑誌本文・カラーページ，チラシなど
	軽量コート紙	上質軽量コート紙(A3)	両面で15g/m^{2}前後の塗工　原紙は上質紙	カタログ，雑誌本文・カラーページ，チラシなど
		中質軽量コート紙(B3)	両面で15g/m^{2}前後の塗工　原紙は中質紙	雑誌本文・カラーページ，チラシなど
	その他塗工印刷紙	キャストコート紙	アート紙よりも強光沢で平滑性も高い	美術書，雑誌表紙など
		エンボス紙	アート・コート紙に梨地，布目などエンボス仕上げ	カタログ，パンフレットなど
		その他塗工紙	アートポスト，ファンシーコーテッドペーパー 純白ロールコートなど	雑誌表紙，口絵，絵はがき，カード，商業印刷など
特殊印刷用紙	色上質		化学パルプ100％使用の色紙	表紙，見返し，カタログなど
	その他特殊印刷用紙		ファンシーペーパー	表紙，見返し，カード，製図用紙，手形，小切手，証券など

＊アート紙（A1）よりもさらに白色度を上げた「A0」（超高級アート，スーパーアート）と称される塗工紙もある
（参考）経済産業省「紙・パルプ統計年報」

クロス・ボールなど

●クロス

クロス（cloth）は本来は「布」であるが，これが書籍の表紙用の素材に使われて「Book Binding Cloth」と呼ばれ，それが簡略化されてクロスといわれるようになった。

クロスには布をベースにした布クロス（本クロスともいう。装丁織物の「布地」とは違う），紙をベースにした紙クロス，ビニールクロスがある。

布クロスは織物をベースにして塗料を塗って加工したものである。布地の織目が特徴で，カンバス，バクラム，ベラム，麻，綿，レーヨンなどのベースがある。

布クロスは強度があり，さらに重量感や高級感などの雰囲気を持つため，豪華本や学術書などに使われている。

紙クロスは強度を増した原紙をベースにして塗料を塗って型押し（エンボス）を施したものである。

ベースの原紙には樹脂をしみこませると同時に着色をする「含浸クロス」と「非含浸クロス」とがあり，含浸クロスのほうが強度は高い。

紙クロス用の塗料には水性と油性とがあり，水性塗工のクロスは印刷が可能であるが，油性塗工のクロスは印刷は困難で箔押しとなる。

ビニールクロスはベースになる原紙に塩化ビニールを染色したものをコーティングして加工したものである。環境保全の見地から無塩素系樹脂が使われることが多い。

ビニールクロスは耐水性に優れ，強度が高いなどの長所があるが，熱に弱く印刷できないなどの難点がある。

多くのクロスは，巻取りロールの状態で保管され，その大きさは「幅（cm）×長さ（m）」で表示される。ロール状のクロスは原則ロール単位（1ロールは幅107cm×長さ21mが多い）で購入することになるので，無駄が出て不経済になることがある。また，使用の際はロールを逆巻きにして巻きぐせを解消させる（くせ取り）時間を必要とする。

ロール状のクロスからは，いったん1mほどに大断ちしたのち，求める表紙の大きさに小裁ちをする。

シート状の製品もあり，これらは四六判など紙の原紙と同様の枚葉になっており，端数の需要にも対応できる。

クロスで注意すべきは印刷適性で，クロスの見本帳には印刷の可・不可が明示されているものが多い。印刷に適したもの以外では箔押し処理になるが，印刷に適したも

▼クロス・布地のロールからの表紙の取り方

［表紙の寸法（四六判上製，背幅50mmの場合）］

＊四六判＝左右128mm×天地188mmとする
左右＝（平の左右128＋チリ＋みぞ分）×2＋背幅50＋折りしろ15×2＝344mm
天地＝（平の天地188＋チリ×2）＋折りしろ15×2＝224mm
（寸法算出の詳細は 参照▸148ページ）

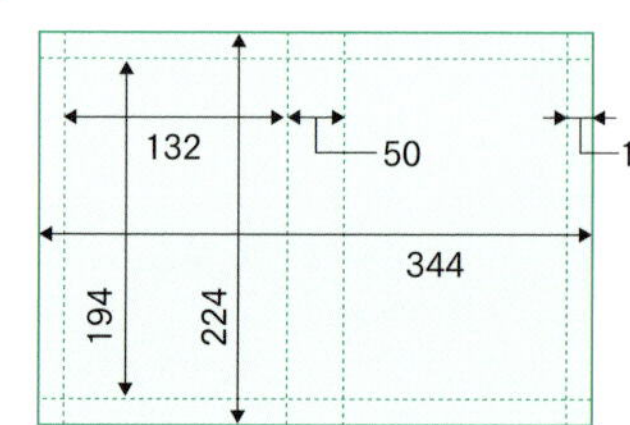

［クロスのロール＝幅107cm×長さ21mの場合］

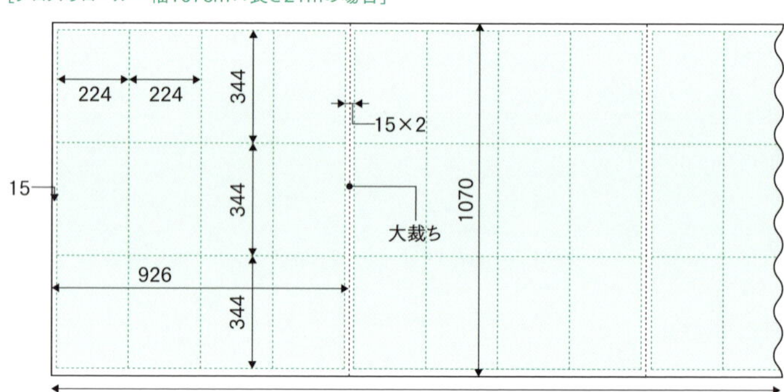

21m＝21000mm → 大裁ち926mm×22枚 → 22枚×12面＝264冊分取れる

［布地のロール＝幅100cm×長さ50mの場合］

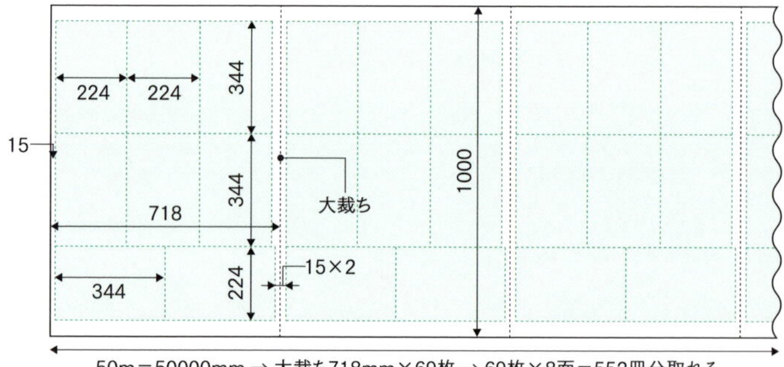

50m＝50000mm → 大裁ち718mm×69枚 → 69枚×8面＝552冊分取れる

のであっても，エンボスの凹凸が大きいクロスでは印圧を高めにする，印刷速度を落とすなどの工夫が必要になる。

クロスの種類によっては「背割れ」（本の背の折部の塗膜が割れること）のおそれがある。特に上製本の「みぞ付け」などの加工に耐えられるかの検証が必要である。また，クロスによっては，色箔（顔料箔）との相性が悪く，箔がクロスに乗らない場合がある。顔料箔を使う場合は試し押しでの確認が必要になる。

● 布地（装丁織物）

古くから表紙に使われている素材で，「装丁織物」と呼ばれ，巻物の状態で保管され1m単位で取引される。

布地には印刷することはできず，箔押しで対応する。

● ボール

出版で使われる板紙は「ボール」（「board」に由来する）と総称されている。

板紙とは，通常の紙よりも厚く重いものの総称で，実厚が0.3mm以上か，JIS（P 0001）には「坪量（1m²あたりのグラム数）が225g/m²以上を板紙とみなすことがある」とあるが明確な定義はない。通常は厚さを出すために何層かを抄き合わせてつくられる。

板紙にはダンボール原紙，紙器用板紙，建材原紙などがあるが，出版で使われるものは紙器用板紙で，白板紙，黄板紙（稲藁（わら），麦藁，古紙を原料とした黄土色の板紙），チップボール（新聞古紙などが原料）などがある。

上製本の表紙は，芯になる黄板紙，チップボールに紙やクロスを巻いてつくられるが，黄板紙の供給は少なくなった。

書籍の函，絵本，図鑑などには，マニラボール（両面は化学パルプ，中層はパルプまたは古紙）や白ボール（表面は化学パルプ，中層は古紙，裏面はパルプまたは古紙）などが使われている。

なお，板紙のうちダンボールは書籍の函あるいは輸送用の箱として使われることがある。ダンボールを書籍の函として使う場合は，題名などを印刷した紙（題箋）を函に貼り付けることが多い。

● 地券紙

地券紙（ちけんし）は古紙を原料としてつくられるチップボールの一種で，硬くて薄く，厚さは数種類ある。明治期に土地の権利書に使われたので「地券紙」の名称になったといわれるが定かではない。

薄表紙の上製本の表紙の芯紙として使用するほか，通常の上製本の背紙（丸背表紙の背の部分の芯紙，本文の背固めに使われる背貼紙），額貼り（表紙材料の折り返し部分と芯ボールとの段差を紙を貼って埋めること）にも使われる。

● グラシン紙

函入り上製本の函や表紙，または箔押し部分を保護するために掛けられている半透明の薄紙がグラシン紙である。抄紙時に加熱・加圧を施してつくられる。

▼ボールの原紙寸法

種類	寸法(cm)
F　判	65 × 78
K　判	64 × 94
	65 × 95
M　判	73 × 100
L　判	80 × 110
S　判	82 × 73

＊K判には2種類のサイズがある

▼判型と表紙ボールの号数の目安

判型	使用号数
B6判・四六判	28号・30号
A5判・菊判	28号・30号・32号・38号
B5判	32号・38号・42号
A4判	38号・42号・56号

▼ボールの号数・重さ・厚さ

号数	米坪(g/m²)	厚さ(mm)
16	800	約1.3
18	900	約1.5
20	1000	約1.6
22	1100	約1.8
24	1200	約1.9
26	1300	約2.0
28	1400	約2.2
30	1500	約2.3
32	1600	約2.5
34	1700	約2.6
36	1800	約2.8
38	1900	約2.9

＊号数は，坪量50g/m²を1号とし，50g/m²増えるごとに1号ずつ大きくなる
＊厚さは参考値（数値はほとんど未公表）で，±0.1mm程度の誤差を見込む

紙の厚さ・数量計算

予備知識
文字
組版
組版原則
図表類・写真
色
用紙
書体・記号
資料

● 紙の厚さ

紙の厚さは，原紙1000枚（これを「連」といい，「R」〈reamの略〉で表す）の重量（単位は「kg」）で表す。これを「連量」といい，紙の取引・流通でも使われる。

そのため，A列本判，B列本判，菊判，四六判などの原紙規格の明示が必要であり，「四六判〈135〉kg」「菊判〈93.5〉kg」などと表示する。同じ銘柄の同じ厚さの紙でも，原紙の大きさが違えば，1000枚あたりの重量は変わるので，必ず原紙の大きさと連量は併記する。

紙の厚さを「斤量」と称する場合がある。これは「連量」と同義であるが古い言い方であり，現在は「連量」の使用が望ましい。

また1枚の1平方メートルあたりの重さを「g」で表す「米坪」という単位もあるが，実務ではあまり使われない。

連量は紙の厚さを判断する重要な基準であるが，紙の銘柄が違うと，同じ連量でも実際の厚さ（実厚）は違う。これを応用し，同じ厚さでも連量が小さい銘柄の紙を使えば用紙代が節約でき，また，同じ連量でも実厚の厚い紙を使えば，同じページ数で厚みのある本を作ることができる。紙の実厚はマイクロメータで測る。参照 ▶110ページ

板紙（ボール）の場合は原紙100枚を1連とし（「BR」で表す），△内に連量を記入して表示する。

また，上製本の表紙の芯ボールなどに使われるチップボールなどでは，米坪（g/m²）の50g単位で「号数」が定められており，通常は「原紙＋号数」（たとえば「L判24号」）の組み合わせで大きさ・厚さを表示する。

参照 ▶107ページ

● 紙の使用数量

紙の実際の使用数量は，原紙から何ページ分取れるかの取数，ページ数，印刷部数，予備数から算出する。

予備数（損紙のこと，「ヤレ」〈「破れ」が由来〉

▼紙の厚さ（連量）比較

連量(kg)				米坪(g/m²)
四六判	B列本判	菊　判	A列本判	
68	65.5	47	43.5	79.1
73	70.5	50.5	46.5	84.9
90	87	62.5	57.5	104.7
110	106	76.5	70.5	127.9
135	130.5	93.5	86.5	157.0

▼原紙の連量換算表

○判＼●判	四六判	B列本判	菊　判	A列本判
四六判	−	0.965	0.694	0.640
B列本判	1.036	−	0.720	0.663
菊　判	1.440	1.390	−	0.921
A列本判	1.563	1.509	1.086	−

＊ある原紙の連量から他の原紙での連量を計算する（○判から●判の連量を知る）場合は，［○判での連量〈kg〉］×［表の換算値］＝［●判での連量〈kg〉］（近似値）で求める

▼色上質紙の厚さ（参考値）

種類	連量（四六判）(kg)
超厚口	176
最厚口	132
特厚口	107
厚　口	78
中厚口	66
薄　口	52
特薄口	45

＊「色上質紙」の指定や取引などは厚さの名称で行われており連量は明確になっていない。本表の連量は参考値である

▼紙の流通

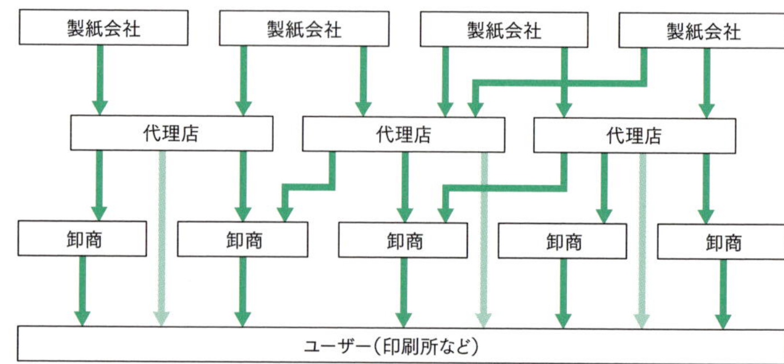

＊製紙会社がユーザーに直接販売することは少なく，代理店（一次卸），卸商（二次卸）を通じて販売する。代理店が直接ユーザーに販売する場合もある。代理店には，特定の製紙会社の用紙を扱うところと，各社の用紙を扱うところがある

ともいう）というのは，印刷・製本時の色調整や，事故が起こった場合のために用意しておく余裕の紙のことである。

予備数の計算は，①実数の数パーセントを計上，②色数と印刷台数から算出（1台につき○○枚とする），などの方法がある。

用紙の発注は連（R）単位で行うが，使用数量が500枚未満の場合やファンシーペーパーなどでは枚数（s）で発注することもある。また用紙は，銘柄や連量によって異なるが，100枚，200枚，500枚などの単位で1包になっているので，発注枚数は，極力包単位になるように考慮する必要がある。包単位にまとめられない半端な数になる場合は，半端分の価格（端数単価）が割高に設定されていることが多い。

● 紙の発注

紙は用紙店に発注して用紙店から印刷所に納入する方法と，印刷所に発注して印刷所が手配する方法とがある。いずれの場合でも，以下のことを漏らさず伝えることが必要である。

①納入先（印刷所名，印刷所手配なら不要）
②書名（ないし印刷物名）
③摘要（本文，表紙，見返しなど）
④銘柄（製紙メーカー名は特に必要ないが，上質紙やコート紙などで特定したい場合は必要）
⑤色名（ファンシーペーパーなどの場合）
⑥原紙の大きさ・紙目（「四六判ヨコ目」など）
⑦厚さ（kg）
⑧使用数量（連数「R」や枚数「s」）
⑨断裁の有無（印刷機の大きさによって，原紙を半裁，3裁，4裁などの断裁をして納める場合がある）

● 紙の費用計算

紙の費用は，基本的には使用数量（R），kg単価，連量（kg）により算出されるが，使用が少数になるファンシーペーパーなどでは，使用枚数（s），枚単価で取引される場合が多い。

▼紙の使用数量の算出

[本文用紙（書籍用紙，上質紙，塗工紙など）]

$$\frac{\text{1冊のページ数} \times \text{印刷部数}}{\text{原紙1枚からの取数}} = \text{実数}\cdots\cdots①$$

実数① × 5～10% ＝ 予備数……②
実数① ＋ 予備数② ＝ 使用数量……③
使用数量③ ÷ 1000枚（1連）＝ 使用連数（R）

〈例〉B6判で200ページの書籍を10000部作るときの本文用紙の数量算出
（B6判はB列本判（ないし四六判）の原紙1枚から64ページ分取れる）
200ページ × 10000部 ÷ 64取 ＝ 31250枚 ……… 実数①
①31250枚 × 5% ＝ 1563枚 ………………………… 予備数②
①31250枚 ＋ ②1563枚 ＝ 32813枚 ……………… 使用数量③
③32813枚 ÷ 1000枚（1連）＝ 32.813R → 端数を切り上げ33R（連）で発注

＊ここでは予備数を実数の5%としたが，使用する印刷機，色数，紙質などの要素に影響を受ける。発注の際には予備数について印刷・製本側と打ち合わせることが望ましい

[カバー・表紙など（ファンシーペーパー）]

$$\frac{\text{印刷部数}}{\text{原紙1枚からの取数}} = \text{実数}\cdots\cdots①$$

色数 × 100～200枚 ＝ 予備数……②
実数① ＋ 予備数② ＝ 使用数量（枚）……③

〈例〉B6判上製本の書籍を10000部作るときのカバー用紙の数量算出
（B6判上製本のカバーは四六判Y目の原紙1枚から6冊分取れ，3色刷りとする）
10000部 ÷ 6取 ＝ 1667枚 ………… 実数①
3色 × 100枚 ＝ 300枚 ………………… 予備数②
①1667枚 ＋ ②300枚 ＝ 1967枚…… 使用数量③ → 端数を切り上げ2000枚で発注

＊カバー・表紙などは，原紙1枚から数冊分取れるので実数が少なくてすむ。そのため予備数を実数に対する割合で算出すると足りなくなるので，1色につき100～200枚程度に設定することが多い

▼紙の費用の算出

[連単価の場合]

kg単価（円）× 原紙の連量（kg）× 使用連数（R）＝ 用紙代

〈例〉四六判〈68〉kgの書籍用紙（単価：160円/kg）を35連（R）使用する場合の用紙代
160円 × 68kg × 35R ＝ 380,800円……用紙代

[枚単価の場合]

使用数量（枚）÷ 包枚数 ＝ 包数① ＋ 端数②
[包単価（円）× 包枚数 × 包数①]＋[端数単価（円）× 端数②] ＝ 用紙代

〈例〉100枚1包のファンシーペーパー（包単価：65円/枚，端数単価：68円/枚）を320枚使用する場合の用紙代
320枚 ÷ 100枚 ＝ ①3包 ＋ ②20枚
[65円 × 100枚 × ①3包] ＋ [68円 × ②20枚] ＝ 20,860円……用紙代

selection of paper

用紙の選定

用紙選定にあたっては，本が壊れないように，使用用紙相互の厚さのバランスを考えなければならない。おおむね，

本文＜口絵＜本扉＜見返し＜表紙

というように，外側にいくに従って徐々に厚くする。

ここでは通常の書籍での用紙の選定について解説する。また，厚さは慣習的に使われている四六判原紙の連量(kg)とするが，他の原紙では換算の必要がある。

● 本文

書籍用紙，クリーム上質紙，上質紙，セミ上質紙，微塗工書籍用紙などが使われる。

書籍用紙は，書籍の本文に使う目的でつくられた紙で，上質紙～セミ上質紙をベースにしてしなやかさを持たせ，スミ文字が読みやすい淡クリーム色にしたものである。淡クリーム色にも濃淡があり，さらに黄味，赤味，青味といった色の傾向がある。

クリーム上質紙は，上質紙にクリーム色を付けたもので書籍用紙とは違うが，安価なので本文用紙として使われる。

写真中心の内容であれば，アート紙，コート紙，微塗工紙，（写真集などでの使用を目的とした）白く平滑なファンシーペーパーなどが使われる。

厚さは，四六判〈68〉kgを中心に〈62〉kg～〈72〉kg程度が使われ，これらの実厚（1枚の厚さ，マイクロメータで測定する）は0.08mm～0.11mm程度である。

厚さと実厚はおおむね比例関係にあるが，連量が小さくても実厚が厚い紙があり，これがいわゆる「嵩高（かさだか）紙」である。

嵩高紙は，ページ数が少ない本でも背幅（束）を厚くすることができるため，見栄えと定価のバランスが取れ，ページの多い本では割安感を与えることができる。また厚さの割には「軽い」イメージもある。

以前より銘柄に「ラフ」「バルキー」などの語がついていた紙は，連量が四六判〈67〉kg程度でも実厚が0.13mm前後と嵩高であるが，しなやかさがあまりなく「紙が立つ」傾向にあった。近年では平滑度を増し，しなやかさを加味した嵩高紙が増えており，インキの乗りがよく，写真なども鮮明に再現できる特徴がある。

● 口絵

口絵は写真中心になるので，アート紙，コート紙など塗工紙が多く使われ，厚さは四六判〈70〉kg～〈90〉kgが多い。

塗工紙にはグロス（光沢），ダル（光沢が抑えられているが印刷部分は光沢），マット（艶消し）の3種類があり，写真の再現性はグロスがよく，文字の可読性はダル，マットの方がよい。

● 本扉（別丁）

コート紙，ファンシーペーパーなどで，四六判〈90〉kg程度が使われる。

● 見返し

上質紙，色上質紙，ファンシーペーパーで，四六判〈100〉kg程度が使われる。上製本では，薄い色の用紙では芯ボールが透けて見えるので注意が必要である。

● 表紙

ファンシーペーパー，カード紙（平滑で薄いボール紙），色上質紙，クロスなどが使われ，上製本では布地（織物）も使用される。

ファンシーペーパーの種類は多種多様で，エンボス（型押し），ブレンド（混ぜもの），手触り，色などのバリエーションから選択する。白い用紙は流通の過程で汚れが目立つとされ，敬遠されることが多い。

厚さは，上製本の場合は四六判〈110〉kg～〈130〉kg程度で，並製本の場合は〈160〉kg～〈200〉kg程度である。

なお，ファンシーペーパーの原紙は，もっとも汎用性の高い「四六判のヨコ目」が圧倒的に多く，カード紙では「ハトロン判」(900×1200mm)も多いので，紙取りの計算には注意を要する。

▼マイクロメータ

1000分の1mm（＝1マイクロメートル，1μm）レベルの厚さを計る計測器。紙厚測定では10分の1mm程度レベルの精度のものを使う。デジタル表示のものもある

厚すぎる並製本の表紙

書籍に使用する用紙の厚さの目安を右表にまとめたが，この中で並製本の表紙については四六判〈160〉kg～〈200〉kg程度とした。そこで気をつけたいのは，紙には同じ厚さ(kg)でも感触が硬いものと柔らかいものがあるということである。特にページ数が少ない場合には表紙を〈160〉kg程度にしても硬く感じることがある。並製本では，表紙が硬すぎると本が開きづらくページもめくりにくくなり読書のじゃまになる。並製本でも，上製本のように本の外形がしっかり保たれる箱のように仕上げたいという編集者やデザイナーがいるが，それは開きやすさは二の次にしても完成時の外形にこだわる，本質を外した考えといえよう。厚く硬い表紙のせいで本が開けにくくなるようなことは避けるべきである。

クロスには紙をベースにした紙クロス，布をベースにした布クロスがある。参照▶106ページ

● 上製本の芯ボール

上製本の芯ボール（板紙）に使われるボールの厚さは号数で表され，号数が大きくなれば厚くなるが，B6判～A5判の単行本では28～32号程度が使われている。また，表紙が柔軟な薄表紙では芯紙に地券紙が使われる。参照▶107ページ

● カバー

カバーの用紙として圧倒的に使われているのがアート紙，コート紙で，平滑で白く，塗工されており，インキの発色がよい。

厚さは，四六判〈110〉kg～〈135〉kg程度である。

コート紙以外では，特に「読み物」的な書籍では，本の手触りを重視するために，白いファンシーペーパーなどがよく使われている。また，同じ白い用紙でも真っ白なもの（「スノー」「アイス」などといわれる）から若干きなりがかったナチュラルホワイトまでさまざまな「白」がある。

コート紙以外の用紙を使う場合は，インキの発色はコート紙に刷られているインキ見本やカラーチャートのようにはならない。インキの吸い込み具合が用紙によって違い，色つきの用紙では用紙の色がインキの色に影響を及ぼすためである。特にカラーの写真やイラストを使う場合は，原画通りに発色する可能性は低い。

また，ファンシーペーパーをカバーに使う場合は，表面加工にPP貼りでなくニス刷りを施す場合も多い。参照▶150ページ

● 帯

カバー同様にコート紙が使われる場合が多いが，カバーにファンシーペーパーを使う場合は同じ用紙にして統一感を出すこともある。

厚さはカバー用紙と同様であり，四六判〈110〉kg～〈135〉kg程度である。

帯は1色刷りが多いが，色つきの用紙を使い2色刷のような効果を出す場合もある。

帯にトレーシングペーパーを使用して，帯に隠れるカバー下部が透けて見えるようにした例もあるが，トレーシングペーパーはカールする，破れやすいなど印刷適性，製本適性に難がある。

▼書籍の使用用紙の目安

摘要	種別	使用用紙	厚さ
本文	文字中心	書籍用紙，クリーム上質紙，上質紙，セミ上質紙，微塗工書籍用紙など	四六判〈62〉kg ～〈72〉kg 程度
	写真中心	アート紙，コート紙，微塗工紙，白く平滑なファンシーペーパーなど	
口絵		アート紙，コート紙など	四六判〈70〉kg ～〈90〉kg 程度
本扉	本文共紙	本文と同じ	四六判〈62〉kg ～〈72〉kg 程度
	別丁	コート紙，ファンシーペーパーなど	四六判〈90〉kg 程度
見返し		上質紙，色上質紙，ファンシーペーパーなど	四六判〈100〉kg 程度
表紙	上製	ファンシーペーパー，カード紙（並製本），色上質紙，クロスなど，上製本では布地も	四六判〈110〉kg ～〈130〉kg 程度
	並製		四六判〈160〉kg ～〈200〉kg 程度
芯ボール	上製	黄板紙，チップボール，地券紙	28～32号程度（地券紙には適用なし）
カバー		アート紙，コート紙，ファンシーペーパーなど	四六判〈110〉kg ～〈135〉kg 程度
帯		アート紙，コート紙，ファンシーペーパーなど	四六判〈110〉kg ～〈135〉kg 程度

製紙

● **紙とは**

紙とは，「植物繊維を水中でバラバラに分散させて絡ませ，漉き上げて薄く平らなシート状にしたもの」と定義できる。

● **製紙工程**

製紙は，原料→パルピング→漂白・叩解→抄紙→仕上げ，の工程からなる。「パルピング」とは原料から繊維を取り出すことで，繊維が集まった状態がパルプである。

主たる原料は木材で，針葉樹の繊維は太く長いので強い紙になり，広葉樹の繊維は短くて細いためしなやかでむらのない紙になる。

木材の成分には，繊維を作るセルロースと，それを接着するリグニン*とがある。

パルピングには2種類ある。木材を機械的にすりつぶしたものが機械パルプ（砕木パルプ／グラウンドパルプ）で，リグニンが残っており，新聞用紙，更紙などに使われる。これに対して木材を薬品で煮てリグニンを溶解し，セルロースだけを取り出したものが化学パルプ（ケミカルパルプ）で，上質紙，コート紙などに使用される。

古紙はインキが除去（脱墨）されて古紙パルプ（脱墨パルプ）となる。

叩解は製紙工程でもっとも重要な部分で

*「リグニン」は木材の植物繊維同士を接着させている成分で，紙にこれが残っていると紙の強度が弱くなり，光や空気中の酸素によって化学変化し，紙が変色しやすくなる。

▼製紙工程

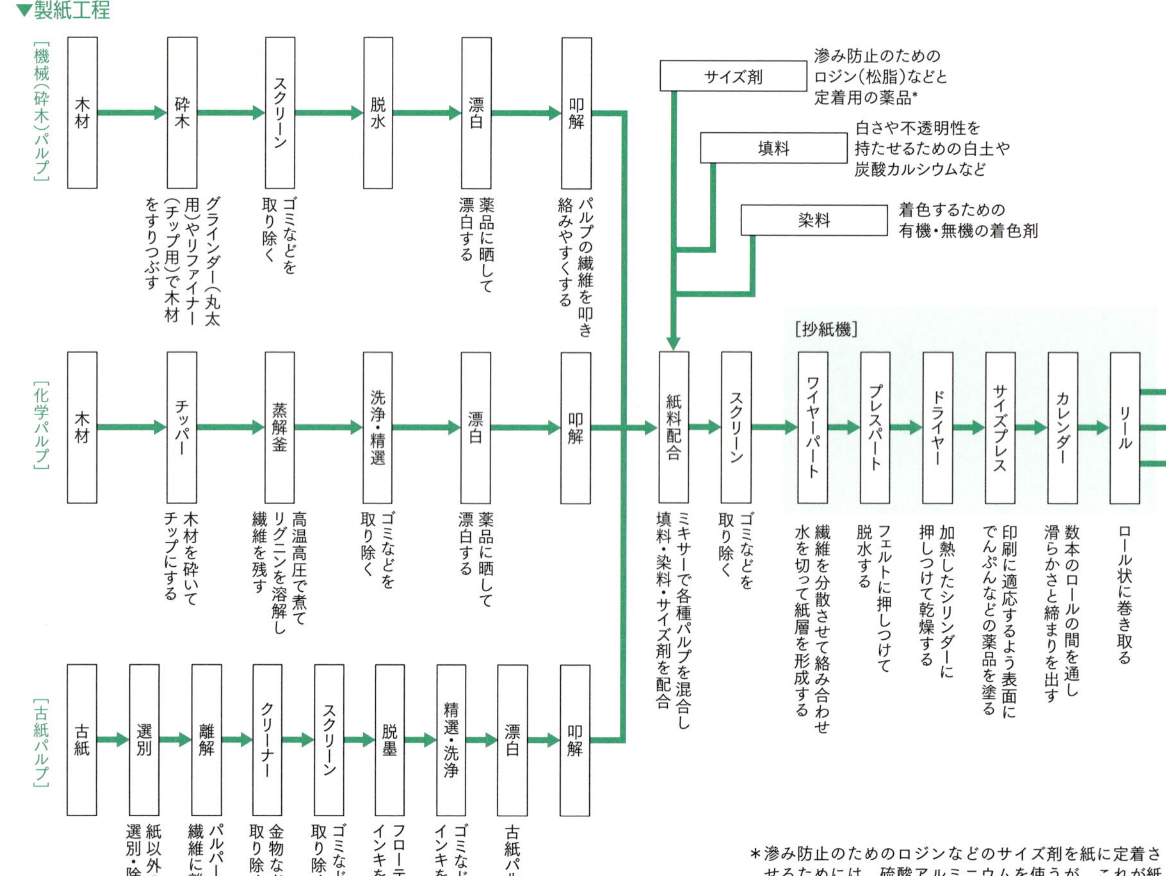

*滲み防止のためのロジンなどのサイズ剤を紙に定着させるためには，硫酸アルミニウムを使うが，これが紙を酸性にさせ（pH3〜6）保存性が悪くなる（酸性紙）。そのため，アルキルケテンダイマーや無水コハク酸などの中性サイズ剤を使うものが中性紙であり，紙は中性から弱アルカリ性（pH7〜10）を示す

ある。水中でパルプを叩くことによって繊維が総状になり，絡みやすくなる。

叩解したパルプ液（調整原料）にサイズ剤，填料，染料，チリ（混ぜもの）などを混ぜて紙料（抄紙の原液）をつくる。

抄紙機では，回転する網の上に紙料を流しこむと網の目から水が落ち，湿紙ができる。これをフェルトに押しつけて水を絞り，乾燥筒（ドライヤー）を通し，平滑・艶出し筒（カレンダー）を経て巻き取る。

塗工紙（アート紙，コート紙）では塗工機（コーター）で塗料を塗り繊維の重なりで生じるすき間を埋め，さらに塗工面を平滑にして光沢をつける。

抄紙～仕上の工程内でエンボス（凹凸）加工を施すこともある。

巻き取り紙（ロール紙）ではワインダーで巻き，平判（枚葉紙）ではカッターで仕上して製品となり，包装・出荷される。

● 森林認証紙

環境に配慮されていると認証された森林から伐採された木材を原料とする紙。森林認証制度は，乱伐から森林を守り，森林減少を防ぐことを目的としている。認証された紙には樹木の絵柄と「FSC」の文字からなるマークの表示が許可される。

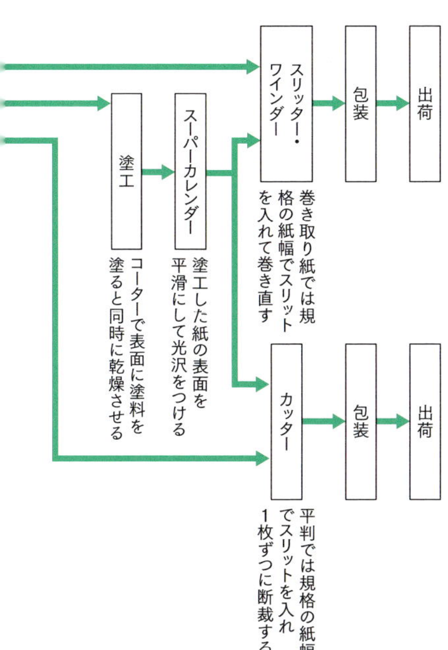

● 非木材紙

木材以外の原料からつくられる紙のことで，強度や風合いなどに独特の個性をもつ。主な原材料は，ケナフ，サトウキビ（バガス），竹，コットン，麦藁などであり，和紙も広義の非木材紙である。

● 和紙

和紙は，卓越した保存性，強靭性を有し，文化財の修復などにも使われている。

原料は楮，三椏，雁皮などの内皮の靭皮繊維で，これをソーダ灰などで煮た後，漂白→解繊（叩解）し，トロロアオイの根などから取り出した粘度をもつ液（「ねり」という）を加えて紙料とする。「ねり」は水中で繊維の分散を助けるものである。

竹簀，萱簀，紗などで抄紙し，圧搾→乾燥という工程で仕上げられる。

和紙は通常の印刷・製本には適さないため，あまり使用されない。参照▶153ページ

● 合成紙

ポリスチレン，ポリプロピレンなどを薄く押し出し成型した後，表面に白色顔料を塗工し，印刷適性を持つようにしたものと，ポリエチレン繊維を小繊維化して合成パルプをつくり，単独で，あるいは木材パルプと混合して，通常の紙のように抄紙したものとがある。

合成紙は耐水性，耐折性などに優れるが，印刷時には特殊なインキを使用する。

● 不織布

化学繊維・天然繊維を樹脂で接着する，水流で絡ませる，加熱で結合させる，などによりシート状にした「織らない布」。衣料，衛生用品，日用雑貨などに幅広く使われている。出版物では付録など以外ではあまり使われていない。

▼植物繊維の分類

［木材繊維］
針葉樹：モミ，スギ，カラマツ，ヒノキ，トウヒ，マツ，ツガなど
広葉樹：カバ，ブナ，ニレ，キリ，カエデ，クリ，ハンノキなど

［非木材繊維］
靭皮繊維：ケナフ（麻の一種の1年草で，東南アジア，中国，アフリカ，米国南部などで栽培されている。成長が早く，短期間で多くの繊維を収穫できる），亜麻，大麻，楮，三椏，雁皮，桑など
葉の繊維：マニラ麻，サイザル麻，海藻など
藁類：バガス（サトウキビから砂糖を絞ったカス。木材ほど高温，高圧で処理する必要がない），竹（中国では古くから書画用紙として使用されている。嵩高で不透明度が高い），とうもろこし，麦藁，稲藁，葦など
種毛繊維：木綿，コットンリンター，ヤシなど

▼古紙と再生紙

古紙パルプ（一度紙として使用されて回収された古紙を，左図のような工程を経て再びパルプにしたもの，脱墨パルプ）を配合した紙ないし板紙のことを「再生紙」という。ただし，「再生紙」の明確な定義はないので，古紙パルプの配合率が小さくても「再生紙」といえてしまう。

再生紙を使用した印刷物などに刷られる「再生紙使用マーク」（Rマーク）は，自治体，関連業界団体，企業などによる官民組織「ごみゼロパートナーシップ会議」（現・「3R・資源循環推進フォーラム」）が提唱した古紙利用促進を目的としたマークである。申請・届出の必要はなく，大きさ・色ともに自由となっている。古紙パルプの配合率に合わせた数値のものを使用する。

予備知識
文字
組版
組版原則
図表類・写真
色
用紙
書体・記号
資料

ordering

印刷・製本・資材の発注

●作業と資材の発注

本文が責了となり，装丁などの準備ができると本番の印刷・製本工程に入るが，この段階で，印刷所・製本所に対して作業の「発注書」（仕様書，指示書などともいう）を渡し，使用用紙（資材）の発注も行う。

これらは1つの書式にまとめ，簡潔かつ明確なものにしておくのがよい。

▼発注書の例

発注書						
書　名						
発注日	年　月　日	見本日	年　月　日	配本日	年　月　日	
判　型	判（天地　mm×左右　mm）					
本文頁数	頁（　頁×　折＋　頁）	組	□タテ組　□ヨコ組			
製本様式	□並製　□上製　（□丸背　□角背）　□その他（　）					
綴　じ	□かがり綴　□あじろ綴　□無線綴	花　布		スピン		
カバー	□PP（グロス）　□PP（マット）　□ニス刷（グロス）　□ニス刷（マット）					
投げ込み	□スリップ　□愛読者カード　□新刊案内　□その他（　）					
印刷所		製本所				

資　材									
	色数	銘柄	原紙	目	連量	取数（頁数）	発注数	発注用紙店	備考
本　文	1/1		判	□Y目 □T目	kg	頁	R		
	/		判	□Y目 □T目	kg	頁	R		
口　絵	/		判	□Y目 □T目	kg	取	R		
本　扉	/		判	□Y目 □T目	kg	取	s		
見返し	/		判	□Y目 □T目	kg	取	s		
表　紙	/		判	□Y目 □T目	kg	取	s		
ボール	＼		判	＼	号	取	BR		
カバー	/		判	□Y目 □T目	kg	取	s		
帯	/		判	□Y目 □T目	kg	取	s		
	/		判	□Y目 □T目	kg	取	s		
特記事項									

＊「発注数」欄のR＝連，s＝枚，BR＝連（ボール）

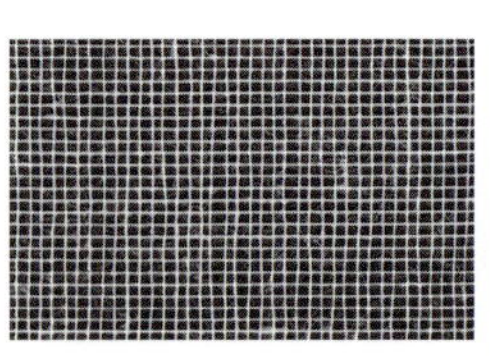

＊寒冷紗（かんれいしゃ）。目の粗い平織りの薄い布で，製本時に背に貼りつけて補強，表紙と本文を丈夫に繋げるために使われる。発注にあたって寒冷紗を指定する必要はない

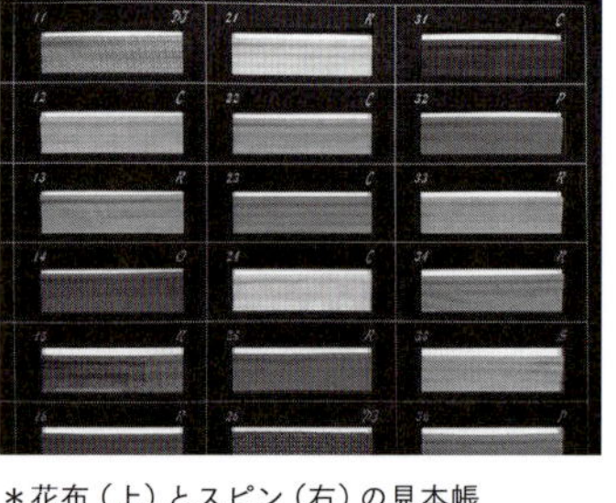

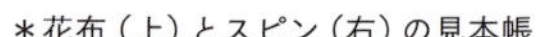

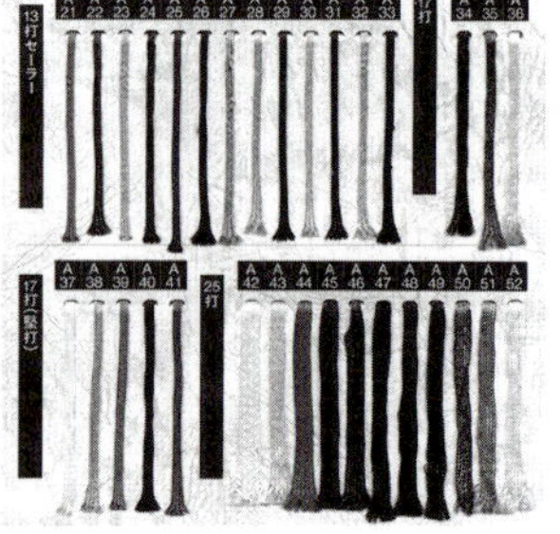

＊花布（上）とスピン（右）の見本帳

▼発注書の例

通常の書籍での印刷・製本・資材の簡易な発注書の例を示した。

発注書は，印刷所・製本所・用紙店が本の仕様について共通の認識が持てるよう，明確なものにする必要があり，保留事項はできるだけないようにしたい。本文の印刷・製本の指示では，この発注書と共に「台割表」を添付する必要がある。参照▶12ページ

▼花布

上製本には花布（はなぎれ，「head band」に由来する「ヘドバン」ともいう）が付いている。

花布は本文の背の天地に貼り付けてある装飾用・補強用の布きれのことであるが，本来は綴じの補強のために，かがり綴で天地に色糸を使い，背の上下端で革ひもや麻ひもに絡めて編んだものであった。

花布はさまざまな色や織目のものが用意されており，見本帳から選んでメーカー名とナンバーを指定する。カバーや表紙に使った色などとのバランスを考慮する。

▼スピン

日本では「しおりひも」のことをスピンという。本来のspineは書籍の背の部分を意味する語で，しおりひものことは「bookmark」あるいは「ribbon」である。

近年では並製本でのスピンはかなり少なくなっており，上製本でもスピンがついていないものが増えている。

花布と同メーカーがスピンを供給しており，太さと色のバリエーションが用意されている。見本帳から選び，メーカー名とナンバーを明記する。

スピンの適切な長さは，「本文の対角線プラスひとつまみ」とされている。

［スピンの長さ］

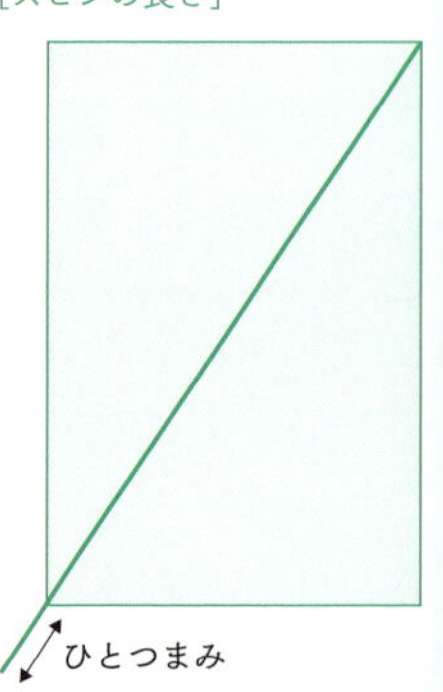

書体・記号

和文書体

▼明朝系書体（12Q・16Q・24Q）

ヒラギノ明朝 W3

書体とデザインの良い関係？！、，。～／：…「（※＆
書体とデザインの良い関係？！、，。～
書体とデザインの良い関係

ヒラギノ明朝 W6

書体とデザインの良い関係？！、，。～／：…「（※＆
書体とデザインの良い関係？！、，。～
書体とデザインの良い関係

リュウミン L-KL

書体とデザインの良い関係？！、，。～／：…「（※＆
書体とデザインの良い関係？！、，。～
書体とデザインの良い関係

リュウミン R-KL

書体とデザインの良い関係？！、，。～／：…「（※＆
書体とデザインの良い関係？！、，。～
書体とデザインの良い関係

リュウミン M-KL

書体とデザインの良い関係？！、，。～／：…「（※＆
書体とデザインの良い関係？！、，。～
書体とデザインの良い関係

太ミン A101

書体とデザインの良い関係？！、，。～／：…「（※＆
書体とデザインの良い関係？！、，。～
書体とデザインの良い関係

見出ミン MA31

書体とデザインの良い関係？！、，。～／：…「（※＆
書体とデザインの良い関係？！、，。～
書体とデザインの良い関係

小塚明朝 R

書体とデザインの良い関係？！、，。～／：…「（※＆
書体とデザインの良い関係？！、，。～
書体とデザインの良い関係

小塚明朝 M

書体とデザインの良い関係？！、，。～／：…「（※＆
書体とデザインの良い関係？！、，。～
書体とデザインの良い関係

本明朝 M

書体とデザインの良い関係？！、，。～／：…「（※＆
書体とデザインの良い関係？！、，。～
書体とデザインの良い関係

本明朝 E

書体とデザインの良い関係？！、，。～／：…「（※＆
書体とデザインの良い関係？！、，。～
書体とデザインの良い関係

石井明朝 M

書体とデザインの良い関係？！、，。～／：…「（※＆
書体とデザインの良い関係？！、，。～
書体とデザインの良い関係

石井明朝 B

書体とデザインの良い関係？！、，。～／：…「（※＆
書体とデザインの良い関係？！、，。～
書体とデザインの良い関係

MS 明朝

書体とデザインの良い関係？！、，。～／：…「（※＆
書体とデザインの良い関係？！、，。～
書体とデザインの良い関係

マティス M

書体とデザインの良い関係？！、，。～／：…「（※＆
書体とデザインの良い関係？！、，。～
書体とデザインの良い関係

＊12Q・16Q・24Q

筑紫明朝 R

書体とデザインの良い関係？！、，。〜／：…「（※＆

書体とデザインの良い関係？！、，。〜

書体とデザインの良い関係

筑紫明朝 M

書体とデザインの良い関係？！、，。〜／：…「（※＆

書体とデザインの良い関係？！、，。〜

書体とデザインの良い関係

筑紫 A 見出ミン

書体とデザインの良い関係？！、，。〜／：…「（※＆

書体とデザインの良い関係？！、，。〜

書体とデザインの良い関係

筑紫 B 見出ミン

書体とデザインの良い関係？！、，。〜／：…「（※＆

書体とデザインの良い関係？！、，。〜

書体とデザインの良い関係

游明朝体 R

書体とデザインの良い関係？！、，。〜／：…「（※＆

書体とデザインの良い関係？！、，。〜

書体とデザインの良い関係

游明朝体 D

書体とデザインの良い関係？！、，。〜／：…「（※＆

書体とデザインの良い関係？！、，。〜

書体とデザインの良い関係

A1 明朝 R

書体とデザインの良い関係？！、，。〜／：…「（※＆

書体とデザインの良い関係？！、，。〜

書体とデザインの良い関係

A1 明朝 M

書体とデザインの良い関係？！、，。〜／：…「（※＆

書体とデザインの良い関係？！、，。〜

書体とデザインの良い関係

凸版文久明朝

書体とデザインの良い関係？！、，。〜／：…「（※＆

書体とデザインの良い関係？！、，。〜

書体とデザインの良い関係

凸版文久見出し明朝

書体とデザインの良い関係？！、，。〜／：…「（※＆

書体とデザインの良い関係？！、，。〜

書体とデザインの良い関係

黎ミン M

書体とデザインの良い関係？！、，。〜／：…「（※＆

書体とデザインの良い関係？！、，。〜

書体とデザインの良い関係

黎ミン B

書体とデザインの良い関係？！、，。〜／：…「（※＆

書体とデザインの良い関係？！、，。〜

書体とデザインの良い関係

源ノ明朝 Light

書体とデザインの良い関係？！、，。〜／：...「（※＆

書体とデザインの良い関係？！、，。〜

書体とデザインの良い関係

源ノ明朝 Regular

書体とデザインの良い関係？！、，。〜／：...「（※＆

書体とデザインの良い関係？！、，。〜

書体とデザインの良い関係

源ノ明朝 Bold

書体とデザインの良い関係？！、，。〜／：...「（※＆

書体とデザインの良い関係？！、，。〜

書体とデザインの良い関係

しっぽり明朝 Regular

書体とデザインの良い関係？！、，。〜／：…「（※＆

書体とデザインの良い関係？！、，。〜

書体とデザインの良い関係

和文書体

＊12Q・16Q・24Q

しっぽり明朝 Bold

書体とデザインの良い関係？！、，。〜／：…「（※&

書体とデザインの良い関係？！、，。〜

書体とデザインの良い関係

ヒラギノ UD 明朝 W4

書体とデザインの良い関係？！、，。〜／：…「（※&

書体とデザインの良い関係？！、，。〜

書体とデザインの良い関係

筑紫 Aヴィンテージ明 L R

書体とデザインの良い関係？！、，。〜／：…「（※&

書体とデザインの良い関係？！、，。〜

書体とデザインの良い関係

UD 明朝 M

書体とデザインの良い関係？！、，。〜／：…「（※&

書体とデザインの良い関係？！、，。〜

書体とデザインの良い関係

イワタ新聞明朝体 R　＊平体80％で使用

書体とデザインの良い関係？！、，。〜／：…「（※&

書体とデザインの良い関係？！、，。〜

書体とデザインの良い関係

游築 36 ポ仮名 W5

しょたいとデザインのよいかんけい？！、，。〜／：

しょたいとデザインのよいかんけい、。

しょたいとデザインのよい

DNP 秀英明朝 L

書体とデザインの良い関係？！、，。〜／：…「（※&

書体とデザインの良い関係？！、，。〜

書体とデザインの良い関係

游築 36 ポ仮名 W7

しょたいとデザインのよいかんけい？！、，。〜／：

しょたいとデザインのよいかんけい、。

しょたいとデザインのよい

DNP 秀英明朝 B

書体とデザインの良い関係？！、，。〜／：…「（※&

書体とデザインの良い関係？！、，。〜

書体とデザインの良い関係

もじくみカタ EB　＊「／」の字形はナシ

しょたいとデザインのよいかんけい？！、，。〜：…

しょたいとデザインのよいかんけい、。

しょたいとデザインのよい

DNP 秀英初号明朝 Hv

書体とデザインの良い関係？！、，。〜／：…「（※&

書体とデザインの良い関係？！、，。〜

書体とデザインの良い関係

小町 B

しょたいとデザインのよいかんけい？！、，。〜／：

しょたいとデザインのよいかんけい、。

しょたいとデザインのよい

新聞特太明朝 E

書体とデザインの良い関係？！、，。〜／：…「（※&

書体とデザインの良い関係？！、，。〜

書体とデザインの良い関係

良寛 B

しょたいとデザインのよいかんけい？！、，。〜／：

しょたいとデザインのよいかんけい、。

しょたいとデザインのよい

游築見出し明朝体 E　＊「&」の字形はナシ

書体とデザインの良い関係？！、，。〜／：…「（※

書体とデザインの良い関係？！、，。〜

書体とデザインの良い関係

築地 B

しょたいとデザインのよいかんけい？！、，。〜／：

しょたいとデザインのよいかんけい、。

しょたいとデザインのよい

＊12Q・16Q・24Q

▼ゴシック系書体（12Q・16Q・24Q）

ヒラギノ角ゴ W3

書体とデザインの良い関係？！、，。～／：…「（※＆
書体とデザインの良い関係？！、，。～
書体とデザインの良い関係

ヒラギノ角ゴ W6

書体とデザインの良い関係？！、，。～／：…「（※＆
書体とデザインの良い関係？！、，。～
書体とデザインの良い関係

ヒラギノ角ゴ W8

書体とデザインの良い関係？！、，。～／：…「（※＆
書体とデザインの良い関係？！、，。～
書体とデザインの良い関係

中ゴシック BBB Medium

書体とデザインの良い関係？！、，。～／：…「（※＆
書体とデザインの良い関係？！、，。～
書体とデザインの良い関係

太ゴ B101 Bold

書体とデザインの良い関係？！、，。～／：…「（※＆
書体とデザインの良い関係？！、，。～
書体とデザインの良い関係

見出ゴ MB31

書体とデザインの良い関係？！、，。～／：…「（※＆
書体とデザインの良い関係？！、，。～
書体とデザインの良い関係

ゴシック MB101 B

書体とデザインの良い関係？！、，。～／：…「（※＆
書体とデザインの良い関係？！、，。～
書体とデザインの良い関係

ゴシック MB101 H

書体とデザインの良い関係？！、，。～／：…「（※＆
書体とデザインの良い関係？！、，。～
書体とデザインの良い関係

新ゴ L

書体とデザインの良い関係？！、，。～／：…「（※＆
書体とデザインの良い関係？！、，。～
書体とデザインの良い関係

新ゴ R

書体とデザインの良い関係？！、，。～／：…「（※＆
書体とデザインの良い関係？！、，。～
書体とデザインの良い関係

新ゴ M

書体とデザインの良い関係？！、，。～／：…「（※＆
書体とデザインの良い関係？！、，。～
書体とデザインの良い関係

新ゴ B

書体とデザインの良い関係？！、，。～／：…「（※＆
書体とデザインの良い関係？！、，。～
書体とデザインの良い関係

ゴナ E

書体とデザインの良い関係？！、，。～／：…「（※＆
書体とデザインの良い関係？！、，。～
書体とデザインの良い関係

小塚ゴシック R

書体とデザインの良い関係？！、，。～／：…「（※＆
書体とデザインの良い関係？！、，。～
書体とデザインの良い関係

小塚ゴシック M

書体とデザインの良い関係？！、，。～／：…「（※＆
書体とデザインの良い関係？！、，。～
書体とデザインの良い関係

和文書体

＊12Q・16Q・24Q

ナウ GM

書体とデザインの良い関係？！、，。〜／：…「(※&

書体とデザインの良い関係？！、，。〜

書体とデザインの良い関係

ナウ GB

書体とデザインの良い関係？！、，。〜／：…「(※&

書体とデザインの良い関係？！、，。〜

書体とデザインの良い関係

ナウ GU

書体とデザインの良い関係？！、，。〜／：…「(※&

書体とデザインの良い関係？！、，。〜

書体とデザインの良い関係

石井ゴシック M

書体とデザインの良い関係？！、，。〜／：…「(※&

書体とデザインの良い関係？！、，。〜

書体とデザインの良い関係

石井ゴシック B

書体とデザインの良い関係？！、，。〜／：…「(※&

書体とデザインの良い関係？！、，。〜

書体とデザインの良い関係

MS ゴシック

書体とデザインの良い関係？！、，。〜／：…「(※&

書体とデザインの良い関係？！、，。〜

書体とデザインの良い関係

メイリオ Regular

書体とデザインの良い関係？！、，。〜／：…「(※&

書体とデザインの良い関係？！、，。〜

書体とデザインの良い関係

ニューセザンヌ M

書体とデザインの良い関係？！、，。〜／：…「(※&

書体とデザインの良い関係？！、，。〜

書体とデザインの良い関係

ニューセザンヌ B

書体とデザインの良い関係？！、，。〜／：…「(※&

書体とデザインの良い関係？！、，。〜

書体とデザインの良い関係

筑紫ゴシック R

書体とデザインの良い関係？！、，。〜／：…「(※&

書体とデザインの良い関係？！、，。〜

書体とデザインの良い関係

筑紫ゴシック D

書体とデザインの良い関係？！、，。〜／：…「(※&

書体とデザインの良い関係？！、，。〜

書体とデザインの良い関係

筑紫ゴシック E

書体とデザインの良い関係？！、，。〜／：…「(※&

書体とデザインの良い関係？！、，。〜

書体とデザインの良い関係

筑紫オールドゴシック B

書体とデザインの良い関係？！、，。〜／：…「(※&

書体とデザインの良い関係？！、，。〜

書体とデザインの良い関係

游ゴシック体 R

書体とデザインの良い関係？！、，。〜／：…「(※&

書体とデザインの良い関係？！、，。〜

書体とデザインの良い関係

游ゴシック体 D

書体とデザインの良い関係？！、，。〜／：…「(※&

書体とデザインの良い関係？！、，。〜

書体とデザインの良い関係

A1 ゴシック R

書体とデザインの良い関係？！、，。〜／：…「(※&

書体とデザインの良い関係？！、，。〜

書体とデザインの良い関係

＊12Q・16Q・24Q

A1ゴシック B

書体とデザインの良い関係？！、，。〜／：…「(※&
書体とデザインの良い関係？！、，。〜
書体とデザインの良い関係

凸版文久ゴシック R

書体とデザインの良い関係？！、，。〜／：…「(※&
書体とデザインの良い関係？！、，。〜
書体とデザインの良い関係

凸版文久見出しゴシック

書体とデザインの良い関係？！、，。〜／：…「(※&
書体とデザインの良い関係？！、，。〜
書体とデザインの良い関係

こぶりなゴシック W3

書体とデザインの良い関係？！、，。〜／：…「(※&
書体とデザインの良い関係？！、，。〜
書体とデザインの良い関係

こぶりなゴシック W6

書体とデザインの良い関係？！、，。〜／：…「(※&
書体とデザインの良い関係？！、，。〜
書体とデザインの良い関係

源ノ角ゴシック Light

書体とデザインの良い関係？！、，。〜／：...「(※&
書体とデザインの良い関係？！、，。〜
書体とデザインの良い関係

源ノ角ゴシック Regular

書体とデザインの良い関係？！、，。〜／：...「(※&
書体とデザインの良い関係？！、，。〜
書体とデザインの良い関係

源ノ角ゴシック Bold

書体とデザインの良い関係？！、，。〜／：...「(※&
書体とデザインの良い関係？！、，。〜
書体とデザインの良い関係

毎日新聞ゴシック ＊平体80％で使用

書体とデザインの良い関係？！、，。〜／：…「(※&
書体とデザインの良い関係？！、，。〜
書体とデザインの良い関係

DNP 秀英角ゴシック金 M

書体とデザインの良い関係？！、，。〜／：…「(※&
書体とデザインの良い関係？！、，。〜
書体とデザインの良い関係

新聞特太ゴシック E

書体とデザインの良い関係？！、，。〜／：…「(※&
書体とデザインの良い関係？！、，。〜
書体とデザインの良い関係

ヒラギノ UD 角ゴ W4

書体とデザインの良い関係？！、，。〜／：…「(※&
書体とデザインの良い関係？！、，。〜
書体とデザインの良い関係

UD 角ゴラージ M

書体とデザインの良い関係？！、，。〜／：…「(※&
書体とデザインの良い関係？！、，。〜
書体とデザインの良い関係

UD 角ゴラージ B

書体とデザインの良い関係？！、，。〜／：…「(※&
書体とデザインの良い関係？！、，。〜
書体とデザインの良い関係

良寛 GB

しょたいとデザインのよいかんけい？！、，。〜／：
しょたいとデザインのよいかんけい、。
しょたいとデザインのよい

築地 GB

しょたいとデザインのよいかんけい？！、，。〜／：
しょたいとデザインのよいかんけい、。
しょたいとデザインのよい

▼その他の書体（12Q・16Q・24Q）

ナウ MM

書体とデザインの良い関係？！、，。～／：…「(※&

書体とデザインの良い関係？！、，。～

書体とデザインの良い関係

ナウ MU

書体とデザインの良い関係？！、，。～／：…「(※&

書体とデザインの良い関係？！、，。～

書体とデザインの良い関係

ヒラギノ丸ゴ W4

書体とデザインの良い関係？！、，。～／：…「(※&

書体とデザインの良い関係？！、，。～

書体とデザインの良い関係

じゅん 101

書体とデザインの良い関係？！、，。～／：…「(※&

書体とデザインの良い関係？！、，。～

書体とデザインの良い関係

中太楷書体

書体とデザインの良い関係？！、，。～／：…「(※&

書体とデザインの良い関係？！、，。～

書体とデザインの良い関係

グレコ B

書体とデザインの良い関係？！、，。～／：…「(※&

書体とデザインの良い関係？！、，。～

書体とデザインの良い関係

ヒラギノ行書 W8

書体とデザインの良い関係？！、，。～／：…「(※&

書体とデザインの良い関係？！、，。～

書体とデザインの良い関係

祥南行書体 W5

書体とデザインの良い関係？！、，。～／：…「(※&

書体とデザインの良い関係？！、，。～

書体とデザインの良い関係

游教科書体 横用 M

書体とデザインの良い関係？！、，。～／：…「(※&

書体とデザインの良い関係？！、，。～

書体とデザインの良い関係

ユトリロ DB

書体とデザインの良い関係？！、，。～／：…「(※&

書体とデザインの良い関係？！、，。～

書体とデザインの良い関係

勘亭流

書体とデザインの良い関係？！、，。～／：…「(※&

書体とデザインの良い関係？！、，。～

書体とデザインの良い関係

フォーク M

書体とデザインの良い関係？！、，。～／：…「(※&

書体とデザインの良い関係？！、，。～

書体とデザインの良い関係

解ミン宙 B

書体とデザインの良い関係？！、，。～／：…「(※&

書体とデザインの良い関係？！、，。～

書体とデザインの良い関係

タカハンド DB

書体とデザインの良い関係？！、，。～／：…「(※&

書体とデザインの良い関係？！、，。～

書体とデザインの良い関係

プリティー桃

書体とデザインの良い関係？！、，。～／：…「(※&

書体とデザインの良い関係？！、，。～

書体とデザインの良い関係

＊12Q・16Q・24Q

トンネル 細線

書体とデザインの良い関係？！、，。～／：…「(※&

書体とデザインの良い関係？！、，。～

書体とデザインの良い関係

ぽってり M

書体とデザインの良い関係？！、，。～／：…「(※&

書体とデザインの良い関係？！、，。～

書体とデザインの良い関係

新ゴライン

書体とデザインの良い関係？！、，。～／：…「(※&

書体とデザインの良い関係？！、，。～

書体とデザインの良い関係

新丸ゴシャドウ

書体とデザインの良い関係？！、，。～／：…「(※&

書体とデザインの良い関係？！、，。～

書体とデザインの良い関係

ナール E

書体とデザインの良い関係？！、，。～／：…「(※&

書体とデザインの良い関係？！、，。～

書体とデザインの良い関係

スキップ D

書体とデザインの良い関係？！、，。～／：…「(※&

書体とデザインの良い関係？！、，。～

書体とデザインの良い関係

ハミング B

書体とデザインの良い関係？！、，。～／：…「(※&

書体とデザインの良い関係？！、，。～

書体とデザインの良い関係

スーシャ H

書体とデザインの良い関係？！、，。～／：…「(※&

書体とデザインの良い関係？！、，。～

書体とデザインの良い関係

パール L

書体とデザインの良い関係？！、，。～／：…「(※&

書体とデザインの良い関係？！、，。～

書体とデザインの良い関係

ヒラギノ UD 丸ゴ W5

書体とデザインの良い関係？！、，。～／：…「(※&

書体とデザインの良い関係？！、，。～

書体とデザインの良い関係

UD 丸ゴラージ M

書体とデザインの良い関係？！、，。～／：…「(※&

書体とデザインの良い関係？！、，。～

書体とデザインの良い関係

UD 丸ゴラージ B

書体とデザインの良い関係？！、，。～／：…「(※&

書体とデザインの良い関係？！、，。～

書体とデザインの良い関係

UD タイポス 512

書体とデザインの良い関係？！、，。～／：…「(※&

書体とデザインの良い関係？！、，。～

書体とデザインの良い関係

曽蘭太隷書 B

書体とデザインの良い関係？！、，。～／：…「(※&

書体とデザインの良い関係？！、，。～

書体とデザインの良い関係

白舟太篆書 D

書体とデザインの良い関係？！、，。～／：…「(※&

書体とデザインの良い関係？！、，。～

書体とデザインの良い関係

万葉古印ラージ B

書体とデザインの良い関係？！、，。～／：…「(※&

書体とデザインの良い関係？！、，。～

書体とデザインの良い関係

欧文書体

▼和文書体の従属欧文(16Q)

ヒラギノ明朝 W3
abcdefghijklmnopqrstuvwx 1234567890
ABCDEFGHIJKLMNOPQRSTUVWXYZ

ヒラギノ明朝 W6
abcdefghijklmnopqrstuv 1234567890
ABCDEFGHIJKLMNOPQRSTUVWXYZ

リュウミン L-KL
abcdefghijklmnopqrstuvwxyz 1234567890
ABCDEFGHIJKLMNOPQRSTUVWXYZ

リュウミン R-KL
abcdefghijklmnopqrstuvwxyz 1234567890
ABCDEFGHIJKLMNOPQRSTUVWXYZ

リュウミン M-KL
abcdefghijklmnopqrstuvwxyz 1234567890
ABCDEFGHIJKLMNOPQRSTUVWXYZ

太ミン A101
abcdefghijklmnopqrstuvwxyz 1234567890
ABCDEFGHIJKLMNOPQRSTUVWXYZ

見出ミン MA31
abcdefghijklmnopqrstuvwxyz 1234567890
ABCDEFGHIJKLMNOPQRSTUVWXYZ

小塚明朝 R
abcdefghijklmnopqrstuvwxy 1234567890
ABCDEFGHIJKLMNOPQRSTUVWXYZ

小塚明朝 M
abcdefghijklmnopqrstuvwx 1234567890
ABCDEFGHIJKLMNOPQRSTUVWXYZ

本明朝 M
abcdefghijklmnopqrstuvwxyz 1234567890
ABCDEFGHIJKLMNOPQRSTUVWXYZ

本明朝 E
abcdefghijklmnopqrstuv 1234567890
ABCDEFGHIJKLMNOPQRSTUVWX

石井明朝 M
abcdefghijklmnopqrstuvwxyz 1234567890
ABCDEFGHIJKLMNOPQRSTUVWXYZ

石井明朝 B
abcdefghijklmnopqrstuvwxy 1234567890
ABCDEFGHIJKLMNOPQRSTUVWXY

MS 明朝
abcdefghijklmnopqrstuvwxyz 1234567890
ABCDEFGHIJKLMNOPQRSTUVWXYZ

マティス M
abcdefghijklmnopqrstuvw 1234567890
ABCDEFGHIJKLMNOPQRSTUVWXYZ

筑紫明朝 R
abcdefghijklmnopqrstuvwxyz 1234567890
ABCDEFGHIJKLMNOPQRSTUVWXYZ

筑紫明朝 M
abcdefghijklmnopqrstuvwxyz 1234567890
ABCDEFGHIJKLMNOPQRSTUVWXYZ

筑紫 A 見出ミン／筑紫 B 見出ミン
abcdefghijklmnopqrstuvwx 1234567890
ABCDEFGHIJKLMNOPQRSTUVWXY

游明朝体 R
abcdefghijklmnopqrstuvwxyz 1234567890
ABCDEFGHIJKLMNOPQRSTUVWXYZ

游明朝体 D
abcdefghijklmnopqrstuvwxyz 1234567890
ABCDEFGHIJKLMNOPQRSTUVWXYZ

A1 明朝 R
abcdefghijklmnopqrstuvwxyz 1234567890
ABCDEFGHIJKLMNOPQRSTUVWXYZ

A1 明朝 M
abcdefghijklmnopqrstuvwxyz 1234567890
ABCDEFGHIJKLMNOPQRSTUVWXYZ

凸版文久明朝
abcdefghijklmnopqrstuvwxyz 1234567890
ABCDEFGHIJKLMNOPQRSTUVWXYZ

凸版文久見出し明朝
abcdefghijklmnopqrstuv 1234567890
ABCDEFGHIJKLMNOPQRSTUVWXYZ

黎ミン M
abcdefghijklmnopqrstuv 1234567890
ABCDEFGHIJKLMNOPQRSTUVWXY

黎ミン B
abcdefghijklmnopqrstuv 1234567890
ABCDEFGHIJKLMNOPQRSTUVWXY

源ノ明朝 Light
abcdefghijklmnopqrstuvwx 1234567890
ABCDEFGHIJKLMNOPQRSTUVWXYZ

＊16Q

源ノ明朝 Regular
abcdefghijklmnopqrstuvwx 1234567890
ABCDEFGHIJKLMNOPQRSTUVWXYZ

源ノ明朝 Bold
abcdefghijklmnopqrstuv 1234567890
ABCDEFGHIJKLMNOPQRSTUVWXYZ

しっぽり明朝 Regular
abcdefghijklmnopqrstuvwxy 1234567890
ABCDEFGHIJKLMNOPQRSTUVWXY

しっぽり明朝 Bold
abcdefghijklmnopqrstuv 1234567890
ABCDEFGHIJKLMNOPQRSTUVWX

筑紫 Aヴィンテージ明 L R
abcdefghijklmnopqrstuvwxyz 1234567890
ABCDEFGHIJKLMNOPQRSTUVWXYZ

イワタ新聞明朝体 R
abcdefghijklmnopqrstuvwxyz 1234567890
ABCDEFGHIJKLMNOPQRSTUVWXYZ

DNP 秀英明朝 L
abcdefghijklmnopqrstuvwxyz 1234567890
ABCDEFGHIJKLMNOPQRSTUVWXYZ

DNP 秀英明朝 B
abcdefghijklmnopqrstuvwxyz 1234567890
ABCDEFGHIJKLMNOPQRSTUVWXYZ

DNP 秀英初号明朝 Hv
abcdefghijklmnopqrstuvwx 1234567890
ABCDEFGHIJKLMNOPQRSTUVWXYZ

新聞特太明朝 E
abcdefghijklmnopqrstu 1234567890
ABCDEFGHIJKLMNOPQRSTUVWX

ヒラギノ UD 明朝 W4
abcdefghijklmnopqrstuvw 1234567890
ABCDEFGHIJKLMNOPQRSTUVWXYZ

UD 明朝 M
abcdefghijklmnopqrstuvwxy 1234567890
ABCDEFGHIJKLMNOPQRSTUVWXYZ

游築 36 ポ仮名 W5
abcdefghijklmnopqrstuvw 1234567890
ABCDEFGHIJKLMNOPQRSTUVWXYZ

游築 36 ポ仮名 W7
abcdefghijklmnopqrstuv 1234567890
ABCDEFGHIJKLMNOPQRSTUVWXY

ヒラギノ角ゴ W3
abcdefghijklmnopqrstuv 1234567890
ABCDEFGHIJKLMNOPQRSTUVWXYZ

ヒラギノ角ゴ W6
abcdefghijklmnopqrs 1234567890
ABCDEFGHIJKLMNOPQRSTUVWXY

ヒラギノ角ゴ W8
abcdefghijklmnop 1234567890
ABCDEFGHIJKLMNOPQRSTUVW

中ゴシック BBB Medium
abcdefghijklmnopqrstuvwxy 1234567890
ABCDEFGHIJKLMNOPQRSTUVWXYZ

太ゴ B101 Bold
abcdefghijklmnopqrstuvwxyz 1234567890
ABCDEFGHIJKLMNOPQRSTUVWXYZ

見出ゴ MB31
abcdefghijklmnopqrstuvwxy 1234567890
ABCDEFGHIJKLMNOPQRSTUVWXYZ

ゴシック MB101B
abcdefghijklmnopqr 1234567890
ABCDEFGHIJKLMNOPQRSTUVW

ゴシック MB101 H
abcdefghijklmnopqr 1234567890
ABCDEFGHIJKLMNOPQRSTUVW

新ゴ L
abcdefghijklmnopqrst 1234567890
ABCDEFGHIJKLMNOPQRSTUVWXY

新ゴ R
abcdefghijklmnopqrst 1234567890
ABCDEFGHIJKLMNOPQRSTUVWXY

新ゴ M
abcdefghijklmnopqrst 1234567890
ABCDEFGHIJKLMNOPQRSTUVWXY

新ゴ B
abcdefghijklmnopq 1234567890
ABCDEFGHIJKLMNOPQRSTUVW

ゴナ E
abcdefghijklmn 1234567890
ABCDEFGHIJKLMNOPQRSTU

小塚ゴシック R
abcdefghijklmnopqrstuvwxyz 1234567890
ABCDEFGHIJKLMNOPQRSTUVWXYZ

欧文書体

＊16Q

小塚ゴシック M

abcdefghijklmnopqrstuvwxy 1234567890
ABCDEFGHIJKLMNOPQRSTUVWXYZ

ナウ GM

abcdefghijklmnopqrstu 1234567890
ABCDEFGHIJKLMNOPQRSTUVWXYZ

ナウ GB

abcdefghijklmnopqrst 1234567890
ABCDEFGHIJKLMNOPQRSTUVWXYZ

ナウ GU

abcdefghijklmnop1234567890
ABCDEFGHIJKLMNOPQRSTUVW

石井ゴシック M

abcdefghijklmnopqrstuvwxy 1234567890
ABCDEFGHIJKLMNOPQRSTUVWXYZ

石井ゴシック B

abcdefghijklmnopqrstuvwxy 1234567890
ABCDEFGHIJKLMNOPQRSTUVWXYZ

MS ゴシック

abcdefghijklmnopqrstuvwxyz 1234567890
ABCDEFGHIJKLMNOPQRSTUVWXYZ

メイリオ Regular

abcdefghijklmnopqrstuvw 1234567890
ABCDEFGHIJKLMNOPQRSTUVWXYZ

ニューセザンヌ M

abcdefghijklmnopqrstuv 1234567890
ABCDEFGHIJKLMNOPQRSTUVWXYZ

ニューセザンヌ B

abcdefghijklmnopqrs 1234567890
ABCDEFGHIJKLMNOPQRSTUVW

筑紫ゴシック R

abcdefghijklmnopqrstuvwxyz1234567890
ABCDEFGHIJKLMNOPQRSTUVWXYZ

筑紫ゴシック D

abcdefghijklmnopqrstuvwxy 1234567890
ABCDEFGHIJKLMNOPQRSTUVWXYZ

筑紫ゴシック E

abcdefghijklmnopqrst 1234567890
ABCDEFGHIJKLMNOPQRSTUVWX

筑紫オールドゴシック B

abcdefghijklmnopqrstuvwxyz 1234567890
ABCDEFGHIJKLMNOPQRSTUVWXYZ

游ゴシック体 R

abcdefghijklmnopqrstuvwxyz 1234567890
ABCDEFGHIJKLMNOPQRSTUVWXYZ

游ゴシック体 D

abcdefghijklmnopqrstuvwxy 1234567890
ABCDEFGHIJKLMNOPQRSTUVWXYZ

A1 ゴシック R

abcdefghijklmnopqrstuvwxyz 1234567890
ABCDEFGHIJKLMNOPQRSTUVWXYZ

A1 ゴシック B

abcdefghijklmnopqrstuv 1234567890
ABCDEFGHIJKLMNOPQRSTUVWXYZ

凸版文久ゴシック R

abcdefghijklmnopqrstuvw 1234567890
ABCDEFGHIJKLMNOPQRSTUVWXY

凸版文久見出しゴシック

abcdefghijklmnopqrstuv 1234567890
ABCDEFGHIJKLMNOPQRSTUVWXYZ

こぶりなゴシック W3

abcdefghijklmnopqrstuvwxyz 1234567890
ABCDEFGHIJKLMNOPQRSTUVWXYZ

こぶりなゴシック W6

abcdefghijklmnopqrstuvwxyz 1234567890
ABCDEFGHIJKLMNOPQRSTUVWXYZ

源ノ角ゴシック Light

abcdefghijklmnopqrstuvwxyz 1234567890
ABCDEFGHIJKLMNOPQRSTUVWXYZ

源ノ角ゴシック Regular

abcdefghijklmnopqrstuvwxy 1234567890
ABCDEFGHIJKLMNOPQRSTUVWXYZ

源ノ角ゴシック Bold

abcdefghijklmnopqrstuvw 1234567890
ABCDEFGHIJKLMNOPQRSTUVWXYZ

毎日新聞ゴシック

abcdefghijklmnopqrstuvwxyz1234567890
ABCDEFGHIJKLMNOPQRSTUVWXYZ

DNP 秀英角ゴシック金 M

abcdefghijklmnopqrstuvw 1234567890
ABCDEFGHIJKLMNOPQRSTUVWXYZ

新聞特太ゴシック E

abcdefghijklmnopqr 1234567890
ABCDEFGHIJKLMNOPQRSTUVW

＊16Q

ヒラギノ UD 角ゴ W4
abcdefghijklmnopqrstuv 1234567890
ABCDEFGHIJKLMNOPQRSTUVWXYZ

UD 角ゴラージ M
abcdefghijklmnopqrstuv 1234567890
ABCDEFGHIJKLMNOPQRSTUVWXYZ

UD 角ゴラージ B
abcdefghijklmnopqrst 1234567890
ABCDEFGHIJKLMNOPQRSTUVWXY

ナウ MM
abcdefghijklmnopqrs 1234567890
ABCDEFGHIJKLMNOPQRSTUVWX

ナウ MU
abcdefghijklmnop 1234567890
ABCDEFGHIJKLMNOPQRSTUV

ヒラギノ丸ゴ W4
abcdefghijklmnopqrstuv 1234567890
ABCDEFGHIJKLMNOPQRSTUVWXYZ

じゅん 101
abcdefghijklmnopqrstuvw 1234567890
ABCDEFGHIJKLMNOPQRSTUVWXYZ

中太楷書体
abcdefghijklmnopqrstuvwxyz 1234567890
ABCDEFGHIJKLMNOPQRSTUVWXYZ

グレコ B
abcdefghijklmnopqrstuvwxyz 1234567890
ABCDEFGHIJKLMNOPQRSTUVWXYZ

ヒラギノ行書 W8
abcdefghijklmnopqrstuvw 1234567890
ABCDEFGHIJKLMNOPQRSTUVWXYZ

游教科書体 横用 M
abcdefghijklmnopqrstuvwx 1234567890
ABCDEFGHIJKLMNOPQRSTUVWXYZ

ユトリロ DB
abcdefghijklmnopqrstuvwx 1234567890
ABCDEFGHIJKLMNOPQRSTUVWXYZ

勘亭流
abcdefghijklmnopqrstuv 1234567890
ABCDEFGHIJKLMNOPQRSTUVWXYZ

フォーク M
abcdefghijklmnopqrstuvw 1234567890
ABCDEFGHIJKLMNOPQRSTUVWXYZ

解ミン宙 B
abcdefghijklmnopqrstuvw 1234567890
ABCDEFGHIJKLMNOPQRSTUVWXYZ

タカハンド DB
abcdefghijklmnopqrstuvwx 1234567890
ABCDEFGHIJKLMNOPQRSTUVWXYZ

プリティー桃
abcdefghijklmnopqrst 1234567890
ABCDEFGHIJKLMNOPQRSTUVWXYZ

トンネル 細線
abcdefghijklmnopqr 1234567890
ABCDEFGHIJKLMNOPQRSTUVW

ぽってり M
abcdefghijklmnopqrstuv 1234567890
ABCDEFGHIJKLMNOPQRSTUVWXYZ

新ゴライン
abcdefghijklmnop 1234567890
ABCDEFGHIJKLMNOPQRSTUVW

新丸ゴシャドウ
abcdefghijklmnopqrstu 1234567890
ABCDEFGHIJKLMNOPQRSTUVWXY

ナール E
abcdefghijklmno 1234567890
ABCDEFGHIJKLMNOPQRSTUV

スキップ D
abcdefghijklmnopqrstu 1234567890
ABCDEFGHIJKLMNOPQRSTUVWXY

ハミング B
abcdefghijklmnopqrs 1234567890
ABCDEFGHIJKLMNOPQRSTUVW

スーシャ H
abcdefghijklmnopqr 1234567890
ABCDEFGHIJKLMNOPQRSTUVW

パール L
abcdefghijklmnopqrstuvwxyz 1234567890
ABCDEFGHIJKLMNOPQRSTUVWXYZ

ヒラギノ UD 丸ゴ W5
abcdefghijklmnopqrstuvw 1234567890
ABCDEFGHIJKLMNOPQRSTUVWXYZ

UD 丸ゴラージ M
abcdefghijklmnopqr 1234567890
ABCDEFGHIJKLMNOPQRSTUVW

欧文書体

＊16Q

UD 丸ゴラージ B

abcdefghijklmnopqr 1234567890
ABCDEFGHIJKLMNOPQRSTUVW

UD タイポス 512

abcdefghijklmnopqr 1234567890
ABCDEFGHIJKLMNOPQRSTUVWX

曽蘭太隷書 B

abcdefghijklmnopqrstuvwx 1234567890
ABCDEFGHIJKLMNOPQRSTUVWXYZ

白舟太篆書 D

abcdefghijklmnopqrstu 1234567890
ABCDEFGHIJKLMNOPQRSTUVWXYZ

万葉古印ラージ B

abcdefghijklmnopqrstuvwx 1234567890
ABCDEFGHIJKLMNOPQRSTUVWXYZ

▼欧文書体（16Q）

American Typewriter Regular

abcdefghijklmnopqrstuvw 1234567890
ABCDEFGHIJKLMNOPQRSTUVWXYZ

American Typewriter Bold

abcdefghijklmnopqrstu 1234567890
ABCDEFGHIJKLMNOPQRSTUVWXY

Apple Chancery

abcdefghijklmnopqrstuvwxyz 1234567890
ABCDEFGHIJKLMNOPQRSTUVWXYZ

Arial Regular

abcdefghijklmnopqrstuvwxyz 1234567890
ABCDEFGHIJKLMNOPQRSTUVWXYZ

Arial Italic

abcdefghijklmnopqrstuvwxyz 1234567890
ABCDEFGHIJKLMNOPQRSTUVWXYZ

Arial Bold

abcdefghijklmnopqrstuvwx 1234567890
ABCDEFGHIJKLMNOPQRSTUVWXYZ

Arial Bold Italic

abcdefghijklmnopqrstuvwx 1234567890
ABCDEFGHIJKLMNOPQRSTUVWXYZ

Arial Rounded Bold

abcdefghijklmnopqrstuvw 1234567890
ABCDEFGHIJKLMNOPQRSTUVWXYZ

Baskerville Regular

abcdefghijklmnopqrstuvwxyz 1234567890
ABCDEFGHIJKLMNOPQRSTUVWXYZ

Baskerville Italic

abcdefghijklmnopqrstuvwxyz 1234567890
ABCDEFGHIJKLMNOPQRSTUVWXYZ

Baskerville SemiBold

abcdefghijklmnopqrstuvwxyz 1234567890
ABCDEFGHIJKLMNOPQRSTUVWXYZ

Baskerville SemiBold Italic

abcdefghijklmnopqrstuvwxyz 1234567890
ABCDEFGHIJKLMNOPQRSTUVWXYZ

Baskerville Bold

abcdefghijklmnopqrstuvwx 1234567890
ABCDEFGHIJKLMNOPQRSTUVWXYZ

Baskerville Bold Italic

abcdefghijklmnopqrstuvwxy 1234567890
ABCDEFGHIJKLMNOPQRSTUVWXYZ

Bernhard Modern Roman

abcdefghijklmnopqrstuvwxyz 1234567890
ABCDEFGHIJKLMNOPQRSTUVWXYZ

Bernhard Modern Italic

abcdefghijklmnopqrstuvwxyz 1234567890
ABCDEFGHIJKLMNOPQRSTUVWXYZ

Bernhard Modern Bold

abcdefghijklmnopqrstuvwxyz 1234567890
ABCDEFGHIJKLMNOPQRSTUVWXYZ

Bernhard Modern Bold Italic

abcdefghijklmnopqrstuvwxyz 1234567890
ABCDEFGHIJKLMNOPQRSTUVWXYZ

Bodoni Book

abcdefghijklmnopqrstuvwxyz 1234567890
ABCDEFGHIJKLMNOPQRSTUVWXYZ

Bodoni Book Italic

abcdefghijklmnopqrstuvwxyz 1234567890
ABCDEFGHIJKLMNOPQRSTUVWXYZ

Bodoni Roman

abcdefghijklmnopqrstuvwxyz 1234567890
ABCDEFGHIJKLMNOPQRSTUVWXYZ

Bodoni Italic

abcdefghijklmnopqrstuvwxyz 1234567890
ABCDEFGHIJKLMNOPQRSTUVWXYZ

＊16Q

Bodoni Bold

abcdefghijklmnopqrstuvwxyz 1234567890
ABCDEFGHIJKLMNOPQRSTUVWXYZ

Bodoni Bold Italic

abcdefghijklmnopqrstuvwxyz 1234567890
ABCDEFGHIJKLMNOPQRSTUVWXYZ

Bookman Roman

abcdefghijklmnopqrstuvwxyz 1234567890
ABCDEFGHIJKLMNOPQRSTUVWXYZ

Bookman Italic

abcdefghijklmnopqrstuvwxyz 1234567890
ABCDEFGHIJKLMNOPQRSTUVWXYZ

Blush Script Medium

abcdefghijklmnopqrstuvwxyz 1234567890
ABCDEFGHIJKLMNOPQRSTUVWXY

Adobe Caslon Regular

abcdefghijklmnopqrstuvwxyz 1234567890
ABCDEFGHIJKLMNOPQRSTUVWXYZ

Adobe Caslon Italic

abcdefghijklmnopqrstuvwxyz 1234567890
ABCDEFGHIJKLMNOPQRSTUVWXYZ

Adobe Caslon SemiBold

abcdefghijklmnopqrstuvwxyz 1234567890
ABCDEFGHIJKLMNOPQRSTUVWXYZ

Adobe Caslon SemiBold Italic

abcdefghijklmnopqrstuvwxyz 1234567890
ABCDEFGHIJKLMNOPQRSTUVWXYZ

Adobe Caslon Bold

abcdefghijklmnopqrstuvwxyz 1234567890
ABCDEFGHIJKLMNOPQRSTUVWXYZ

Adobe Caslon Bold Italic

abcdefghijklmnopqrstuvwxyz 1234567890
ABCDEFGHIJKLMNOPQRSTUVWXYZ

Century Gothic Regular

abcdefghijklmnopqrstuvwx 1234567890
ABCDEFGHIJKLMNOPQRSTUVWXYZ

Century Gothic Italic

abcdefghijklmnopqrstuvwx 1234567890
ABCDEFGHIJKLMNOPQRSTUVWXYZ

Century Gothic Bold

abcdefghijklmnopqrstuvwx 1234567890
ABCDEFGHIJKLMNOPQRSTUVWXYZ

Century Gothic Bold Italic

abcdefghijklmnopqrstuvwx 1234567890
ABCDEFGHIJKLMNOPQRSTUVWXYZ

Century Old Style Regular

abcdefghijklmnopqrstuvwxyz 1234567890
ABCDEFGHIJKLMNOPQRSTUVWXYZ

Century Old Style Italic

abcdefghijklmnopqrstuvwxyz 1234567890
ABCDEFGHIJKLMNOPQRSTUVWXYZ

Century Old Style Bold

abcdefghijklmnopqrstuvw 1234567890
ABCDEFGHIJKLMNOPQRSTUVWXYZ

Charcoal Regular

abcdefghijklmnopqrstuvw 1234567890
ABCDEFGHIJKLMNOPQRSTUVWXYZ

Cooper Black

abcdefghijklmnopqrst 1234567890
ABCDEFGHIJKLMNOPQRSTUVWX

Copperplate Light

ABCDEFGHIJKLMNOPQRSTUV 1234567890
ABCDEFGHIJKLMNOPQRSTUVWXYZ

Copperplate Regular

ABCDEFGHIJKLMNOPQRSTUV 1234567890
ABCDEFGHIJKLMNOPQRSTUVWXYZ

Copperplate Bold

ABCDEFGHIJKLMNOPQRSTU 1234567890
ABCDEFGHIJKLMNOPQRSTUVWXYZ

Courier Regular

abcdefghijklmnopqrstu 1234567890
ABCDEFGHIJKLMNOPQRSTUVWXYZ

Courier Oblique

abcdefghijklmnopqrstu 1234567890
ABCDEFGHIJKLMNOPQRSTUVWXYZ

Courier Bold

abcdefghijklmnopqrstu 1234567890
ABCDEFGHIJKLMNOPQRSTUVWXYZ

Courier Bold Oblique

abcdefghijklmnopqrstu 1234567890
ABCDEFGHIJKLMNOPQRSTUVWXYZ

Didot Regular

abcdefghijklmnopqrstuvwxyz 1234567890
ABCDEFGHIJKLMNOPQRSTUVWXYZ

＊16Q

Didot Italic

abcdefghijklmnopqrstuvwxyz 1234567890
ABCDEFGHIJKLMNOPQRSTUVWXYZ

Didot Bold

abcdefghijklmnopqrstuvwxy 1234567890
ABCDEFGHIJKLMNOPQRSTUVWXYZ

Edwardian Script ITC Regular

abcdefghijklmnopqrstuvwxyz 1234567890
ABCDEFGHIJKLMNOPQRSTUVW

Engravers' Old English

abcdefghijklmnopqrstuvwxyz 1234567890
ABCDEFGHIJKLMNOPQRSTUVWXYZ

Futura Medium

abcdefghijklmnopqrstuvwxyz 1234567890
ABCDEFGHIJKLMNOPQRSTUVWXYZ

Futura Medium Italic

abcdefghijklmnopqrstuvwxyz 1234567890
ABCDEFGHIJKLMNOPQRSTUVWXYZ

Futura Bold

abcdefghijklmnopqrstuv 1234567890
ABCDEFGHIJKLMNOPQRSTUVWXYZ

Futura Bold Oblique

abcdefghijklmnopqrstuv 1234567890
ABCDEFGHIJKLMNOPQRSTUVWXYZ

Adobe Garamond Regular

abcdefghijklmnopqrstuvwxyz 1234567890
ABCDEFGHIJKLMNOPQRSTUVWXYZ

Adobe Garamond Italic

abcdefghijklmnopqrstuvwxyz 1234567890
ABCDEFGHIJKLMNOPQRSTUVWXYZ

Adobe Garamond Semibold

abcdefghijklmnopqrstuvwxyz 1234567890
ABCDEFGHIJKLMNOPQRSTUVWXYZ

Adobe Garamond Semibold Italic

abcdefghijklmnopqrstuvwxyz 1234567890
ABCDEFGHIJKLMNOPQRSTUVWXYZ

Adobe Garamond Bold

abcdefghijklmnopqrstuvwxyz 1234567890
ABCDEFGHIJKLMNOPQRSTUVWXYZ

Adobe Garamond Bold Italic

abcdefghijklmnopqrstuvwxyz 1234567890
ABCDEFGHIJKLMNOPQRSTUVWXYZ

Gill Sans Light

abcdefghijklmnopqrstuvwxyz 1234567890
ABCDEFGHIJKLMNOPQRSTUVWXYZ

Gill Sans Light Italic

abcdefghijklmnopqrstuvwxyz 1234567890
ABCDEFGHIJKLMNOPQRSTUVWXYZ

Gill Sans Regular

abcdefghijklmnopqrstuvwxyz 1234567890
ABCDEFGHIJKLMNOPQRSTUVWXYZ

Gill Sans Italic

abcdefghijklmnopqrstuvwxyz 1234567890
ABCDEFGHIJKLMNOPQRSTUVWXYZ

Gill Sans Bold

abcdefghijklmnopqrstuv 1234567890
ABCDEFGHIJKLMNOPQRSTUVWXY

Gill Sans Bold Italic

abcdefghijklmnopqrstuvwx 1234567890
ABCDEFGHIJKLMNOPQRSTUVWXYZ

Goudy Old Style Roman

abcdefghijklmnopqrstuvwxyz 1234567890
ABCDEFGHIJKLMNOPQRSTUVWXYZ

Goudy Old Style Italic

abcdefghijklmnopqrstuvwxyz 1234567890
ABCDEFGHIJKLMNOPQRSTUVWXYZ

Goudy Old Style Bold

abcdefghijklmnopqrstuvwxyz 1234567890
ABCDEFGHIJKLMNOPQRSTUVWXYZ

Goudy Old Style Bold Italic

abcdefghijklmnopqrstuvwxyz 1234567890
ABCDEFGHIJKLMNOPQRSTUVWXYZ

Goudy Old Style Extra Black

abcdefghijklmnopqrstuvwxyz 1234567890
ABCDEFGHIJKLMNOPQRSTUVWXYZ

Helvetica Neue Ultra Light

abcdefghijklmnopqrstuvwxyz 1234567890
ABCDEFGHIJKLMNOPQRSTUVWXYZ

Helvetica Neue Ultra Light Italic

abcdefghijklmnopqrstuvwxyz 1234567890
ABCDEFGHIJKLMNOPQRSTUVWXYZ

Helvetica Neue Light

abcdefghijklmnopqrstuvwxyz 1234567890
ABCDEFGHIJKLMNOPQRSTUVWXYZ

＊16Q

Helvetica Neue Light Italic

abcdefghijklmnopqrstuvwxyz 1234567890
ABCDEFGHIJKLMNOPQRSTUVWXYZ

Helvetica Neue Regular

abcdefghijklmnopqrstuvwxyz 1234567890
ABCDEFGHIJKLMNOPQRSTUVWXYZ

Helvetica Neue Italic

abcdefghijklmnopqrstuvwxyz 1234567890
ABCDEFGHIJKLMNOPQRSTUVWXYZ

Helvetica Neue Bold

abcdefghijklmnopqrstuvwx 1234567890
ABCDEFGHIJKLMNOPQRSTUVWXYZ

Helvetica Neue Bold Italic

abcdefghijklmnopqrstuvwx 1234567890
ABCDEFGHIJKLMNOPQRSTUVWXYZ

Hoefler Text Regular

abcdefghijklmnopqrstuvwxyz 1234567890
ABCDEFGHIJKLMNOPQRSTUVWXYZ

Impact Regular

abcdefghijklmnopqrstuvwxyz 1234567890
ABCDEFGHIJKLMNOPQRSTUVWXYZ

Adobe Jenson Light

abcdefghijklmnopqrstuvwxyz 1234567890
ABCDEFGHIJKLMNOPQRSTUVWXYZ

Adobe Jenson Light Italic

abcdefghijklmnopqrstuvwxyz 1234567890
ABCDEFGHIJKLMNOPQRSTUVWXYZ

Adobe Jenson Regular

abcdefghijklmnopqrstuvwxyz 1234567890
ABCDEFGHIJKLMNOPQRSTUVWXYZ

Adobe Jenson Italic

abcdefghijklmnopqrstuvwxyz 1234567890
ABCDEFGHIJKLMNOPQRSTUVWXYZ

Adobe Jenson Bold

abcdefghijklmnopqrstuvwxyz 1234567890
ABCDEFGHIJKLMNOPQRSTUVWXYZ

Adobe Jenson Bold Italic

abcdefghijklmnopqrstuvwxyz 1234567890
ABCDEFGHIJKLMNOPQRSTUVWXYZ

News Gothic Medium

abcdefghijklmnopqrstuvwxyz 1234567890
ABCDEFGHIJKLMNOPQRSTUVWXYZ

News Gothic Oblique

abcdefghijklmnopqrstuvwxyz 1234567890
ABCDEFGHIJKLMNOPQRSTUVWXYZ

News Gothic Bold

abcdefghijklmnopqrstuvwx 1234567890
ABCDEFGHIJKLMNOPQRSTUVWXYZ

News Gothic Bold Oblique

abcdefghijklmnopqrstuvwx 1234567890
ABCDEFGHIJKLMNOPQRSTUVWXYZ

OCRB Medium

abcdefghijklmnop 1234567890
ABCDEFGHIJKLMNOPQRSTUVWXYZ

Optima Regular

abcdefghijklmnopqrstuvwxyz 1234567890
ABCDEFGHIJKLMNOPQRSTUVWXYZ

Optima Italic

abcdefghijklmnopqrstuvwxyz 1234567890
ABCDEFGHIJKLMNOPQRSTUVWXYZ

Optima Bold

abcdefghijklmnopqrstuvwxyz 1234567890
ABCDEFGHIJKLMNOPQRSTUVWXYZ

Optima Bold Italic

abcdefghijklmnopqrstuvwxyz 1234567890
ABCDEFGHIJKLMNOPQRSTUVWXYZ

Optima Extra Black

abcdefghijklmnopqrstuv 1234567890
ABCDEFGHIJKLMNOPQRSTUVWXYZ

Palatino Regular

abcdefghijklmnopqrstuvwxyz 1234567890
ABCDEFGHIJKLMNOPQRSTUVWXYZ

Palatino Italic

abcdefghijklmnopqrstuvwxyz 1234567890
ABCDEFGHIJKLMNOPQRSTUVWXYZ

Palatino Bold

abcdefghijklmnopqrstuvwxyz1234567890
ABCDEFGHIJKLMNOPQRSTUVWXYZ

Palatino Bold Italic

abcdefghijklmnopqrstuvwxyz 1234567890
ABCDEFGHIJKLMNOPQRSTUVWXYZ

Park Avenue Regular

abcdefghijklmnopqrstuvwxyz 1234567890
ABCDEFGHIJKLMNOPQRSTUVW

＊16Q

Stencil Regular

ABCDEFGHIJKLMNOPQRSTUVWXYZ
1234567890

Stymie Medium

abcdefghijklmnopqrstuvwxy 1234567890
ABCDEFGHIJKLMNOPQRSTUVWXYZ

Stymie Medium Italic

abcdefghijklmnopqrstuvwxyz 1234567890
ABCDEFGHIJKLMNOPQRSTUVWXYZ

Stymie Bold

abcdefghijklmnopqrstuvwxy 1234567890
ABCDEFGHIJKLMNOPQRSTUVWXYZ

Stymie Bold Italic

abcdefghijklmnopqrstuvwxy 1234567890
ABCDEFGHIJKLMNOPQRSTUVWXYZ

Stymie Extra Bold

abcdefghijklmnopqrstuvwx 1234567890
ABCDEFGHIJKLMNOPQRSTUVWXYZ

Times New Roman Regular

abcdefghijklmnopqrstuvwxyz 1234567890
ABCDEFGHIJKLMNOPQRSTUVWXYZ

Times New Roman Italic

abcdefghijklmnopqrstuvwxyz 1234567890
ABCDEFGHIJKLMNOPQRSTUVWXYZ

Times New Roman Bold

abcdefghijklmnopqrstuvwxyz 1234567890
ABCDEFGHIJKLMNOPQRSTUVWXYZ

Times New Roman Bold Italic

abcdefghijklmnopqrstuvwxyz 1234567890
ABCDEFGHIJKLMNOPQRSTUVWXYZ

Univers 45 Light

abcdefghijklmnopqrstuvwxyz 1234567890
ABCDEFGHIJKLMNOPQRSTUVWXYZ

Univers 45 Light Oblique

abcdefghijklmnopqrstuvwxyz 1234567890
ABCDEFGHIJKLMNOPQRSTUVWXYZ

Univers 47 Light Condensed

abcdefghijklmnopqrstuvwxyz 1234567890
ABCDEFGHIJKLMNOPQRSTUVWXYZ

Univers 47 Light Condensed Oblique

abcdefghijklmnopqrstuvwxyz 1234567890
ABCDEFGHIJKLMNOPQRSTUVWXYZ

Univers 55 Roman

abcdefghijklmnopqrstuvwx 1234567890
ABCDEFGHIJKLMNOPQRSTUVWXYZ

Univers 55 Oblique

abcdefghijklmnopqrstuvwx 1234567890
ABCDEFGHIJKLMNOPQRSTUVWXYZ

Univers 57 Condensed

abcdefghijklmnopqrstuvwxyz 1234567890
ABCDEFGHIJKLMNOPQRSTUVWXYZ

Univers 57 Condensed Oblique

abcdefghijklmnopqrstuvwxyz 1234567890
ABCDEFGHIJKLMNOPQRSTUVWXYZ

Univers 65 Bold

abcdefghijklmnopqrstuvwx 1234567890
ABCDEFGHIJKLMNOPQRSTUVWXYZ

Univers 65 Bold Oblique

abcdefghijklmnopqrstuvwx 1234567890
ABCDEFGHIJKLMNOPQRSTUVWXYZ

Univers 67 Bold Condensed

abcdefghijklmnopqrstuvwxyz 1234567890
ABCDEFGHIJKLMNOPQRSTUVWXYZ

Univers 67 Bold Condensed Oblique

abcdefghijklmnopqrstuvwxyz 1234567890
ABCDEFGHIJKLMNOPQRSTUVWXYZ

Univers 75 Black

abcdefghijklmnopqrst 1234567890
ABCDEFGHIJKLMNOPQRSTUVWXY

Univers 75 Black Oblique

abcdefghijklmnopqrst 1234567890
ABCDEFGHIJKLMNOPQRSTUVWXY

Venice Light Face

abcdefghijklmnopqrstuvwxyz 1234567890
ABCDEFGHIJKLMNOPQRSTUVWXYZ

Zapfino Regular

abcdefghijklmnopqrstuvwxyz
1234567890
ABCDEFGHIJKLMNO
PQRSTUVWXYZ

記号・飾りフォント

▼記号・飾りフォント（16Q）

＊「記号・飾りフォント」の多くは欧文モードでの各キーに記号や模様が割り当てられている。フォントメーカーがリリースしているものの他にも多数のフリーフォントがある。ここでは数ある「記号・飾りフォント」のうち比較的よく使われているフォントを紹介する。
各フォントとも，「abcdefghijklmnopqrstuvwxyz`1234567890-=[]\;',./」の順に入力してリストを作成した。
左欄の shift +, option +, shift + option + はそれぞれのキーを併用（Macintoshの場合）した場合。すべてのキーに記号・飾りのキャラクタが割り当てられているわけではないため，割り当てられていないキーについては省略。実際の入力では「字形」パネルから選択する方が容易なことが多い。

通常の欧文書体（サンプル：Times New Roman Regular）

	abcdefghijklmnopqrstuvwxyz`1234567890-=[]\;',./
shift +	ABCDEFGHIJKLMNOPQRSTUVWXYZ~!@#$%^&*()_+{}|:"<>?
option +	å∫ç∂´ƒ©˙ˆ∆˚¬µ˜øπœ®ß†¨√∑≈¥Ω`¡™£¢∞§¶•ªº–≠“‘«…æ≤≥÷
shift + option +	ÅıÇÎ´Ï˝ÓˆÔÒÂ˜Ø∏Œ‰Í˘¨◊„˛Á¸`⁄€‹›ﬁﬂ‡°·‚—±”’»ÚÆ¯˘¿

Bodoni Ornaments

Commercial Pi

Hoefler Text Ornaments

Map Symbols Font Regular

MOJimon Style

＊MOJimon Styleはキーボードでは入力できず，「字形」パネルより選択する

Monotype Sorts Regular

shift +

option +

shift + option +

Pifont Sym

shift +

option +

shift + option +

Webdings Regular

shift +

option +

shift + option +

Wingdings Regular

shift +

option +

shift + option +

Wingdings 2 Regular

shift +

option +

shift + option +

Wingdings 3 Regular

shift +

option +

shift + option +

Zapf Dingbats Regular

shift +

option +

shift + option +

▼ローマ数字と時計数字

アラビア数字	1	2	3	4	5	6	7	8	9	10		
ローマ数字	I	II	III	IV	V	VI	VII	VIII	IX	X		
アラビア数字	11	12	13	14	15	16	17	18	19	20		
ローマ数字	XI	XII	XIII	XIV	XV	XVI	XVII	XVIII	XIX	XX		
アラビア数字	30	40	50	60	70	80	90	100	200	300		
ローマ数字	XXX	XL	L	LX	LXX	LXXX	XC	C	CC	CCC		
アラビア数字	400	500	600	700	800	900	1000	2000	2024			
ローマ数字	CD	D	DC	DCC	DCCC	CM	M	MM	MMXXIV			
アラビア数字	1	2	3	4	5	6	7	8	9	10	11	12
時計数字	Ⅰ	Ⅱ	Ⅲ	Ⅳ Ⅲ	Ⅴ	Ⅵ	Ⅶ	Ⅷ	Ⅸ	Ⅹ	Ⅺ	Ⅻ

＊ヨーロッパで中世まで使われていた数字の表記法に「ローマ数字」がある。現在では通常はアラビア数字を用いるが，伝統や格式などのイメージを表現したい場合などに，たとえば「Queen Elizabeth II」のように使われる。小文字が使われることもある。
ローマ数字で表せるのは4000未満の数字で，表記は，数字を「1000の位＋100の位＋10の位＋1の位」の順に並べるが，4，9，40，90，400，900では右の数字から左の数字を減じる形で表す。
「時計数字」は，ローマ数字のうち「I」から「XII」までの数字で上下のセリフを繋げるなど合字（＝1字）にしたもののことをいい，ローマ数字とは字体が違う。本来時計の文字盤用なので12までしかない。時計数字の4には「IV」と「Ⅲ」とがある。

約物(記号)一覧

記号類には「約物」「記号」「しるし物」など，いくつかの呼称と分類があり，文献によってさまざまだが，ここでは，漢字・ひらがな・カタカナ・数字以外の記号類を総称して「約物」として扱うことにする。

記号	名称	使用法など
くぎり記号		
。	句点・マル・終止符・端まる	文章の終わりを意味する
、	読点・テン・ちょぼ	文章の切れ目，並列語句の区切り，漢数字の位取り
.	ピリオド・フルストップ・終止符	欧文・和文ヨコ組の終止符，欧文の略語の省略符，小数点
,	カンマ・コンマ	欧文・和文ヨコ組の読点，数字の位取り
・	中黒・中点・中ポツ	並列語句の区切り，漢数字の小数点，外国人姓名のつなぎ，タテ組の年月日・時分の省略
:	コロン・重点	意味の切れ目(本来ヨコ組用)，イコール
;	セミコロン	意味の切れ目（ヨコ組用）
’	アポストロフィ・アポ	欧文の所有格，単語の省略
?	疑問符・クエスチョンマーク・インタロゲーションマーク・耳だれ	疑問・質問の文言の末尾
??	二重疑問符・ダブル疑問符・二つ耳だれ	疑問の強調
!	感嘆符・エクスクラメーションマーク・びっくりマーク・雨だれ	驚き・命令・呼びかけ・強調の文言の末尾，（数学の）階乗
!!	二重感嘆符・ダブル感嘆符・雨だれ二つ	強い感動や強調
?! !?	ダブルだれ	驚きと疑問を同時に表現
／	スラッシュ・斜線	並列語句の区切り，年月日の省略，分数・除算の表示
＼	バックスラッシュ・逆スラッシュ・逆斜線	
｜ ―	縦線／横線	語句の区切り
アクセント・音声記号		
′ é	ダッシュ・プライム・アクサンテギュ・アキュート	角度・緯度・経度の分，類似であることを示す（「A′」など），フィート，揚音符
″	ツーダッシュ	角度・緯度・経度の秒，インチ

記号	名称	使用法など
à è	アクサングレーブ	抑音符
ü ö	ウムラウト・ダイエレシス・トレマ	分音符
ê ô	アクサンシルコンフレックス・サーカムフレックス・ハット	抑揚音符
ã ñ	ティルダ・ティルド・チルダ・ウェーブ	和文の「～」のような起点と終点をつなぐ使い方はしない
ā ē	マクロン・ロング・バー	長音符
ă ŭ	ブリーブ	短音符
č ž	ハーチェク・ウェッジ	記号の有無で発音が変わる
ç	スィディラ・セディーユ	
―	音引き・長音記号	タテ組用とヨコ組用がある
くり返し記号		
ゝ	ひらがな送り・一ツ点・一の字点	清音のくり返し（タテ組用）
ゞ	ひらがな送り濁点付・一ツ点	繰り返した文字が濁音になる
ヽ	カタカナ送り・一ツ点・一の字点	カタカナのくり返し
ヾ	カタカナ送り濁点付・一ツ点	くり返し記号のことを「踊り字」ともいう
々	同の字点・ノマ・くり返し記号	漢字1字のくり返し
〻	二の字点・ゆすり点	漢字1字のくり返し。「々」と同意
仝	同上記号	「同」の異体字。「同右」「同上」などの意味
〃	同じく記号・ノノ字点	表などで同上などの意味
〳〵 〴〵	大返し・くの字点・仮名返し	複数のかなや語句のくり返し。くり返した文字の最初が濁音になる場合は濁点付を使用
括弧		
「 」	かぎ・かぎ括弧・ひっかけ	会話・引用・強調・論文名
『 』	二重かぎ・ふたえがぎ・二重ひっかけ	「 」内でさらにかぎを用いる場合，書名・雑誌名
‘ ’	シングルクォーテーションマーク	引用符，かぎと同じ役目（ヨコ組用）
“ ”	ダブルクォーテーションマーク	二重引用符，かぎと同じ役目（ヨコ組用）

記号	名称	使用法など
〃 〃	ダブルミニュート・ノノカギ・ちょんちょん	かぎと同じ役目（タテ組用）
（ ）	括弧・丸括弧・小括弧・パーレン	補足説明，注，割りルビ，番号用
（（ ））	二重パーレン・二重括弧	括弧内にさらに括弧を用いる場合
【 】	すみつきパーレン・太キッコー	強調，項目表示
〔 〕	キッコー・亀甲	引用文中での補足説明（タテ組用），括弧内でさらに括弧を用いる場合
[ ]	ブラケット・大括弧・角括弧	引用文中での補足説明（ヨコ組用），数式・化学式，項目表示
{ }	ブレース・中括弧・波括弧・こうもり	括弧の外側をくくる，複数の行・語句をくくる
〈 〉	山がた・山かぎ・山括弧・山パーレン・アングルブラケット	強調，引用。括弧内でさらに括弧を用いる場合。「不等号」とは違う
《 》	二重山がた・二重山かぎ・二重山パーレン	注釈・引用・強調。「ギュメ」とは違う
« »	ギュメ・ギメ	フランス語での引用。「二重山がた」とは違う
つなぎ記号		
-	ハイフン	欧文の文節，単語の連結，単語の音節のくぎり
=	二重ハイフン	外国人の姓と名のつなぎ
–	2分ダッシュ・2分ダーシ・enダッシュ	数・時間・年月日の範囲，複合語のつなぎ（ヨコ組用）
—	全角ダッシュ・全角ダーシ・emダッシュ	数・時間・年月日の範囲(タテ組用)，場所の始終点のつなぎ，引用
——	2倍ダッシュ・2倍ダーシ	文中に文や語句を挟む，語句の言い換え，引用，対談などでの質問者の発言。分離禁止文字
＝	二重ダッシュ・二重ダーシ	語と語をつなぐ
～	波形・波ダッシュ・波ダーシ・にょろ	和文で数・時間・年月日の範囲，場所の始終点のつなぎ
…	3点リーダー	余韻を残す文末。2字分セットで使う分離禁止文字
‥	2点リーダー	3点リーダーと同様
〰	波状ダッシュ	震え声や絶叫などの末尾
しるし物		
→ ← ↑ ↓	矢印	左上から「右矢」「左矢」，左下から「上矢」「下矢」
*	アステリスク・アステ・スター	脚注などの合印，項目の頭。「米印」(※）ではない
⁑	ダブルアステ	アステリスクと同様
⁂	アステリズム・三つ星	アステリスクと同様
†	ダガー・剣印・短剣符・オベリスク・参照府	アステリスクと同様。故人を表す
‡	ダブルダガー・二重剣印・二重短剣府	アステリスクと同様
§	セクション・章標・節記号	アステリスクと同様。節を表す使用例が多い
¶	パラグラフ・段標・段落記号	辞書などで派生語や用例を示す
#	ナンバー・井げた・番号符・ハッシュ	番号数字の前に置く。ヨコ画が水平でタテ画が斜め（「シャープ（♯)」とは違う）
※	米印	注釈や参考記述の目印
@	単価記号・まるエー・アットマーク	物品などの単価，メールアドレスでドメインの前に置く
✓	チェック・チェックマーク	選択済，確認済，処理済
〓	ゲタ	組版で文字が見つからない際にとりあえず入れておく目印
☆ ★	白星／黒星	見出し，箇条書きなどの頭など
○ ●	丸／黒丸	○：よい，正しい，勝ち，晴れ満月 ●：負け，雨，新月
◎	二重丸	よりよい，見出し，箇条書きなどの冒頭
◉	蛇の目	見出し，箇条書きなどの冒頭
□ ■	四角／黒四角	見出し，箇条書きなどの冒頭
◇ ◆	ひし形／黒ひし形	見出し，箇条書きなどの冒頭
❖	四つ菱	見出し，箇条書きなどの冒頭
△ ▲	三角／黒三角	数字の前に付けプラスあるいはマイナスを表す
▽ ▼	逆三角／黒逆三角	見出し，箇条書きなどの冒頭
▷ ▶ ◁ ◀	右／左向き三角	見出し，箇条書きなどの冒頭
♠♥♣◆ ♤♡♧◇	トランプ記号	左から「スペード」「ハート」「クラブ」「ダイヤ」
省略記号		
™	トレードマーク・商標記号	登録されていない商標に付けられる

記号	名称	使用法など
℠	サービスマーク・商標記号	役務についての商標。使い方は「TM」と同様
®	まるアール・登録商標記号	Registered Trademark。登録済みの商標に付けられる
©	まるシー・コピーライト・著作権記号	Copyright。著作権者・著作年と併記する
℗	まるピー	レコードや音楽CDなどに付ける複製，頒布の権利帰属表示
〒	郵便記号	日本の郵便局・郵便番号
☎	電話マーク	主に固定電話
㈱	株式会社・カッコカブ	他に㈲(有限会社)，㈶(財団法人）などがある
№	ナンバー	
&	アンパサンド・アンバサンド・アンド	ラテン語の「and」である「et」の合字
etc.	エトセトラ	いろいろ，などなど
〆	しめ	「締め」の省略
〼	ます	丁寧語の「ます」。枡形より
ヿ	こと	「コ」と「ト」の合字
ゟ	より	「よ」と「り」の合字
Ⅰ Ⅱ Ⅲ	時計数字	小文字（ⅰ ⅱ ⅲ）もある
a.m. p.m.	午前／午後	a.m.：ante meridiem, p.m.：post meridiem
B.C. A.D.	紀元前／紀元後	B.C.：Before Christ，A.D.：Anno Domini。本来はスモールキャピタルを使用
♂ ♀	男・雄／女・雌	惑星記号の火星／金星にも

音楽記号

記号	名称	使用法など
〽	歌記号・いおり点	歌詞の始まり
♯	シャープ・嬰記号	タテ画が垂直でヨコ画が斜め（ナンバー「#」とは違う）
♭	フラット・変記号	音楽の五線譜上で♯は半音上げる，♭は半音下げる
♪ ♩ ♫ ♬	音符	

単位・通貨記号

記号	名称	使用法など
°	デグリー・度	温度・角度・緯度・経度
℃	摂氏度・度シー	華氏度は「°F」
%	パーセント・百分比	百分率。percent
‰	パーミル・千分比	千分率。permille
㍍ ㌫	カタカナ単位記号	タテ組用とヨコ組用がある
m	メートル	長さの単位。mètre
m^2	平方メートル	面積の単位。square mètre
a	アール	面積の単位。are
g	グラム	質量の単位。gramme, gram
t	トン	質量の単位。ton, tonne
l ℓ	リットル	体積の単位。litre
A	アンペア	電流の単位。ampere
W	ワット	仕事量，電力の単位。watt
V	ボルト	電圧の単位。volt
cal	カロリー	熱量の単位。calorie
Hz	ヘルツ	周波数，振動数の単位。hertz
hPa	ヘクトパスカル	圧力の単位。hectopascal
db	デシベル	音圧の単位。decibel
㏋	馬力	仕事率の単位。horsepower
pH	ペーハー・水素イオン指数	potential of hydrogen
h	時間	hour
min ′	分	minute。「′」:プライム
s ″	秒	second。「″」:ダブルプライム
¥	円	価格数字の前に付ける
$	ドル	価格数字の前に付ける
¢	セント	価格数字の後に付ける
£	ポンド	価格数字の前に付ける
€	ユーロ	価格数字の前に付ける

単位記号の接頭語（10の整数倍量・分量を表す）

記号	名称	使用法など
n	ナノ（nano）	1/1,000,000,000（$=10^{-9}$）
μ	マイクロ（micro）	1/1,000,000（$=10^{-6}$）
m	ミリ（mili）	1/1000（$=10^{-3}$）
c	センチ（centi）	1/100（$=10^{-2}$）
d	デシ（deci）	1/10（$=10^{-1}$）
da	デカ（deca）	10倍（$=10^{1}$）
h	ヘクト（hecto）	100倍（$=10^{2}$）
k	キロ（kilo）	1000倍（$=10^{3}$）
M	メガ（mega）	1,000,000倍（$=10^{6}$）
G	ギガ（giga）	1,000,000,000倍（$=10^{9}$）
T	テラ（tera）	1,000,000,000,000倍（$=10^{12}$）

記号	名称	使用法など
数学記号		
＋	プラス・たす・加える	加算，黒字・利益など
−	マイナス・ひく	減算，赤字・損失など
×	かける・ばつ	乗算，否定・不可など
÷	わる	除算
± ∓	加減算記号・複号	プラスマイナス／マイナスプラス
＝	イコール・等号	等価，同義
≒	ほとんど等しい	ほぼ等価，ほぼ同義
≠	等号否定	等価でない，同義でない
＜ ＞	不等号	山がた「〈 〉」とは違う
≪ ≫	非常に小さい／大きい	二重山がた「《 》」とは違う
≦ ≧	小／大なりイコール	より小さい／大きいかまたは等しい
√	ルート・平方根・根号	
Σ	シグマ	総和
∫	インテグラル	積分
∞	無限大	
π	パイ	円周率（3.14159265358979...）
∴	ゆえに	
∵	なぜならば	
ギリシア文字		
Α α	アルファ	数学の方程式などで使われる
Β β	ベータ	数学の方程式などで使われる
Γ γ	ガンマ	「γ」は素粒子の光子
Δ δ	デルタ	「Δ」は素粒子のΔ粒子
Ε ε	イプシロン・エプシロン	
Ζ ζ	ジータ・ゼータ	
Η η	イータ・エータ	「η」素粒子のη中間子
Θ θ	シータ・テータ	「θ」は数学で角度
Ι ι	イオタ	
Κ κ	カッパ	
Λ λ	ラムダ	「Λ」は素粒子のΛ粒子
Μ μ	ミュー	「μ」は「マイクロ」
Ν ν	ニュー	「ν」は素粒子のニュートリノ
Ξ ξ	クシー・グザイ	
Ο ο	オミクロン	
Π π	パイ・ピー	「π」は円周率
Ρ ρ	ロー	
Σ σ ς	シグマ	「Σ」は数学で総和
Τ τ	タウ	「τ」は素粒子のτ粒子

記号	名称	使用法など
Υ υ	ウプシロン	
Φ ϕ φ	ファイ・フィー	「φ」は数学で角度，黄金比
Χ χ	カイ・キー	
Ψ ψ	プサイ・プシー	
Ω ω	オメガ	「Ω」は電気抵抗の「オーム」

記号	名称	記号	名称
地図記号			
	市役所・特別区区役所		港湾／漁港
	町村役場・区役所		空港
	官公署		史跡・名勝・天然記念物
	裁判所		城跡
	税務署		記念碑
	消防署		温泉
	保健所		発電所等
	警察署／交番		風車
	郵便局		煙突
文	小中学校／高等学校		灯台
	病院		採鉱地
	老人ホーム		墓地
	図書館		田／畑
	博物館		果樹園／茶畑
	神社		広葉樹林／針葉樹林
卍	寺院		竹林／笹地
	三角点／水準点		荒地
天気記号			
	快晴		みぞれ
	晴れ		霧
	薄曇り		あられ
	曇り		雹(ひょう)
	雨		雷
キ	霧雨	ツ	雷強し
ツ	雨強し		煙霧
ニ	にわか雨		砂じん嵐
	雪		地吹雪
ツ	雪強し		ちり煙霧
ニ	にわか雪		天気不明

記号	名称	記号	名称
	温暖前線		寒冷前線
	停滞前線		閉塞前線

＊他に学術記号，漢文の返り点，飾り（花型），顔文字などがある

▼InDesignの字形パネル

＊InDesignの「字形」パネルに表示される記号類（「CID/GID」表示順）。使用フォントはヒラギノ明朝ProN W3（Adobe Japan1-5）。
漢字，仮名，アルファベット，数字などは省略。

! " # $ % & ' ( ) * + , - . / : ; < = > ? @ [¥] ^ _ ` { ¦ } ˜ ’ \ ‘ | ~
¡ ¢ £ ⁄ ƒ § ¤ “ « ‹ › fi fl – † ‡ · ¶ • ‚ „ ” » … ‰ ¿ ´ ˆ ¯ ˘ ˙ ¨ ˚ ˝ ¸ ˛ ˇ
— Æ ª Ł Ø Œ º æ ı ł ø œ ß – © ¬ ® ° ± µ ¼ ½ ¾ À Á Â Ã Ä Å Ç È É Ê Ë Ì Í Î
Ï Ð Ñ Ò Ó Ô Õ Ö × Ù Ú Û Ü Ý Þ à á â ã ä å ç è é ê ë ì í î ï ð ñ ò ó ô õ ö
÷ ù ú û ü ý þ ÿ Š Ÿ Ž ‾ š ™ ž 0 ! ” # $ % & ’ ( ) * + , − . / : ; < = > ?
@ [¥] ^ _ ‘ { | } ‾ 。 「 」 、 ・ ゛ ゜ ` ゛ „ – ━ │ ┃ ┄ ┅ ┆ ┇ ┈ ┉ ┊ ┋ ┌ ┍ ┎ ┏
┐ ┑ ┒ ┓ └ ┕ ┖ ┗ ┘ ┙ ┚ ┛ ├ ┝ ┞ ┟ ┠ ┡ ┢ ┣ ┤ ┥ ┦ ┧ ┨ ┩ ┪ ┫ ┬ ┭ ┮ ┯ ┰ ┱ ┲ ┳ ┴
┵ ┶ ┷ ┸ ┹ ┺ ┻ ┼ ┽ ┾ ┿ ╀ ╁ ╂ ╃ ╄ ╅ ╆ ╇ ╈ ╉ ╊ ╋ ′ ″ “ 〔 〕 〈 〉 《 》 『 』 【 】 ‐
Ä ù é í ß ç Ç Ñ ñ ¢ £ ó ú ¡ ¿ ½ Ö Ü ä ë ï ö ü â ê î ô û à è ▲ á ~ ø 、 。 ，
． ・ ： ； ？ ！ ゛ ゜ ´ ｀ ¨ ＾ ￣ ＿ ヽ ヾ ゝ ゞ 〃 仝 々 〆 〇 ー ― ‐ ／ ＼ ～ ∥ ｜ … ‥ ‘’ “ ”
（ ） 〔 〕 ［ ］ ｛ ｝ 〈 〉 《 》 「 」 『 』 【 】 ＋ － ± × ÷ ＝ ≠ ＜ ＞ ≦ ≧ ∞ ∴ ♂ ♀ ° ′ ″ ℃
￥ ＄ ￠ ￡ ％ ＃ ＆ ＊ ＠ § ☆ ★ ○ ● ◎ ◇ ◆ □ ■ △ ▲ ▽ ▼ ※ 〒 → ← ↑ ↓ 〓 ∈ ∋ ⊆ ⊇ ⊂ ⊃ ∪
∩ ∧ ∨ ¬ ⇒ ⇔ ∀ ∃ ∠ ⊥ ⌒ ∂ ∇ ≡ ≒ ≪ ≫ √ ∽ ∝ ∵ ∫ ∬ Å ‰ ♯ ♭ ♪ † ‡ ¶ ◯ ⇧ ─ ━ │ ┃
┄ ┅ ┆ ┇ ┈ ┉ ┊ ┋ ┌ ┍ ┎ ┏ ┐ ┑ ┒ ┓ └ ┕ ┖ ┗ ┘ ┙ ┚ ┛ ├ ┝ ┞ ┟ ┠ ┡ ┢ ┣ ┤ ┥ ┦ ┧ ┨
┩ ┪ ┫ ┬ ┭ ┮ ┯ ┰ ┱ ┲ ┳ ┴ ┵ ┶ ┷ ┸ ┹ ┺ ┻ ┼ ┽ ┾ ┿ ╀ ╁ ╂ ╃ ╄ ╅ ╆ ╇ ╈ ╉ ╊ ╋ ① ②
③ ④ ⑤ ⑥ ⑦ ⑧ ⑨ ⑩ ⑪ ⑫ ⑬ ⑭ ⑮ ⑯ ⑰ ⑱ ⑲ ⑳ Ⅰ Ⅱ Ⅲ Ⅳ Ⅴ Ⅵ Ⅶ Ⅷ Ⅸ Ⅹ ㍉ ㌔ ㌢ ㍍ ㌘ ㌧ ㌃ ㌶ ㍑
㍗ ㌍ ㌦ ㌣ ㌫ ㍊ ㌻ ㎜ ㎝ ㎞ ㎎ ㎏ ㏄ ㎡ 〝 〟 № ㏍ ℡ ㊤ ㊥ ㊦ ㊧ ㊨ ㈱ ㈲ ㈹ ㍾ ㍽ ㍼ ∮ ∑ ∟ ⊥ ∠ ∟ ⊿
∩ ∪ ` ° ‖ ｜ ｜ ・ ∫ ＝ ― ： ： ︵ ︶ ︹ ︺ ︷ ︸ ︿ ﹀ ︽ ︾ ﹁ ﹂ ﹃ ﹄ ︻ ︼ ‖ ㍉ ㌔ ㌢ ㍍
㌘ ㌧ ㌃ ㌶ ㍑ ㍗ ㌍ ㌦ ㌣ ㌫ ㍊ ㌻ 〃 ‖ ¦ ‖ ¬ ◁ ▷ ⇩ ⇧ ⇦ ⇨ □ ♧ ♡ ♤ ◇ ㎠ ㎢ ㎤ ㎥ ㎗ ℓ ㎘ ㎳
㎲ ㎱ ㎰ ㎅ ㎆ ㎇ ㏋ ㎐ ㏔ ㎖ ㌢ ㌔ ㌘ ㌕ ㌃ ㌢ ㌣ ㌧ ㌶ ㌸ ㌹ ㌺ ㍇ ㍊ ㌼ ㍍ ㌿ ㏍ ㍿ ℡ ☎ 〶 〠 © ® 0. 1. 2. 3.
4. 5. 6. 7. 8. 9. ⑴ ⑵ ⑶ ⑷ ⑸ ⑹ ⑺ ⑻ ⑼ ⑽ ⑾ ⑿ ⒀ ⒁ ⒂ ⒃ ⒄ ⒅ ⒆ ⒇ ㉑ ⅰ ⅱ ⅲ ⅳ ⅴ ⅵ ⅶ ⅷ ⅸ ⅹ
㉒ ㉓ ㉔ ㉕ ㉖ ㉗ ㉘ ㉙ ㉚ ㉛ ⒜ ⒝ ⒞ ⒟ ⒠ ⒡ ⒢ ⒣ ⒤ ⒥ ⒦ ⒧ ⒨ ⒩ ⒪ ⒫ ⒬ ⒭ ⒮ ⒯ ⒰ ⒱ ⒲ ⒳ ⒴ ⒵ ㈪
㈮ ㈿ ㈴ ㈸ ㈳ ㈼ ㈽ ㈾ ㈶ ㈵ ㈻ ㉀ ㈺ ㊰ ㊎ ㊩ ㊭ ㊔ ㊪ ㊫ ㊕ ㊒ ㊑ ㊓ ㊜ ㊙ ㊢ ⏟ ⏞ ︸ ︷
⎭ ⎩ ⎧ ⎨ ⎩ ⎫ in ㌅ ½ ¼ ㎣ ㎦ ㎧ sec min ㊞ ㎈ ㎉ dB ∭ ㊞ ㈰ ㈪ ㈫ ㈬ ㈭ ㈮ ㈯ ㈷ ㈸ ➡ ⬅ ⬆ ⬇ ◉ ♠ ♥
♣ ♦ ☀ ☁ ☂ ☃ ☞ ☜ ☝ ☟ ㊙ ⓪ Ⅺ Ⅻ ⑽ ø ▁ ▂ ▃ ▄ ▅ ▆ ▇ █ ▏ ▎ ▍ ▌ ▋ ▊ ▉ ▔ ▕ ︵ ︶
〓 ╞ ╪ ╡ ◢ ◣ ◥ ◤ ● ○ ╱ ╲ ╳ ’ ゜ ‖ ゜ ´ ” ‘ ’ “ ” ❶ ❷ ❸ ❹ ❺ ❻ ❼ ❽
❾ ⅩⅢ ⅩⅣ ⅩⅤ ⅹⅰ ⅹⅱ ⅹⅲ ⅹⅳ ⅹⅴ ㎙ g °F TB FAX ⤵ ⇆ ⇄ ⇅ ⇵ ㊮ ㊯ ㊝ ㊟ ㍿ ㍻ ㍿ ㍾ ㍽ ㌳ ㌠ ㌃ ㌠ ㌢ ㌃ ㌶ ㌞
㌣ ㌦ ㌦ ㌃ ㌥ ㌍ ㌿ ㌶ ㌷ ㍀ ㍁ ㍂ ㍃ ㍄ ㍅ ㍆ ㍇ ㍈ ㍉ ㍋ ㍌ ㍎ ㍏ ㍐ ㌾ ¬ ＼ ¦ " # $ % & ‵ ︵ ︶ * +
, - . / : ; < = > ? @ [¥] ^ _ ` { ¦ } ˜ ’ \ ‘ | ~ ¡ ¢ £ ⁄ ƒ § ¤ “ « ‹ › ˆ ˇ
fi fl – † ‡ · ¶ • ‚ „ ” » … ‰ ¿ ´ ˆ ¯ ˘ ˙ ¨ ˚ ¸ ˝ ˛ ˇ — Æ ª Ł Ø Œ º æ ı ł ø
œ ß – © ¬ ® ° ± µ ¼ ½ ¾ À Á Â Ã Ä Å Ç È É Ê Ë Ì Í Î Ï Ð Ñ Ò Ó Ô Õ Ö × Ù Ú
Û Ü Ý Þ à á â ã ä å ç è é ê ë ì í î ï ð ñ ò ó ô õ ö ÷ ù ú û ü ý þ ÿ Š Ÿ Ž
‾ š ™ ž 0 ! ” # $ % & ’ ( ) * + , − . / : ; < = > ? @ [¥] ^ _ ‘ { | } ‾
、 ・ ： ゛ Ä ù é í ß ç Ç Ñ ñ ¢ £ ó ú ¡ ¿ ½ Ö Ü ä ë ï ö ü â ê î ô û à è á ~ ø
〜 ／ ゜ ¬ ﹁ ﹂ ゛ ・ ゛ ゜ 〃 〃 ︹ ︺ ︿ ﹀ ︽ ︾ ﹃ ﹄ ︻ ︼ ─ ━ │ ┃ ┄ ┅ ┆ ┇ ┈ ┉ ┊ ┋ ┌ ┐
┑ ┒ ┓ └ ┕ ┖ ┗ ┘ ┙ ┚ ┛ ├ ┝ ┞ ┟ ┠ ┡ ┢ ┣ ┤ ┥ ┦ ┧ ┨ ┩ ┪ ┫ ┬ ┭ ┮ ┯ ┰ ┱ ┲ ┳ ┴
┵ ┶ ┷ ┸ ┹ ┺ ┻ ┼ ┽ ┾ ┿ ╀ ╁ ╂ ╃ ╄ ╅ ╆ ╇ ╈ ╉ ╊ ╋ ▶ € Ω ′ ″ ff ffi ffl ā ī ū ē ō
Ā Ī Ū Ē Ō ⅛ ⅜ ⅝ ⅞ ⅓ ⅔ Ă Ĕ Ė Ẽ Ĭ İ Ĩ Ŏ Ȯ Ŭ Ů Ũ ă ĕ ė ẽ ĭ i ĩ ŏ ȯ ŭ ů ũ ɑ ά
ὰ ǽ æ̀ ɔ ɔ́ ɔ̀ ə ə́ ə̀ ɚ ɚ́ ɚ̀ ɛ ɛ́ ɛ̀ ȷ ŋ ɵ ʌ ʌ́ ʌ̀ ʒ ʃ ː ! " # $ % & ' ( ) * + , -
. / : ; < = > ? @ [¥] ^ _ ` { ¦ } ˜ ’ \ ‘ | ~ ¡ ¢ £ ⁄ ƒ § ¤ “ « ‹ › fi fl
– † ‡ · ¶ • ‚ „ ” » … ‰ ¿ ´ ˆ ¯ ˘ ˙ ¨ ˚ ¸ ˝ ˛ ˇ — Æ ª Ł Ø Œ º æ ı ł ø œ ß
– © ¬ ® ° ± µ ¼ ½ ¾ À Á Â Ã Ä Å Ç È É Ê Ë Ì Í Î Ï Ð Ñ Ò Ó Ô Õ Ö × Ù Ú Û Ü
Ý Þ à á â ã ä å ç è é ê ë ì í î ï ð ñ ò ó ô õ ö ÷ ù ú û ü ý þ ÿ Š Ÿ Ž ‾ š
™ ž Ø € Ω ′ ″ ff ffi ffl ā ī ū ē ō Ā Ī Ū Ē Ō ⅛ ⅜ ⅝ ⅞ ⅓ ⅔ Ă Ĕ Ė Ẽ Ĭ İ Ĩ Ŏ Ȯ Ŭ Ů
Ũ ă ĕ ė ẽ ĭ i ĩ ŏ ȯ ŭ ů ũ - - = , ( ) . / : ; - - = , ( ) . / : ; · € ⅔ ⅓

2/3 3/4 1/5 2/5 3/5 4/5 1/6 5/6 1/7 2/7 3/7 4/7 5/7 6/7 1/8 3/8 5/8 7/8 1/9 2/9 4/9 5/9 7/9 8/9 1/10 3/10 7/10 9/10 1/11 2/11 3/11 4/11 5/11 6/11 7/11 8/11 9/11

10/11 1/12 5/12 7/12 11/12 1/100 0/3 1/2 1/3 2/3 1/4 3/4 1/5 2/5 3/5 4/5 1/6 5/6 1/7 2/7 3/7 4/7 5/7 6/7 1/8 3/8 5/8 7/8 1/9 2/9 4/9 5/9 7/9 8/9 1/10 3/10 7/10

9/10 1/11 2/11 3/11 4/11 5/11 6/11 7/11 8/11 9/11 10/11 1/12 5/12 7/12 11/12 1/100 ø IIII (00) (01) (02) (03) (04) (05) (06) (07) (08) (09) (21) (22) (23) (24) (25) (26) (27) (28) (29)

(30) (31) (32) (33) (34) (35) (36) (37) (38) (39) (40) (41) (42) (43) (44) (45) (46) (47) (48) (49) (50) (51) (52) (53) (54) (55) (56) (57) (58) (59) (60) (61) (62) (63) (64) (65) (66)

(67) (68) (69) (70) (71) (72) (73) (74) (75) (76) (77) (78) (79) (80) (81) (82) (83) (84) (85) (86) (87) (88) (89) (90) (91) (92) (93) (94) (95) (96) (97) (98) (99) (100) (i) (ii) (iii)

(iv) (v) (vi) (vii) (viii) (ix) (x) (xi) (xii) (xiii) (xiv) (xv) (I) (II) (III) (IV) (V) (VI) (VII) (VIII) (IX) (X) (XI) (XII) (XIII) (XIV) (XV) (A) (B) (C) (D) (E) (F) (G) (H) (I) (J)

(K) (L) (M) (N) (O) (P) (Q) (R) (S) (T) (U) (V) (W) (X) (Y) (Z) (あ) (い) (う) (え) (お) (か) (き) (く) (け) (こ) (さ) (し) (す) (せ) (そ) (た) (ち) (つ) (て) (と) (な)

(に) (ぬ) (ね) (の) (は) (ひ) (ふ) (へ) (ほ) (ま) (み) (む) (め) (も) (や) (ゆ) (よ) (ら) (り) (る) (れ) (ろ) (わ) (ゐ) (ゑ) (を) (ん) (ア) (イ) (ウ) (エ) (オ) (カ) (キ) (ク) (ケ) (コ)

(サ) (シ) (ス) (セ) (ソ) (タ) (チ) (ツ) (テ) (ト) (ナ) (ニ) (ヌ) (ネ) (ノ) (ハ) (ヒ) (フ) (ヘ) (ホ) (マ) (ミ) (ム) (メ) (モ) (ヤ) (ユ) (ヨ) (ラ) (リ) (ル) (レ) (ロ) (ワ) (ヰ) (ヱ) (ヲ)

(ン) (一) (二) (三) (四) (五) (六) (七) (八) (九) (十) (十一) (十二) (十三) (十四) (十五) (十六) (十七) (十八) (十九) (二十) (営) (合) (注) (問) (答) (例) (0 (1 (2 (3 (4 (5 (6 (7 (8 (9

0) 1) 2) 3) 4) 5) 6) 7) 8) 9) っ) オ) ○ 一 二 三 四 五 六 七 八 九 十 ○ 一 二 三 四 五 六 七 八 九 十 ○ 一 二

三 四 五 六 七 八 九 つ オ 一 二 三 四 五 六 七 八 九 十 ○ 一 二 三 四 五 六 七 八 九 十 コ つ ツ オ ( ) 00 01

02 03 04 05 06 07 08 09 32 33 34 35 36 37 38 39 40 41 42 43 44 45 46 47 48 49 50 51 52 53 54 55 56 57 58 59 60

61 62 63 64 65 66 67 68 69 70 71 72 73 74 75 76 77 78 79 80 81 82 83 84 85 86 87 88 89 90 91 92 93 94 95 96 97

98 99 100 a b c d e f g h i j k l m n o p q r s t u v w x y z A B C D E F G H

I J K L M N O P Q R S T U V W X Y Z あ い う え お か き く け こ さ し す せ そ た ち つ て

と な に ぬ ね の は ひ ふ へ ほ ま み む め も や ゆ よ ら り る れ ろ わ ゐ ゑ を ん ア イ ウ エ オ カ キ ク

ケ コ サ シ ス セ ソ タ チ ツ テ ト ナ ニ ヌ ネ ノ ハ ヒ フ ヘ ホ マ ミ ム メ モ ヤ ユ ヨ ラ リ ル レ ロ ワ ヰ

ヱ ヲ ン 一 二 三 四 五 六 七 八 九 十 日 月 火 水 木 金 土 調 注 副 減 標 欠 基 禁 項 休 女 男 正 写 祝 出 適

特 済 増 問 答 例 電 ○ 0 00 01 02 03 04 05 06 07 08 09 10 11 12 13 14 15 16 17 18 19 20 21 22 23 24 25 26 27

28 29 30 31 32 33 34 35 36 37 38 39 40 41 42 43 44 45 46 47 48 49 50 51 52 53 54 55 56 57 58 59 60 61 62 63 64

65 66 67 68 69 70 71 72 73 74 75 76 77 78 79 80 81 82 83 84 85 86 87 88 89 90 91 92 93 94 95 96 97 98 99 100 a

b c d e f g h i j k l m n o p q r s t u v w x y z A B C D E F G H I J K L

M N O P Q R S T U V W X Y Z あ い う え お か き く け こ さ し す せ そ た ち つ て と な に ぬ

ね の は ひ ふ へ ほ ま み む め も や ゆ よ ら り る れ ろ わ ゐ ゑ を ん ア イ ウ エ オ カ キ ク ケ コ サ シ

ス セ ソ タ チ ツ テ ト ナ ニ ヌ ネ ノ ハ ヒ フ ヘ ホ マ ミ ム メ モ ヤ ユ ヨ ラ リ ル レ ロ ワ ヰ ヱ ヲ ン 日

月 火 水 木 金 土 問 答 例 ● 0 00 1 01 2 02 3 03 4 04 5 05 6 06 7 07 8 08 9 09 10 11 12 13 14 15 16

17 18 19 20 21 22 23 24 25 26 27 28 29 30 31 32 33 34 35 36 37 38 39 40 41 42 43 44 45 46 47 48 49 50 51 52 53

54 55 56 57 58 59 60 61 62 63 64 65 66 67 68 69 70 71 72 73 74 75 76 77 78 79 80 81 82 83 84 85 86 87 88 89 90

91 92 93 94 95 96 97 98 99 100 a b c d e f g h i j k l m n o p q r s t u v w x y z A

B C D E F G H I J K L M N O P Q R S T U V W X Y Z あ い う え お か き く け こ さ し

す せ そ た ち つ て と な に ぬ ね の は ひ ふ へ ほ ま み む め も や ゆ よ ら り る れ ろ わ ゐ ゑ を ん ア

イ ウ エ オ カ キ ク ケ コ サ シ ス セ ソ タ チ ツ テ ト ナ ニ ヌ ネ ノ ハ ヒ フ ヘ ホ マ ミ ム メ モ ヤ ユ ヨ

ラ リ ル レ ロ ワ ヰ ヱ ヲ ン 日 月 火 水 木 金 土 負 勝 問 答 例 □ □ 0 00 1 01 2 02 3 03 4 04 5 05 6

06 7 07 8 08 9 09 10 11 12 13 14 15 16 17 18 19 20 21 22 23 24 25 26 27 28 29 30 31 32 33 34 35 36 37 38 39

40 41 42 43 44 45 46 47 48 49 50 51 52 53 54 55 56 57 58 59 60 61 62 63 64 65 66 67 68 69 70 71 72 73 74 75 76

77 78 79 80 81 82 83 84 85 86 87 88 89 90 91 92 93 94 95 96 97 98 99 100 a b c d e f g h i j k l m

n o p q r s t u v w x y z A B C D E F G H I J K L M N O P Q R S T U V W X

Y Z あ い う え お か き く け こ さ し す せ そ た ち つ て と な に ぬ ね の は ひ ふ へ ほ ま み む め も

や ゆ よ ら り る れ ろ わ ゐ ゑ を ん ア イ ウ エ オ カ キ ク ケ コ サ シ ス セ ソ タ チ ツ テ ト ナ ニ ヌ ネ

ノ ハ ヒ フ ヘ ホ マ ミ ム メ モ ヤ ユ ヨ ラ リ ル レ ロ ワ ヰ ヱ ヲ ン 日 月 火 水 木 金 土 問 答 例 ■ 0 00

1 01 2 02 3 03 4 04 5 05 6 06 7 07 8 08 9 09 10 11 12 13 14 15 16 17 18 19 20 21 22 23 24 25 26 27 28

29 30 31 32 33 34 35 36 37 38 39 40 41 42 43 44 45 46 47 48 49 50 51 52 53 54 55 56 57 58 59 60 61 62 63 64 65

66 67 68 69 70 71 72 73 74 75 76 77 78 79 80 81 82 83 84 85 86 87 88 89 90 91 92 93 94 95 96 97 98 99 100 a b

c d e f g h i j k l m n o p q r s t u v w x y z A B C D E F G H I J K L M

N O P Q R S T U V W X Y Z あ い う え お か き く け こ さ し す せ そ た ち つ て と な に ぬ ね

の は ひ ふ へ ほ ま み む め も や ゆ よ ら り る れ ろ わ ゐ ゑ を ん ア イ ウ エ オ カ キ ク ケ コ サ シ ス

セ ソ タ チ ツ テ ト ナ ニ ヌ ネ ノ ハ ヒ フ ヘ ホ マ ミ ム メ モ ヤ ユ ヨ ラ リ ル レ ロ ワ ヰ ヱ ヲ ン 日 月

火 水 木 金 土 問 答 例 0 00 1 01 2 02 3 03 4 04 5 05 6 06 7 07 8 08 9 09 10 11 12 13 14 15 16 17 18

予備知識
文字
組版
組版原則
図表類・写真
色
用紙
書体・記号
資料

▼InDesignの字形パネル(続き)

19 20 21 22 23 24 25 26 27 28 29 30 31 32 33 34 35 36 37 38 39 40 41 42 43 44 45 46 47 48 49 50 51 52 53 54 55
56 57 58 59 60 61 62 63 64 65 66 67 68 69 70 71 72 73 74 75 76 77 78 79 80 81 82 83 84 85 86 87 88 89 90 91 92
93 94 95 96 97 98 99 100 a b c d e f g h i j k l m n o p q r s t u v w x y z A B C
D E F G H I J K L M N O P Q R S T U V W X Y Z あ い う え お か き く け こ さ し す せ
そ た ち つ て と な に ぬ ね の は ひ ふ へ ほ ま み む め も や ゆ よ ら り る れ ろ わ ゐ ゑ を ん ア イ ウ
エ オ カ キ ク ケ コ サ シ ス セ ソ タ チ ツ テ ト ナ ニ ヌ ネ ノ ハ ヒ フ ヘ ホ マ ミ ム メ モ ヤ ユ ヨ ラ リ
ル レ ロ ワ ヰ ヱ ヲ ン 日 月 火 水 木 金 土 問 答 例 ■ AM KK No PH PM PR TEL ™ VS a/c a.m. c/c c.c. % dl hPa kl l
μg μm ml m/m n/m pH p.m. …
合資会社 合名会社 社団法人 宗教法人 郵便番号 法医人療 法学人校 組共合同 組協合同 会合社資 会合社名 法社人団 法宗人教 番郵号便 ‐ ＝ ℃ ♀ ♂ 「 」 『 』 〚 〛 〘 〙 《 》 〝 〟
' " JAS ℵ ⚾ ♨ ♩ ♬ ‥ © © ® ® !! !? ⁈ ⁉ ∓ ≃ ≲ ≳
⟋ ⟍ ✂ ✄ 卍 ∇ ∅ ⊠ ⊖ ⊘ ⊕ ⊗ ⊞ ⚠ ◀ ▶ ⇦ ⇨ ⇧ ⇩ ⇐ ↔ ↘ ↙
↖ ↗ ⇄ ⇆ ← → ↑ ↓ ↔ ↕ ❖ ◆ ◇ ● ○ ◎ ⊙ □ ■ ▪ ＋
✚ ◇ ◆ ◈ ◎ ⊙ ○ ● ⟨ ⟩ ∧ ∨ ≪ ≫
● ✱ ※ ○ ◎ ⊙ △ ▲ ( ) 〔 〕 € Ω ﬀ ﬃ
Ā Ī Ū Ē Ō ⅛ ⅜ ⅝ ⅞ ⅓ ⅔ …
∈ ∋ ⊆ ⊇ ⊂ ⊃ ∪ ∩ ⊄ ⊅ ⊊ ⊋ ∉ ∅ ⊼ ⊽ ∧ ∨ ⇒ ⇔ ∀ ∃ ⊕ ⊖ ⊗ ∥ ∦ ∠ ⊥ ∂ ∇ ≡ ≒ ≪ ≫ √ ∽
∝ ∵ ∫ ∬ ≢ ≃ ≅ ≈ ≶ ≷ ↔ ∓ ℵ ℏ ℧ ⅕ ⌘ Ḿ ḿ Ǹ ǹ ǖ ǘ ǚ ǜ Ą ˘ Ľ Ś Ş Ť Ź Ż ą
Ĭ ś ˇ ş ť ź ˝ ż Ŕ Ă Ĺ Ć Č Ę Ď Ń Ň Ő Ř Ű Ţ ŕ ă ĺ ć č ę ď đ ń ň ő ř ű ţ
Ĉ Ĝ Ĥ Ĵ Ŝ Ŭ ĉ ĝ ĥ ĵ ŝ ŭ ɱ ʋ ɾ ɟ ɮ ɹ ʈ ɖ ɳ ɽ ʂ ʐ ɻ ɭ ɟ ɲ ʝ ʎ ɡ ɰ ʁ ħ ʕ ʔ ɦ
Θ ǂ ɓ ɗ ʄ ɠ ʛ ɨ ʉ ɘ ɜ ɞ ɐ ɯ ʊ ɤ ʌ ʍ ɥ ʢ ʡ ɕ ʑ ɺ ɧ
…
ⓘ ① ② ③ ④ ⑤ ⑥ ⑦ ⑧ ⑨ ⑩ ⁇ ⁈
¤ ⁑ ⁂ レ 一 二 三 四 上 中 下 甲 乙 丙 丁 天 地 人 ♻
…
[Remaining rows: accented Latin, IPA and rotated variant glyphs not transcribed individually] 鍮 龠

資　料

InDesignの文字組セット

レイアウト用アプリのInDesignには，あらかじめ「文字組みプリセット」が14種類(「繁体中国語」「簡体中国語」を加えて16種類)用意されている。これは，JIS (JIS X 4051)で定められた日本語組版の基準に則って作成されたものである。この「プリセット」を元にして文字組みのセットをカスタマイズができるので，出版社独自のハウスルールを作成することが可能である。

「文字組みプリセット」は，行末にくる約物の処理方法によって6つのグループに分けられ，さらにそれぞれのグループで段落先頭行と起こしの括弧類の字下げ(1字下げるか下げないか)のバリエーションがある。

●行末の約物

「全角」「半角」というのは，仮想ボディを1字分(全角)使うか1/2字分(半角)使うかの違いである。句読点や括弧類は仮想ボディの半角大の中に設計されており，通常はその後ろ(起こしの括弧類は前)に半角のスペースを付け，合わせて全角として使われる。中黒は半角大の中に設計され，前後に1/4字分(四分)のスペースがつき，合わせて全角として使われる。参照▶64ページ

これらのスペースは，行内に括弧類や欧文などが入り，行長が文字サイズの整数倍にならない場合に，行長調整に使われる。

●改行の字下げ

段落先頭の字下げに加え，起こしの括弧類の字下げが3種類ある。実質全角下げになるように組めば半角分の半端をどこかで調整する必要が生じる。半角下げ(起こし食い込み)では，冒頭の字下げが他の段落先頭(全角下げ)と揃わない。実質全角半アキ(起こし全角)では，括弧類から始まる段落だけが他の段落先頭より半角分下がる。

これらの長所短所を考えて，最適な文字組みセットを選択する。参照▶62ページ

▼InDesignの文字組みプリセット

＊「弱い禁則」を使用

聞いて、メロスは激怒した。「呆れた王だ。生かして置けぬ。」
メロスは、単純な男であった。買い物を、背負ったままで、のそのそ王城にはいって行った。たちまち彼は、巡邏の警吏に捕縛された。調べられて、メロスの懐中からは短剣が出て来たので、騒ぎが大きくなってしまった。メロスは、王の前に引き出された。
「この短刀で何をするつもりであったか。言え！」暴君ディオニスは静かに、けれども威厳を以て問いつめた。その王の顔は蒼白で、眉間の皺は、刻み込まれたように深かった。
「市を暴君の手から救うのだ。」とメロスは悪びれずに答えた。

①[行末約物半角]

行　　末：約物は半角
段落先頭：字下げなし
起こし括弧類：半角(天付き)
折り返し(文章が続いていて自動的に行頭にくること)行頭の起こし括弧類：半角(天付き)

　聞いて、メロスは激怒した。「呆れた王だ。生かして置けぬ。」
　メロスは、単純な男であった。買い物を、背負ったままで、のそのそ王城にはいって行った。たちまち彼は、巡邏の警吏に捕縛された。調べられて、メロスの懐中からは短剣が出て来たので、騒ぎが大きくなってしまった。メロスは、王の前に引き出された。
「この短刀で何をするつもりであったか。言え！」暴君ディオニスは静かに、けれども威厳を以て問いつめた。その王の顔は蒼白で、眉間の皺は、刻み込まれたように深かった。
「市を暴君の手から救うのだ。」とメロスは悪びれずに答えた。

②[行末約物半角・段落1字下げ]

行　　末：約物は半角
段落先頭：1字下げ
起こし括弧類：半角(実アキ全角)
折り返し行頭の起こし括弧類：半角(天付き)

聞いて、メロスは激怒した。「呆れた王だ。生かして置けぬ。」
メロスは、単純な男であった。買い物を、背負ったままで、のそのそ王城にはいって行った。たちまち彼は、巡邏の警吏に捕縛された。調べられて、メロスの懐中からは短剣が出て来たので、騒ぎが大きくなってしまった。メロスは、王の前に引き出された。
「この短刀で何をするつもりであったか。言え！」暴君ディオニスは静かに、けれども威厳を以て問いつめた。その王の顔は蒼白で、眉間の皺は、刻み込まれたように深かった。
「市を暴君の手から救うのだ。」とメロスは悪びれずに答えた。

⑥[行末受け約物全角／半角]

行　　末：約物は全角または半角
段落先頭：字下げなし
起こし括弧類：半角(天付き)
折り返し行頭の起こし括弧類：半角(天付き)

　聞いて、メロスは激怒した。「呆れた王だ。生かして置けぬ。」
　メロスは、単純な男であった。買い物を、背負ったままで、のそのそ王城にはいって行った。たちまち彼は、巡邏の警吏に捕縛された。調べられて、メロスの懐中からは短剣が出て来たので、騒ぎが大きくなってしまった。メロスは、王の前に引き出された。
　「この短刀で何をするつもりであったか。言え！」暴君ディオニスは静かに、けれども威厳を以て問いつめた。その王の顔は蒼白で、眉間の皺は、刻み込まれたように深かった。
「市を暴君の手から救うのだ。」とメロスは悪びれずに答えた。

⑦[行末受け約物全角／半角・段落1字下げ(起こし全角)]

行　　末：約物は全角または半角
段落先頭：1字下げ
起こし括弧類：全角(実アキ全角半)
折り返し行頭の起こし括弧類：半角(天付き)

　聞いて、メロスは激怒した。「呆れた王だ。生かして置けぬ。」
　メロスは、単純な男であった。買い物を、背負ったままで、のそのそ王城にはいって行った。たちまち彼は、巡邏の警吏に捕縛された。調べられて、メロスの懐中からは短剣が出て来たので、騒ぎが大きくなってしまった。メロスは、王の前に引き出された。
　「この短刀で何をするつもりであったか。言え！」暴君ディオニスは静かに、けれども威厳を以て問いつめた。その王の顔は蒼白で、眉間の皺は、刻み込まれたように深かった。
　「市を暴君の手から救うのだ。」とメロスは悪びれずに答えた。

⑪[行末句点全角・段落1字下げ(起こし全角)]

行　　末：句点は常に全角
段落先頭：1字下げ
起こし括弧類：全角(実アキ全角半)
折り返し行頭の起こし括弧類：全角(実アキ半角)

聞いて、メロスは激怒した。「呆れた王だ。生かして置けぬ。」
メロスは、単純な男であった。買い物を、背負ったままで、のそのそ王城にはいって行った。たちまち彼は、巡邏の警吏に捕縛された。調べられて、メロスの懐中からは短剣が出て来たので、騒ぎが大きくなってしまった。メロスは、王の前に引き出された。
「この短刀で何をするつもりであったか。言え！」暴君ディオニスは静かに、けれども威厳を以て問いつめた。その王の顔は蒼白で、眉間の皺は、刻み込まれたように深かった。
「市を暴君の手から救うのだ。」とメロスは悪びれずに答えた。

⑫[約物全角]

行　　末：約物は全角
段落先頭：字下げなし
起こし括弧類：全角(実アキ半角)
折り返し行頭の起こし括弧類：全角(実アキ半角)

聞いて、メロスは激怒した。「呆れた王だ。生かして置けぬ。」

メロスは、単純な男であった。買い物を、背負ったままで、のそのそ王城にはいって行った。たちまち彼は、巡邏の警吏に捕縛された。調べられて、メロスの懐中からは短剣が出て来たので、騒ぎが大きくなってしまった。メロスは、王の前に引き出された。

「この短刀で何をするつもりであったか。言え！」暴君ディオニスは静かに、けれども威厳を以て問いつめた。その王の顔は蒼白で、眉間の皺は、刻み込まれたように深かった。「市を暴君の手から救うのだ。」とメロスは悪びれずに答えた。

③[行末受け約物半角・段落1字下げ(起こし全角)]

行　　末：約物は半角
段落先頭：1字下げ
起こし括弧類：全角（実アキ全角半）
折り返し行頭の起こし括弧類：半角（天付き）

聞いて、メロスは激怒した。「呆れた王だ。生かして置けぬ。」

メロスは、単純な男であった。買い物を、背負ったままで、のそのそ王城にはいって行った。たちまち彼は、巡邏の警吏に捕縛された。調べられて、メロスの懐中からは短剣が出て来たので、騒ぎが大きくなってしまった。メロスは、王の前に引き出された。

「この短刀で何をするつもりであったか。言え！」暴君ディオニスは静かに、けれども威厳を以て問いつめた。その王の顔は蒼白で、眉間の皺は、刻み込まれたように深かった。「市を暴君の手から救うのだ。」とメロスは悪びれずに答えた。

④[行末受け約物半角・段落1字下げ(起こし食い込み)]

行　　末：約物は半角
段落先頭：1字下げ
起こし括弧類：半角食い込ませる（実アキ半角）
折り返し行頭の起こし括弧類：半角（天付き）

聞いて、メロスは激怒した。「呆れた王だ。生かして置けぬ。」

メロスは、単純な男であった。買い物を、背負ったままで、のそのそ王城にはいって行った。たちまち彼は、巡邏の警吏に捕縛された。調べられて、メロスの懐中からは短剣が出て来たので、騒ぎが大きくなってしまった。メロスは、王の前に引き出された。

「この短刀で何をするつもりであったか。言え！」暴君ディオニスは静かに、けれども威厳を以て問いつめた。その王の顔は蒼白で、眉間の皺は、刻み込まれたように深かった。「市を暴君の手から救うのだ。」とメロスは悪びれずに答えた。

⑤[行末約物全角／半角・段落1字下げ]

行　　末：約物は半角または全角
段落先頭：1字下げ
起こし括弧類：半角（実アキ全角）
折り返し行頭の起こし括弧類：半角（天付き）

聞いて、メロスは激怒した。「呆れた王だ。生かして置けぬ。」

メロスは、単純な男であった。買い物を、背負ったままで、のそのそ王城にはいって行った。たちまち彼は、巡邏の警吏に捕縛された。調べられて、メロスの懐中からは短剣が出て来たので、騒ぎが大きくなってしまった。メロスは、王の前に引き出された。

「この短刀で何をするつもりであったか。言え！」暴君ディオニスは静かに、けれども威厳を以て問いつめた。その王の顔は蒼白で、眉間の皺は、刻み込まれたように深かった。「市を暴君の手から救うのだ。」とメロスは悪びれずに答えた。

⑧[行末受け約物全角／半角・段落1字下げ(起こし食い込み)]

行　　末：約物は全角または半角
段落先頭：1字下げ
起こし括弧類：半角食い込ませる（実アキ半角）
折り返し行頭の起こし括弧類：半角（天付き）

聞いて、メロスは激怒した。「呆れた王だ。生かして置けぬ。」
メロスは、単純な男であった。買い物を、背負ったままで、のそのそ王城にはいって行った。たちまち彼は、巡邏の警吏に捕縛された。調べられて、メロスの懐中からは短剣が出て来たので、騒ぎが大きくなってしまった。メロスは、王の前に引き出された。
「この短刀で何をするつもりであったか。言え！」暴君ディオニスは静かに、けれども威厳を以て問いつめた。その王の顔は蒼白で、眉間の皺は、刻み込まれたように深かった。「市を暴君の手から救うのだ。」とメロスは悪びれずに答えた。

⑨[行末句点全角]

行　　末：句点は常に全角
段落先頭：字下げなし
起こし括弧類：半角（天付き）
折り返し行頭の起こし括弧類：半角（天付き）

聞いて、メロスは激怒した。「呆れた王だ。生かして置けぬ。」

メロスは、単純な男であった。買い物を、背負ったままで、のそのそ王城にはいって行った。たちまち彼は、巡邏の警吏に捕縛された。調べられて、メロスの懐中からは短剣が出て来たので、騒ぎが大きくなってしまった。メロスは、王の前に引き出された。

「この短刀で何をするつもりであったか。言え！」暴君ディオニスは静かに、けれども威厳を以て問いつめた。その王の顔は蒼白で、眉間の皺は、刻み込まれたように深かった。「市を暴君の手から救うのだ。」とメロスは悪びれずに答えた。

⑩[行末句点全角・段落1字下げ]

行　　末：句点は常に全角
段落先頭：1字下げ
起こし括弧類：半角（実アキ全角）
折り返し行頭の起こし括弧類：半角（天付き）

聞いて、メロスは激怒した。「呆れた王だ。生かして置けぬ。」

メロスは、単純な男であった。買い物を、背負ったままで、のそのそ王城にはいって行った。たちまち彼は、巡邏の警吏に捕縛された。調べられて、メロスの懐中からは短剣が出て来たので、騒ぎが大きくなってしまった。メロスは、王の前に引き出された。

「この短刀で何をするつもりであったか。言え！」暴君ディオニスは静かに、けれども威厳を以て問いつめた。その王の顔は蒼白で、眉間の皺は、刻み込まれたように深かった。「市を暴君の手から救うのだ。」とメロスは悪びれずに答えた。

⑬[約物全角・段落1字下げ]

行　　末：約物は全角
段落先頭：1字下げ
起こし括弧類：半角（実アキ全角）
折り返し行頭の起こし括弧類：全角（実アキ半角）

聞いて、メロスは激怒した。「呆れた王だ。生かして置けぬ。」

メロスは、単純な男であった。買い物を、背負ったままで、のそのそ王城にはいって行った。たちまち彼は、巡邏の警吏に捕縛された。調べられて、メロスの懐中からは短剣が出て来たので、騒ぎが大きくなってしまった。メロスは、王の前に引き出された。

「この短刀で何をするつもりであったか。言え！」暴君ディオニスは静かに、けれども威厳を以て問いつめた。その王の顔は蒼白で、眉間の皺は、刻み込まれたように深かった。「市を暴君の手から救うのだ。」とメロスは悪びれずに答えた。

⑭[約物全角・段落1字下げ(起こし全角)]

行　　末：約物は全角
段落先頭：1字下げ
起こし括弧類：全角（実アキ全角半）
折り返し行頭の起こし括弧類：全角（実アキ半角）

＊行末の約物の処理方法で分類すると6グループ（＋中国語）になる（InDesignの設定画面はこの順序ではない）。

[行末約物半角]
① 行末約物半角
② 行末約物半角・段落1字下げ

[行末受け約物半角]
③ 行末受け約物半角・段落1字下げ（起こし全角）
④ 行末受け約物半角・段落1字下げ（起こし食い込み）

[行末約物全角／半角]
⑤ 行末約物全角／半角・段落1字下げ

[行末受け約物全角／半角]
⑥ 行末受け約物全角／半角
⑦ 行末受け約物全角／半角・段落1字下げ（起こし全角）
⑧ 行末受け約物全角／半角・段落1字下げ(起こし食い込み)

[行末句点全角]
⑨ 行末句点全角
⑩ 行末句点全角・段落1字下げ
⑪ 行末句点全角・段落1字下げ（起こし全角）

[約物全角]
⑫ 約物全角
⑬ 約物全角・段落1字下げ
⑭ 約物全角・段落1字下げ（起こし全角）

[繁体中国語]［簡体中国語］

罫線(ケイ)・矢印の作成

DTPアプリで線(罫線，ケイ)を作成するには，線幅，線端形状，破線数値の入力などを組み合わせて行う。

ここではIllustratorを使った代表的なケイの作成法を紹介する。太さや破線の間隔などのバリエーションについては，試行錯誤が必要になる。

なお，ケイを重ね合わせて作成する組ケイに関しては，「アピアランス」パネルを使って作ることができるが，作成後は1本のケイのように扱うことができ，囲み処理や後の修正も容易である。

アプリのケイ作成機能に付随した矢印作成の概要も把握しておくとよい。

レイアウト用アプリのInDesignにもケイ作成＋矢印作成の機能が搭載されている。

▼Illustratorでのケイの作成

0.1mmケイ(表ケイ〈0.3point〉)

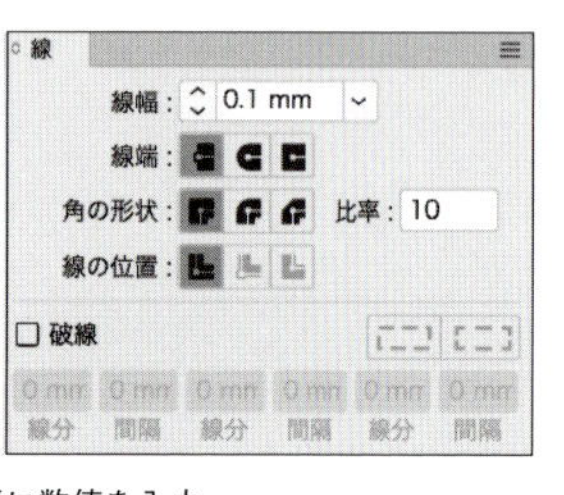

線幅に数値を入力

0.5mmケイ

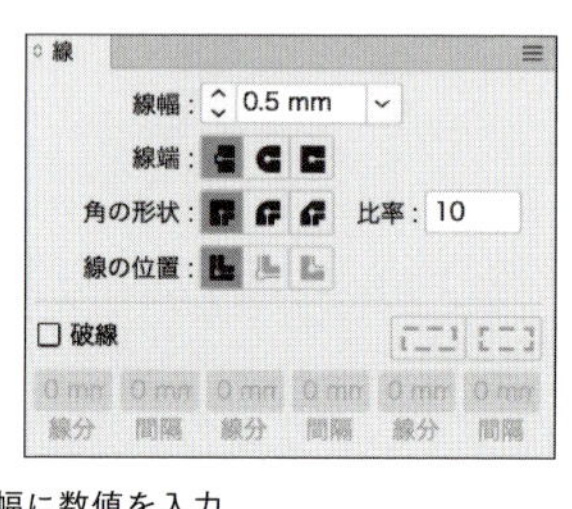

線幅に数値を入力

0.1mm双柱ケイ

＊ケイ間0.5mmの場合

0.7mmケイ（色）の上に
0.5mmケイ（白）を乗せる

子持ちケイ

＊0.1mmケイと0.8mmケイを使いケイ間が0.5mmの場合

0.1mmケイを0.95mm複製移動し，
0.8mmケイにする

両子持ちケイ

＊0.8mmケイの両側に0.1mmケイを配し，全体の太さは2ミリの場合

2mmケイ（色）の上に
1.8mmケイ（白）を乗せ，さらに
0.8mmケイ（色）を乗せる

0.1mm三筋ケイ

＊ケイ間0.5mmの場合

1.3mmケイ（色）の上に
1.1mmケイ（白）を乗せ，さらに
0.1mmケイ（色）を乗せる

0.1mm波ケイ(ブルケイ)

0.1mmケイを描き，
［効果］→［パスの変形］→［ジグザグ］を選択，［大きさ］0.35，［折り返し］20，
［ポイント］「滑らかに」

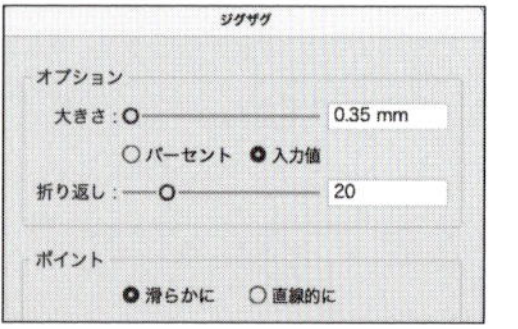

鉄道線(主に国鉄・JR・幹線級)

＊太さ0.8mmの場合
0.8mmケイ（色）の上に
0.5mmケイ（白）を乗せ破線とし，
破線欄＝線分：1.2mm

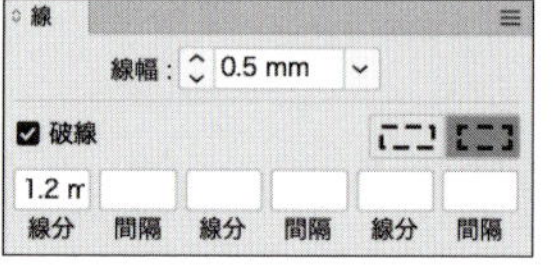

鉄道線(主に私鉄)

＊太さ1mmの場合
0.2mmケイ（色）の上に
1mmケイ（色）を乗せ破線とし，
破線欄＝線分：0.2mm　間隔：0.9mm

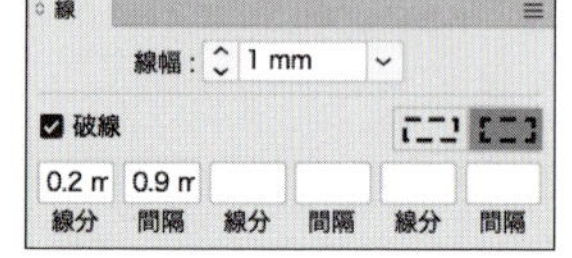

[破線類]

破線類は線幅を入力後に「線端」の形状を選択,「破線」にチェックを入れ，線分欄，間隔欄にそれぞれの幅を入力して作成する。
線幅と線端の形状，線分欄，間隔欄の数値の組み合わせで「破線」「ミシンケイ」「カスミケイ」「1点破線」「2点破線」「星ケイ(点線)」が作成できる

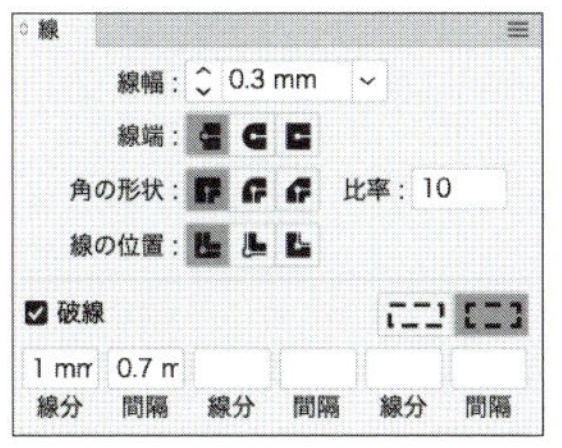

破線／ミシンケイ

0.1mm
0.15mm
0.2mm
0.3mm
0.5mm
0.8mm
1mm
1.2mm
1.5mm
2mm

線分：1mm　間隔：0.7mm

破線／ミシンケイ

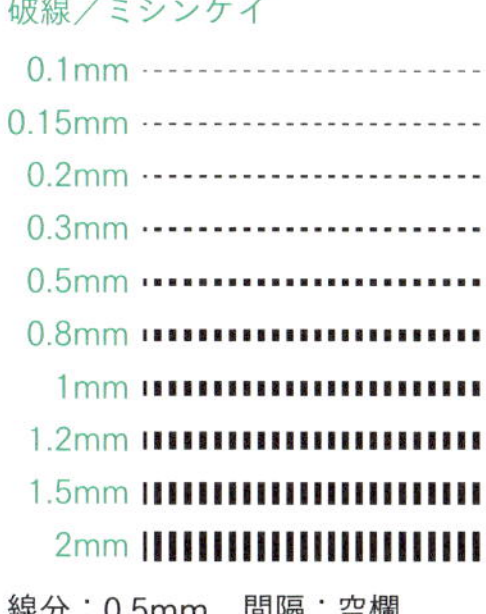

線分：0.5mm　間隔：空欄
(間隔は空欄なら線分の数値と同じになる)

カスミケイ

0.1mm
0.15mm
0.2mm
0.3mm
0.5mm
0.8mm
1mm
1.2mm
1.5mm
2mm

線分：0.1mm　間隔：0.2mm

1点破線

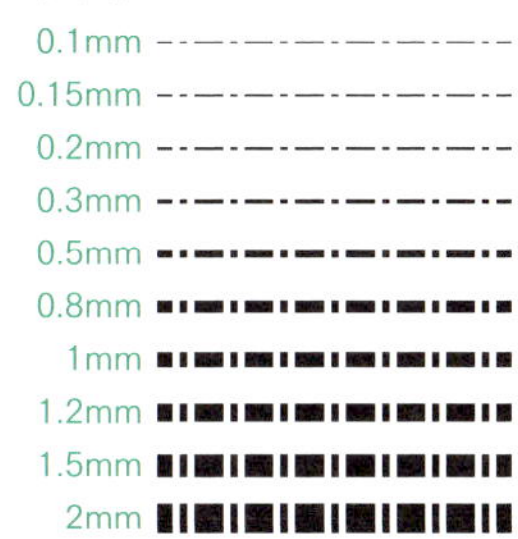

線分：2mm　間隔：0.5mm
線分：0.5mm　間隔：0.5mm

2点破線

0.1mm
0.15mm
0.2mm
0.3mm
0.5mm
0.8mm
1mm
1.2mm
1.5mm
2mm

線分：2mm　間隔：0.5mm
線分：0.5mm　間隔：0.5mm
線分：0.5mm　間隔：0.5mm

星ケイ(点線)

0.1mm
0.15mm
0.2mm
0.3mm
0.5mm
0.8mm
1mm

丸型線端
線分：0mm　間隔：1mm
(間隔の数値を線幅と同じにすると●がくっついた点線になる)

▼InDesignに搭載されているケイ

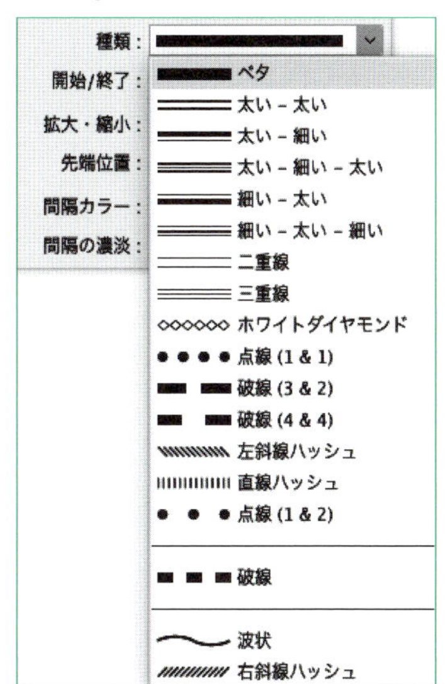

＊InDesignの［線］パネルに搭載されているケイの種類。線幅を入力して種類を選択するので簡易だが，Illustratorでの作ケイほど正確な指定はできない。また，オリジナルの線種を作成する機能があり，そこで作成した線種はこのポップアップメニューに反映される

▼Illustratorでの矢印作成

[線幅による矢印の大きさの変化]

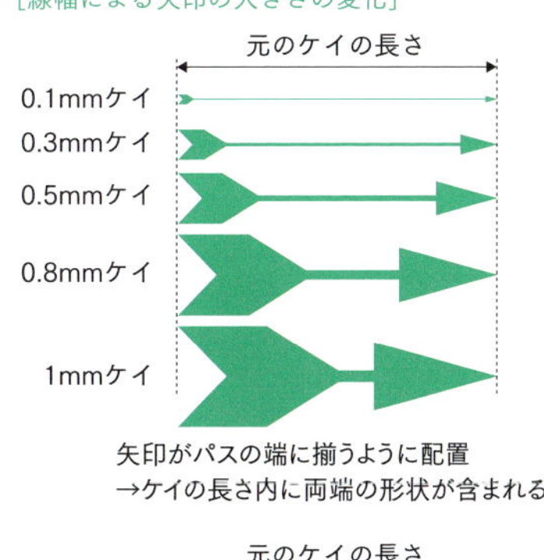

矢印がパスの端に揃うように配置
→ケイの長さ内に両端の形状が含まれる

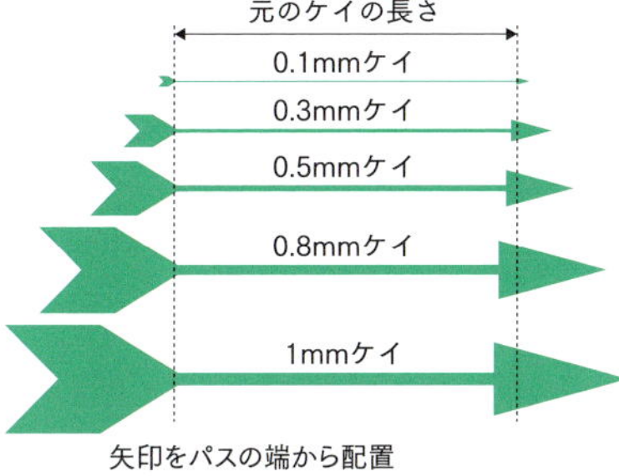

矢印をパスの端から配置
→ケイの長さの外に両端の形状がはみだす

[拡縮率による矢印の大きさの変化]

元のケイの太さは0.2mm,
両端形状の倍率同じ

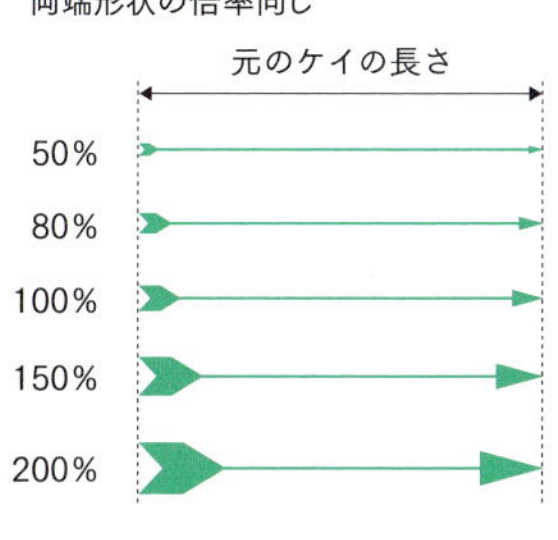

＊Illustratorの［線］パネルでの操作で矢印が作成できる。元になるケイの太さに連動して両端の形状の大きさが変わり，［先頭位置］アイコンの選択で矢印全体の長さが変わる
＊［倍率］欄への数値入力で両端の大きさを変えることができる
＊作例はいずれもケイ左端の形状はIllustratorプリセットの「20」，右端の形状は「9」。形状のバリエーションは 参照▶72ページ

装丁

●装丁とは

装丁とは，書物の外装を（美しく）仕上げるデザイン技術のことであり，「装丁」「装幀」「装釘」「装訂」などの字があてられる。

主にデザイナーが受け持つ「装丁」の範囲は，通常は，カバー，表紙，見返し，本扉，帯，函などの（用紙の選定も含めた）デザインである。これらをデザインし，印刷用のデータを仕上げ（フィニッシュ）て納品するまでが装丁デザイナーの仕事である。

シリーズ本や大型本などでは企画段階からデザイナーが参画し，判型，製本様式，本文用紙などトータルな造本デザインに携わることも多い。

ここでは一般的な単行本の装丁作業について概説する。

▼装丁作業の流れ（単行本の典型例）

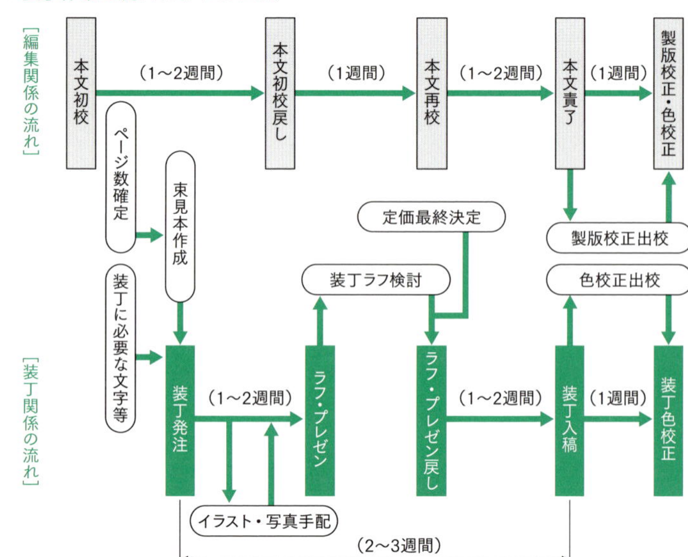

▼本扉・表紙の台紙（版下・データ）

＊必ず束見本に巻いて確認をする

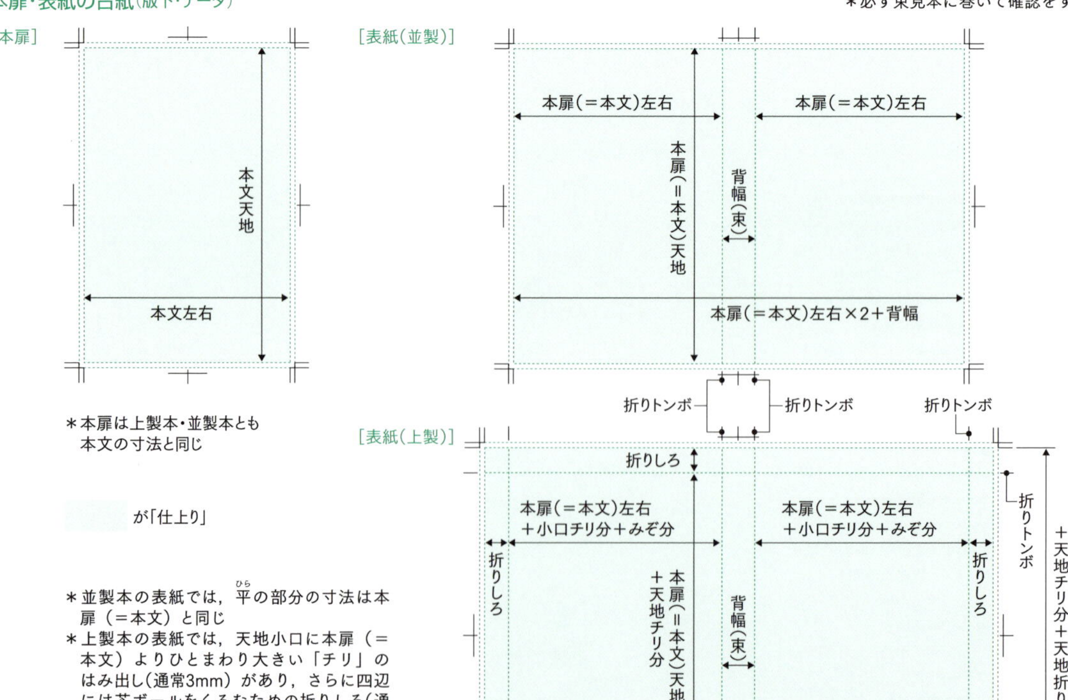

＊本扉は上製本・並製本とも本文の寸法と同じ

が「仕上り」

＊並製本の表紙では，平（ひら）の部分の寸法は本扉（＝本文）と同じ
＊上製本の表紙では，天地小口に本扉（＝本文）よりひとまわり大きい「チリ」のはみ出し（通常3mm）があり，さらに四辺には芯ボールをくるむための折りしろ（通常15mm）がある。芯ボールが厚い場合は折りしろを1～2mm増やす
＊みぞが凹む分（1mm程度）を加味する

●装丁作業の流れ

本文の初校が出て書名とページ数がほぼ確定した段階で，装丁が発注される。編集者からデザイナーに書名，著者名，判型，製本様式，ページ数などのデータ，内容，読者対象，装丁のイメージなどが伝えられると同時に「束見本」が渡される。

「束見本」は，実際に使用する資材で作られる製本見本のことで製本所で作製される。版下，データの作成時には，これにあたって寸法などを確認するものである。

デザイナーは，受注から1～2週間で装丁のラフ（スケッチ）を手描き，モノクロ，カラーカンプなどの形で出版社に提出する。

ラフが出版社で検討されてデザイナーに戻ると，デザイナーは版下ないしデータのフィニッシュ作業を行う。

●版下･データの作成

カバー，表紙，本扉，帯などそれぞれにつき展開図の形で入稿データを作成する。四辺中央にセンタートンボ，四隅にコーナートンボを入れ，カバー，表紙，帯では背とソデの折られる箇所に折りトンボを付ける。また，上製本の表紙では，天地小口にある「チリ」分と，用紙を芯ボールに巻きつけるための折りしろ分を加える。さらにみぞの凹み分を加味する。参照▶13ページ

データの納品時には用紙，インキ，加工（箔押し，PP貼りなど）の指示をし，上製本では花布，スピン（しおりひも）の指定も必要になる。

▼装丁発注に必要なもの

[文字要素]
- 書名，副題
- 著者（訳者，編者，監修者）
- シリーズ名，社名
- 欧文（翻訳書の原書書名など）
- 著者紹介
- ソデに入る文言
- 帯に入る文言　など

[ビジュアル要素]
- 写真，イラスト
- 社マーク
- シリーズロゴ　など

[その他の要素]
- バーコード，ISBNコード
- 定価表示　など

[造本データ]
- 判型
- 製本様式
- 束寸法
- 組方向
- 各部の色数
- 用紙の条件　など

[その他]
- 内容，読者対象
- 装丁のイメージ
- 納品形態（データ，版下，レイアウト指定）
- OS・アプリケーション・フォントなどの条件
- 納期，デザイン料　など

▼カバー･帯の台紙（版下･データ）

＊必ず束見本に巻いて確認をする

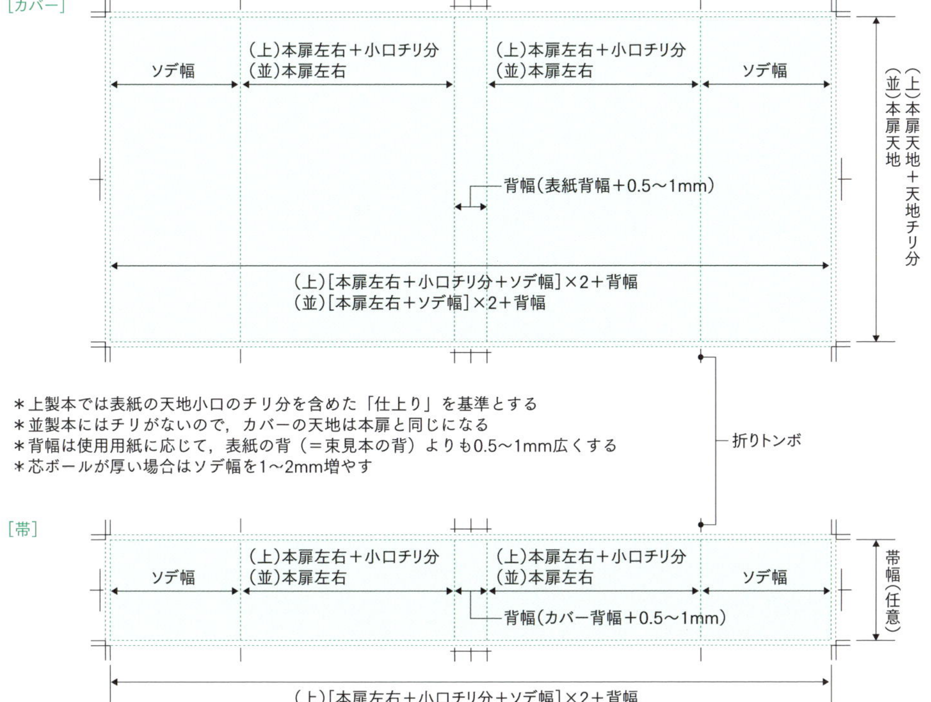

＊帯幅はB6判，四六判，A5判の書籍では通常50～70mm。文庫本などでは40～45mmのものもある。背幅は使用用紙に応じてカバーの背幅＋0.5～1mmにする
＊芯ボールが厚い場合はソデ幅を1～2mm増やす

が「仕上り」

processing

出版物での加工

出版物の製作では，印刷工程後に断裁・折りをはじめとするさまざまな加工が施される。製本も加工の一種だが，ここではそれ以外のものを概説する。

●折り

出版物では，32ページ，16ページ，8ページといった単位でページを面付して原紙に印刷するが，製本のためにそれを規則に従って折るとページがつながる折丁になり，その折丁を重ねて綴じる。

チラシ，ダイレクトメール，カードなど1枚ものの印刷物では，印刷後に2つ折，3つ折などにすることがある。

折りの依頼では，校正やプリンタ出力などで「折り見本」を作製して提出し，表裏や前後の関係を明確にして間違いを防ぐ。

●PP貼り（ラミネート加工）

カバーなどの印刷面を保護するためにポリプロピレンフィルムを加熱圧着で貼り付けるもの。フィルムには，グロス（艶）とマット（艶消し）がある。

●ニス刷り

印刷面を保護したいが，ファンシーペーパーなどで紙の触感も残したい場合には，印刷機を使って表面にニスを塗る。光沢のニスとマット（艶消し）のニスがある。

●製函

函は大きく分けて，

①機械函：ボールを組み立てて針金で天地を止める

②組立函：天地を糊付けする

③貼り函：ボールで芯になる下函をつくり，その上に印刷した上貼り紙を貼る

の3種類あるが，他にも背の部分がないスリーブ，豪華本に使われる夫婦(めおと)函や帙(ちつ)，保護用・輸送用のダンボール函などがある。

函は本の厚さにできるだけぴったりと合ったもので，きつからずゆるからず，「函から本がスルスルと落ちてくる」のが理想とされる。製函所では束見本を基に函見本

▼代表的な折り

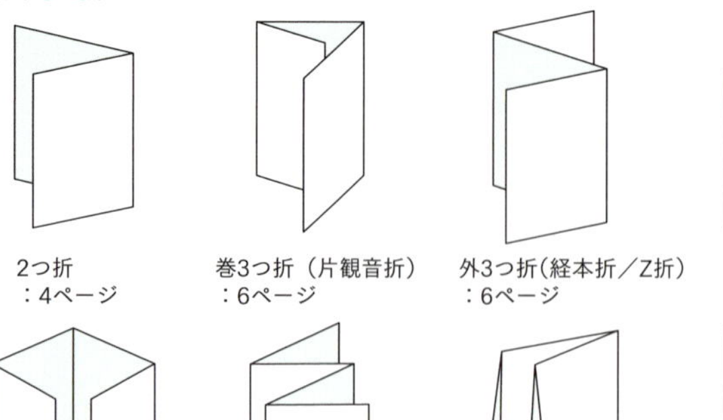

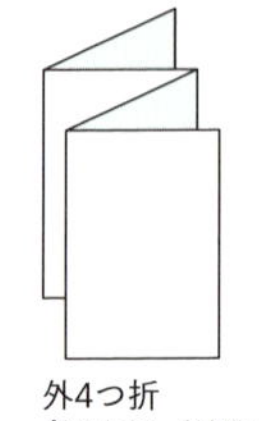
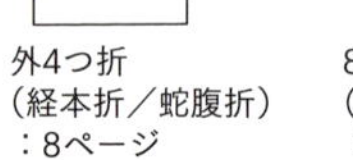
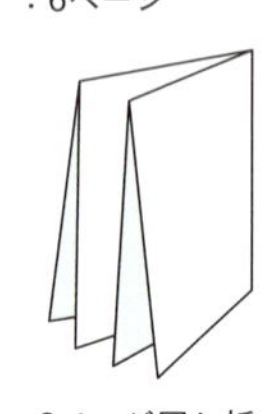
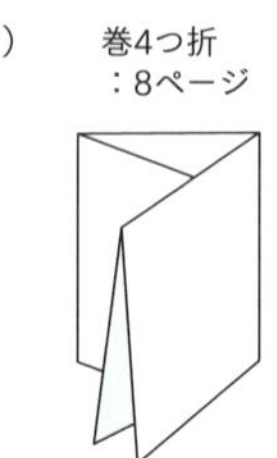

＊経本折・観音折は「平行折」ともいわれるが，仕上りが明確でないので使わない方がよい
＊折りの名称は加工所によってさまざまなので，折り見本の提出が必要

▼PP貼りのしくみ

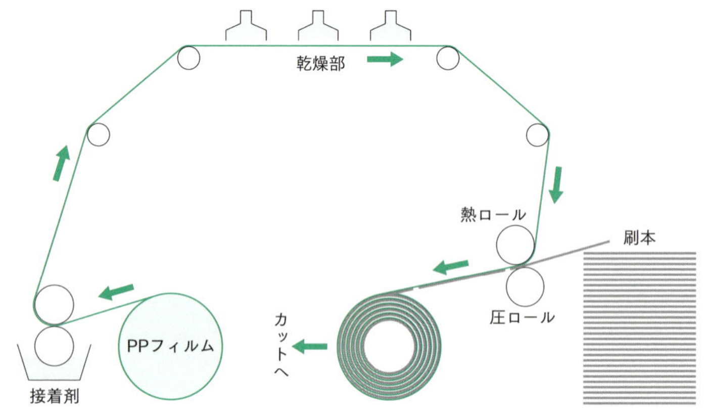

▼機械函・組立函の製造工程

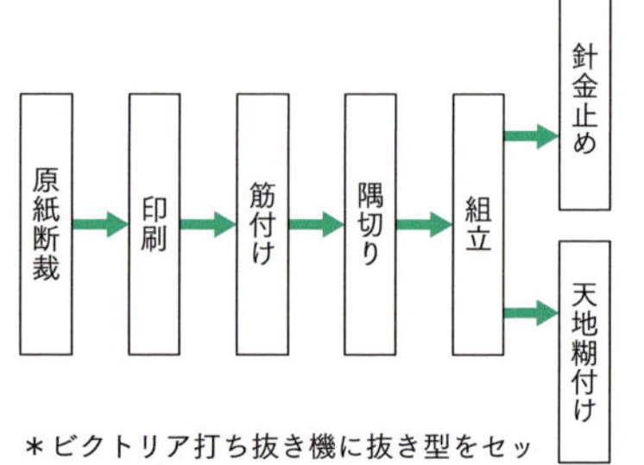

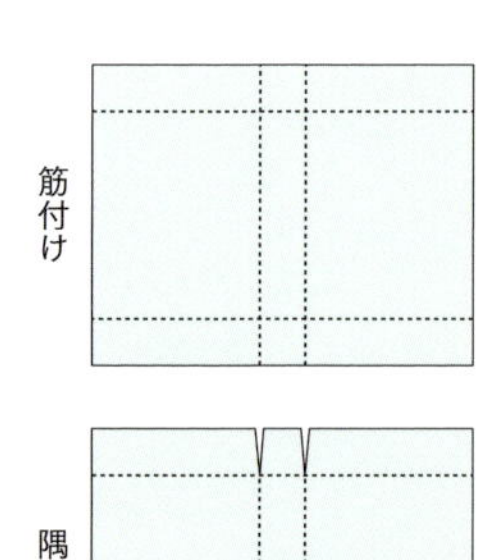

＊ビクトリア打ち抜き機に抜き型をセットすれば，四辺の打ち抜きと筋付けを一度に行うことができる（ビク抜き）。ファンシーペーパーや多色刷などの場合には，印刷後にボールと合紙してビク抜きすればいい

を製作するが，愛読者カードなどの「投げ込み」が入り本が膨らむ場合があることも念頭におく必要がある。

● 綴穴開け

社内報・業界誌などでは，読後に綴じて保存できるように，綴穴を開けることがある。通常は2穴で，その間隔は80mm。

● 箔押し

熱と加圧によって，箔を紙などに転写する加工で，古くから表紙に使われてきたが，カバーに使われることも多くなった。PP貼りも施す場合は，PP貼り後に箔押しをする方が効果がある。

箔押しには，①箔押機，②箔，③金版が必要で，箔押機に画線部が凸状になった金版をセットし，箔を金版と紙などの間に入れて，加熱した金版により加圧することで箔が紙などに転写される。

箔には次のような種類がある。

①メタリックホイル（金属蒸着箔）：金箔，銀箔（いずれも艶，艶消しあり）
②ピグメントホイル（顔料箔・色箔）
③メタリック顔料箔：パール箔，レインボー箔など
④ホログラムホイル：偽造防止用に使われることもある

金版の素材は，鋼鉄，真鍮，銅合金，銅，マグネシウム，亜鉛，樹脂などで，製作は彫刻法，腐食法の2種類がある。腐食法はエッジの角度が緩くなるため，彫刻法に比べて輪郭部分の箔切れ・抜けが悪い。

箔を使わずに加熱・加圧してその部分だけを凹ませるのが「空押し」，凹状の金版と凸状の版とで紙を挟み，レリーフ状に浮き上がらせるのが「浮き上げ箔」である。

箔加工の新技術に「インラインフォイル（コールドフォイル）」がある。接着剤で箔を貼付するもので，印刷と繋げて箔加工ができ，箔の上への印刷も可能。金版製作，刷本移動などの時間やコストが節約できる。

▼函の種類

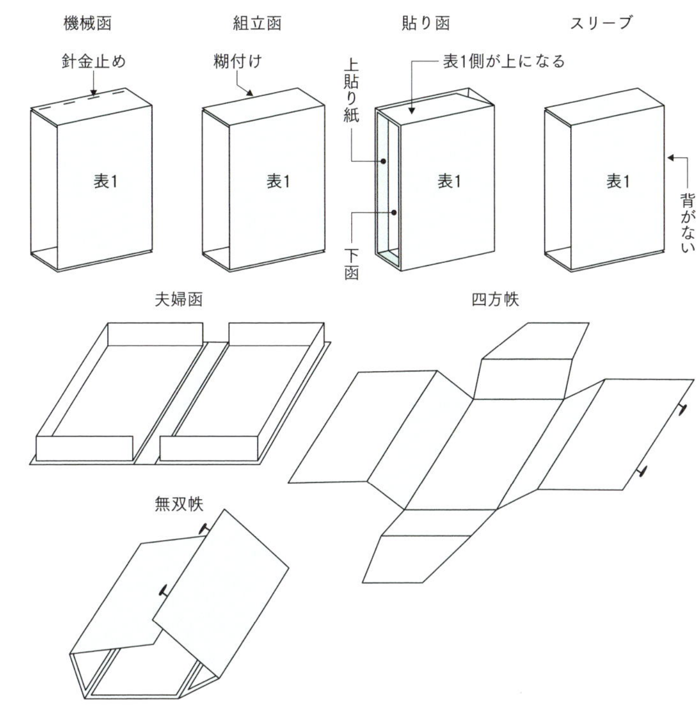

▼箔押し

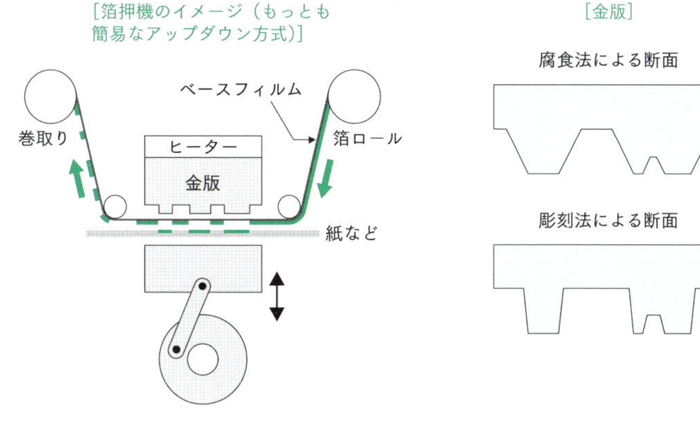

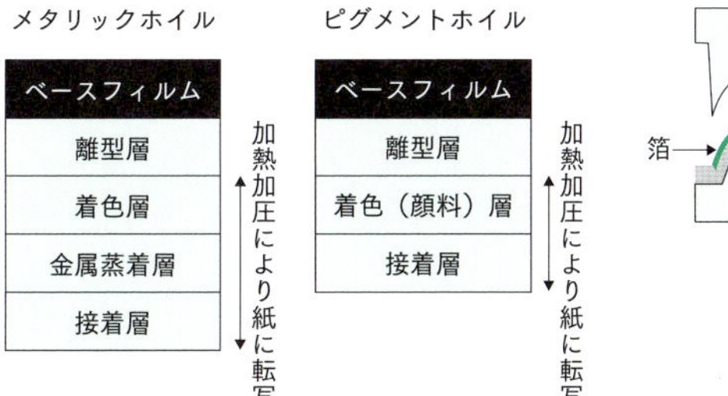

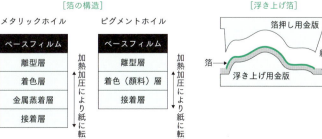

和装本

日本には伝統的な製本技術が存在し，総称して「和装本（和本）」といわれる。明治期に洋装本の製本技術が確立するまでは和装で製本された書籍が流通していた。現在流通している一般の書籍では見かけないが，経本や謡曲など伝統的な邦楽書などで限定的に使われている。

和装本の形態はさまざまだが，糊を使って綴じる方法と，糸を使って綴じる方法の2種に大別される。

●糊を使う綴じ

もっとも古い形の製本様式としては巻物があり，「巻子本（かんすぼん）」という。軸棒を芯にして本文紙（料紙）を巻きつけた形で，紙を繋げればいくらでも長いものにできる。

巻子本を扱いやすくするために本文紙を一定幅で折りたたみ蛇腹様にしたものが「折本」である。経本などに使われている。

「旋風葉（せんぷうよう）」は折本の前後の表紙を繋げた形をしている。

紙を二つ折し，折目の部分を糊付けして本文紙を繋げたものが「粘葉装（でっちょうそう）」である。蝶が羽を広げたように見えるところから「胡蝶装（こちょうそう）」とも呼ばれる。

●糸を使う綴じ（線装本）

「列帖装（れつじょうそう）」（綴葉装（てつちょうそう）ともいう）は今日の雑誌や冊子の中綴じのように本文紙と表紙を重ねて二つ折し，折目に穴を開けて糸で綴じるものである。

以下はいずれも本文紙は文字面を外側にして二つ折し，折目の反対側を背として綴じる，袋綴じかつ平綴じで，違いは表紙を本文に付ける糸のかがり方である。

「四つ目綴」は代表的な綴じ方で，背側に4つの穴を開けてかがるもの。穴を5つにする「五つ目綴」もある。

四つ目綴じの天地を図のようにまとめたものを「高貴綴」または「康熙（こうき）綴」という。表紙の背側天地がめくれにくくなる。

四つ目綴じを亀甲様にしたものが「亀甲綴」である。

「麻の葉綴」は四つ目綴，高貴綴の発展系で，糸の形を麻の葉模様にしたもの。装飾の意味合いが強い。

大和綴（結び綴）は背側上下に2つずつの穴を開け，紐や糸で結び綴じしたもので，袋綴じ以外の製本でも使われる。

江戸～明治時代に商家で帳簿として使われたのが「大福帳」で，重ねた紙の上部に2つの穴を開けて紐で綴じ掛け紐を付けたもの。

表紙に貼り付ける書名を記した短冊状の紙のことを「題簽」（外題）といい，表紙の左肩に貼る「端貼り」と，表紙の中央上方に貼る「中貼り」とがある。

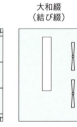

▼和装本の種類

［糊を使う綴じ］

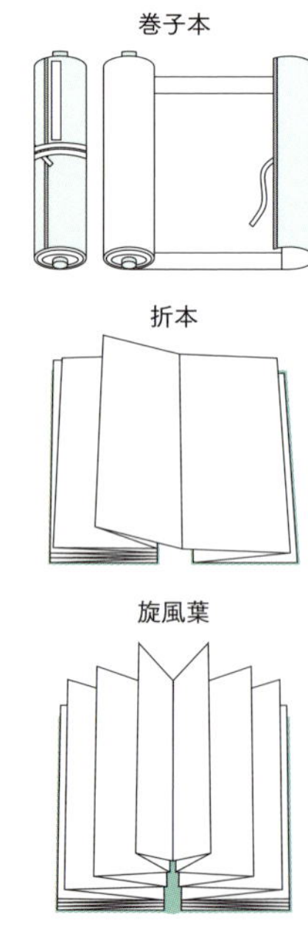

［糸を使う綴じ］

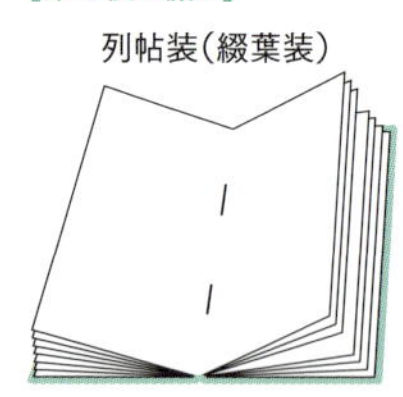

四つ目綴（題簽：端貼り）　高貴（康熙）綴　大和綴（結び綴）

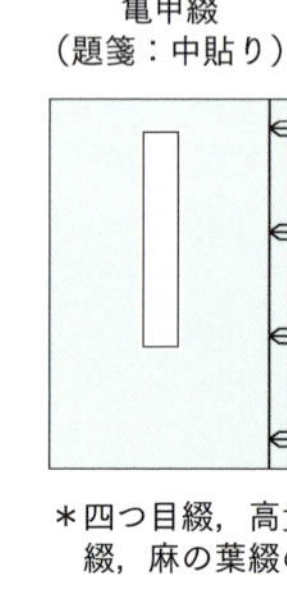

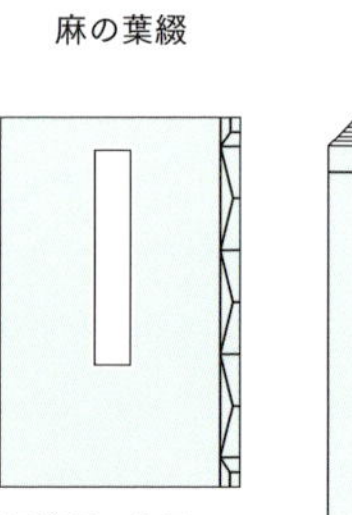

大福帳

＊四つ目綴，高貴（康熙）綴，亀甲綴，麻の葉綴の本文は袋綴じ

和紙

紙は，紀元前2世紀頃（前漢時代）に中国で発明され，後漢時代の105年頃に役人の蔡倫が製紙法を整備し実用的な紙が生産されるようになったといわれる。その製紙技術が長い年月を経て中央アジア，イスラム世界を経てヨーロッパに伝播，木材から繊維を取り出す技術が生まれるなど発展し，現在一般に使われている洋紙へと繋がった。

一方，中国周辺の地域にはより早く伝わり，日本への製紙技術の伝来は6～7世紀と推定されている。以来日本独自の「和紙」として発展を遂げた。

明治期になると大量生産が可能な洋紙の抄紙技術が確立し，出版物に使われる紙は洋紙に取って代わられた。現在では一般の出版物に和紙が使われることはほぼない。

通常の出版では和紙は扱わないが，その卓越した保存性，強靭性により文化財の修復などに使われ世界的な評価も受けている。日本特有の和紙についての知識は洋紙の理解にも繋がり意義のあることだろう。

●和紙の原材料

後漢時代の蔡倫が製紙に使用した原材料は，樹皮，古布（麻のボロ），漁網などだったといわれる。

現在の和紙の原材料は，楮，三椏，雁皮などの内皮の靭皮繊維で，かつては麻も使われた。また，亜麻，からむし，藁，桑，竹，木材パルプなども使われているが，基本的には和紙は非木材紙といえる。

●和紙の製造

和紙の製造は基本的には植物から繊維を取りだして水を媒体として絡ませて平らにするという点で洋紙と同様である。参照▸112ページ

まず原材料を刈り取り，一定の長さに切り蒸し釜で蒸したのちに皮を剥ぎ，水にひたしてやわらかくして，皮の黒い部分を削って白皮にする。

ソーダ灰などで煮た（煮熟）のちに水洗いをして不純物を取り除く。

続いて漂白し，塵を取り，打ち棒で叩き（打解／叩解），繊維を離解しやすくする。

さらに均質にするためにビーター（叩解機）で解繊した段階で原料ができあがる。

水を張った漉槽に原料，「ねり」（トロロアオイの根などから取り出した粘液）を入れて混合し紙料をつくる。「ねり」は水中で繊維の分散を助けるものである。

漉桁（簀桁。竹ひご，萱ひご，紗で作られる紙料を溜める簀〈網〉と桁〈枠〉からなる漉紙道具）を使い，漉槽から紙料を汲みあげ前後に揺り動かして繊維を広げ絡ませる。これを目的の紙厚になるまで何回かくり返すと湿紙ができあがる。

漉桁から簀をはずし，簀から湿紙を外して紙床に重ねていく。

紙床を圧搾して水分を絞り出し，紙を1枚ずつ剥がして板や乾燥機に貼りつけて乾燥させ完成する。

▼和紙の製造工程

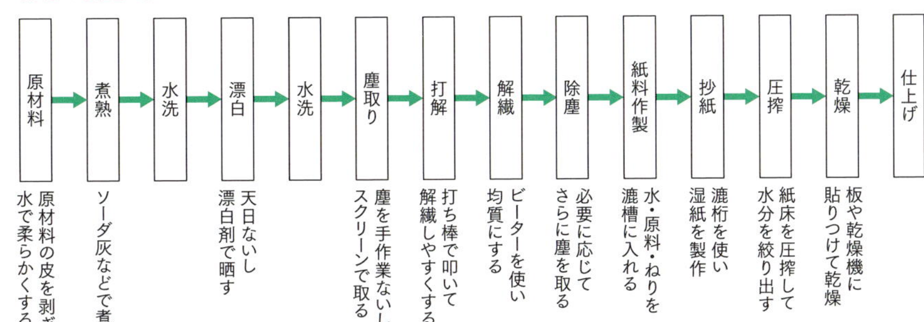

▼和紙の原材料

和紙は下記の植物を原材料とするが，紙の種類によっては数種類を混合することもある。

[楮]クワ科の落葉低木で全国に植生。繊維は太くて長いので紙は強靭。表具用，記録用，障子紙など

[三椏]ジンチョウゲ科の落葉低木で関東以西の温暖地に植生。繊維は細く短く光沢があり紙は平滑になる。紙幣用，書道用，絵画用，箔合紙（はくあいし）（金銀箔を挟む）など

[雁皮]ジンチョウゲ科の落葉低木で中部以西に植生。栽培に適さないので通常は野生種を使用する。繊維は細く短い。記録用，写経用，絵画・版画用，表具用，箔打紙（金を薄く叩き延ばし金箔を作製する際に使用）など

[その他]亜麻，マニラ麻，からむし（苧麻（ちょま）），藁，桑，梶の木，竹，笹，い草，木材パルプ，古紙など

▼いろいろな和紙

代表的な和紙の種類。生産地を冠することも多い。

[局紙]（きょくし）三椏を原料とする高級紙で美術印刷用紙として使われた

[宿紙]（すくし）古紙を漉き直した再生紙

[泉貨紙]（せんかし）楮を原料とする強靭な紙で細かい簀と粗い簀で漉かれた2枚の湿紙を貼り合わせてつくられる。第二次大戦中・戦後に製造された下級紙の「仙花紙」とは違うもの

[檀紙]（だんし）楮を原料とする高級紙で奈良時代から存在するという

[典具帖紙]（てんぐじょうし）楮を原料とする極薄で強靭な紙で古書の修復などに使われる。高知県の土佐天具帖紙が知られている

[鳥の子紙]（とりのこし）雁皮を原料とする鶏卵のような淡黄色をしている紙

[奉書紙]（ほうしょし）楮を原料とする高級紙で福井県の越前奉書が有名。江戸時代に公用紙（奉書）として使われた

[間似合紙]（まにあいし）雁皮を原料とし襖紙や書画用紙として用いられる

[美濃紙]（みのがみ）楮を原料とする薄くて丈夫な紙で江戸時代には美濃判として幕府の公用紙となり，次第に一般にも普及した。JISで紙の大きさを定める際に，美濃判の寸法（280mm × 400mm程度）をベースにしたB列が定められた。美濃判に近い寸法はB4判（257mm × 364mm）

データの授受

現在の出版物製作では，文字や図版といった素材がデジタルデータで供給され，またフィニッシュされたレイアウトもデータで入稿される場合がほとんどである。

データ授受の際はある程度のルール，マナーに則ってやりとりをしないと，受け取る側に煩雑な作業を強いることになる。

●テキストデータの授受

著者，ライター，編集者などによるテキスト入力はWindowsでなされる場合が多い。一方組版・レイアウト・デザイン現場ではMacintoshでの作業が多い。近年はこういったOS環境（プラットホーム）の違いによる障壁は低くなってきたが，それでも「機種依存文字」（特定のOSなどでしか表示されず，異なるOSでは文字化けする）などの問

▼テキストデータ授受における注意事項(代表的なもの)

①	和文は2バイト（全角），欧文・アラビア数字は1バイト（半角）を使う
②	1バイトのカタカナ（｢ｱ｣｢ｲ｣など）は使わない
③	丸付数字，括弧付文字は機種依存文字である場合が多い。この場合は〓（ゲタ）など入れておき，プリントアウトに赤字を入れて示す
④	③と同様に記号・飾りフォントなどを適用した文字も使わない
⑤	音引き（ー），ダッシュ（—），ハイフン（-）などの混用に注意する
⑥	和文中のパーレンやカギは2バイトを使い，1バイトのものは使わない
⑦	改行（return）は段落ごとに入れ，各行末には入れない
⑧	ワープロアプリで入れたルビは，そのままではレイアウトアプリには反映しないので，ルビがあることを明示するか，プリントアウトに記入する
⑨	ワープロ専用機では倍角文字は使わない
⑩	ワープロアプリ上で表組は作らない
⑪	ワープロアプリ上で画像などを入れたレイアウトはしない
⑫	原則は「テキスト形式」での授受。ワープロアプリそのままの形式で渡す場合は，アプリ名とバージョンを明示する。ワープロ専用機なら機種名を明示
⑬	データ授受の際にはプリントアウトを添える

▼入稿時の確認事項(InDesignデータ)

文章の溢れ見出しと本文の泣き別れ	文字の挿入・削除で行が増減し，文章が溢れたり，見出しがページの末に置かれ，それに続く本文が次ページに送られてしまう状態（泣き別れ）になっていないかを確認する
空のテキストフレームの削除	一連の連結されたテキストフレームの最後を確認し，空のテキストフレームがあれば削除
空のフレームの削除	何も入っていない空のフレームを削除
不要なオブジェクトの削除	レイアウトページの外のペーストボードに残っているオブジェクトを削除
未使用レイヤーの削除	使用していないレイヤーを削除
未使用設定の削除	未使用の段落スタイル，文字スタイル，グリッドフォーマット，スウォッチを削除
使用フォントの確認	出力不能，あるいは出力に問題があるフォントはOpenTypeフォントに変更するか，アウトライン化する PostScript Type 1フォントは，2023年にAdobeのサポートが終了した。ドキュメントに使用されていてもアプリは存在を認識できず，フォントリストなどでアラートが出る
配置画像の解像度・拡縮率	配置画像の解像度が印刷物の出力線数に対して適切かを確認する。InDesign上での画像の拡大／縮小率は，ある程度の範囲内（適切な解像度であれば「90～110％」程度）にし，それ以下／以上の場合は元データを修正し拡大／縮小率が許容範囲内に収まるようにする
配置画像のカラーモード	画像は，カラーならばCMYKモード，モノクロならグレースケールか白黒2階調になっているかを点検し，そうでなければ変換しておく
配置画像のファイル形式	配置画像のファイル形式がレイアウト用アプリ上で使用可能なものになっているかを点検する。JPEG形式の画像は，データの圧縮による画質劣化の恐れや出力エラーが発生する可能性があるため推奨されていない
リンク	リンクの確認をする。リンクデータが修正されているときは更新し，リンクがはずれている場合はリンクし直す

▼入稿時の確認事項(Illustratorデータ)

特色スポットカラーの有無	元データに特色スポットカラーが使用されていないかを確認する。特色スポットカラーが使用されている場合は，CMYK4色刷りならプロセスカラーに変換する
孤立点の削除	余分なポイント（孤立点）が残っていないかを確認する。孤立点が残っている場合は削除するが，レイヤーがロックされていると孤立点を見つけられないのでロックを解除して確認する
線の「塗り」	線のみのオブジェクトに「塗り」が指定されていないかを確認する。線のみに「塗り」が指定されている場合は「なし」に変更する
スミ色のオーバープリント	スミ色の「オーバープリント」の有無を確認する。必要であれば，「属性」パネルで指定する
白抜き部分のオーバープリント	白抜き部分が「オーバープリント」になっていないかを確認する。必要であれば「属性」パネルで指定を解除する
使用フォントの確認	出力に問題があるフォントはOpenTypeフォントに変更するか，アウトライン化する（Type 1フォントのサポート終了はInDesignと同様）

題は生じている。

● 画像データの授受

画像にはさまざまな形式があるが，印刷物に適した形式については，84ページの解説を参照。また，解像度が低すぎると印刷に適さないものになるので確認が必要で，特にデジタルカメラ画像の解像度は要注意である。参照▶80, 84ページ

● Eメールでの授受

テキストデータ，画像データをEメールに添付して送受信するケースが増えているが，受信する側のメール環境を確認しないで送信すると，受信サーバーの容量をオーバーして送信不能になることがある。

また，容量の大きな，あるいは多数のデータを添付すると，受信が長時分にわたり業務に支障を来すこともある。重いデータは圧縮して送る，大容量送信サービスを使う，CD-R，DVD-R，USBメモリでの授受にする，などの配慮が必要である。

● レイアウトデータの入稿

組版・レイアウトデータですべての赤字が修正され，入稿できる状態が「フィニッシュ」である。入稿する際は，左ページのような注意事項をチェックする必要がある。

DTPアプリには「プリフライト」（入稿前のデータチェック）機能や必要なデータを集める「パッケージ」機能が搭載されているが，そういった機能を使っても確認のできない事項もあり，チェック漏れのおそれがあるので注意する。

確認作業が終了したらプリントする。これが校了紙＝出力見本になる。トンボを付け，白ページも含めた全ページをもれなく出力し，ノンブルが入ってない（隠しノンブル）ページにはノンブルを手書きする。

写真については，データには低解像度のアタリ画像が配置され，出力側で高解像度の実データに差し替える場合は，画像の入るページにその旨を明記し，付箋を付ける。

プリント出力（＝校了紙）を渡さないケースでは，出力見本としてのPDFデータを作成し，印刷用データとともに入稿する。

作成環境を明示した「データ仕様書」を添付してデータ入稿を行う。

▼データ仕様書（出力依頼書）の例

入稿日	年　月　日
作成者／連絡先	TEL：　FAX：　Email：
プロジェクト名	摘要
入稿メディア	□ディスク　□USBメモリ　□CD-R　□通信　□その他（　）
ファイル名	
添付書類	□カラープリント　□モノクロプリント　□印刷見本
OS	□MacOS Ver.（　）□Windows Ver.（　）
入稿アプリ	□InDesign　Ver.（　） □Illustrator　Ver.（　） □Photoshop　Ver.（　） □その他（　）Ver.（　） □PDF　形式（　）
出力サイズ	□A5判　□A4判　□B5判　□B4判 □四六判（　mm×　mm） □その他（　mm×　mm）
出力ページ	p(　)〜p(　)
拡大／縮小	□原寸　□拡大／縮小（　）%
色数	□モノクロ □カラー→□C　□M　□Y　□K　□特色(特色名　)＝計（　）版
リンクデータ	□無 □有　→□AI　□EPS　□TIFF　□PSD　□PDF　□その他
使用フォント	
特記事項	

＊「出力サイズ」の「四六判」は各社で寸法が違うので寸法の明記が必要
＊「特記事項」：出力側（印刷所）に画像の差し替え，画像の形式，カラーモード，解像度などの調整を依頼する場合はその旨，製版校正・本紙色校正が必要，などを記入

その画像は何に使うのか？
出版物製作の終盤では，ネット書店や出版社のWebサイト，広告用フライヤーなどに書影やページの画像を載せるため，カバーの表1や中のページのPDFあるいはJPEG画像を提供するよう，編集者からデザイナーに依頼されるケースが多くなっている。
その際に，「PDF（あるいはJPEG）を送ってください」とだけ連絡されることが多いが，実はPDFにはさまざまな形式があり，用途に応じてふさわしい形式が違うのである。参照▶157ページ
また，JPEGにも用途に応じたふさわしい解像度があり，Webサイト用ならRGB，印刷物用ならCMYKとカラーモードも違うのである。
画像提供を依頼する際には，どういう形式のPDFが必要か，JPEGならば解像度や大きさの指定を添えてほしい。それが無理ならばせめて用途だけでも知らせてほしいものだと思う。

PDF入稿

出版物の製作では従来より，ドキュメントを作成したアプリの形式（ネイティブデータ）で印刷入稿されてきたが，このデータは構造が複雑なので，ある程度のリスクを抱えているとともに，ファイルの大容量化，画像形式の不具合やリンク外れ，フォントの有無，バージョンの相違による事故などの問題が顕出している。

一方，校正は紙にプリント出力したもので行うのが通常だが，プリントの手間，授受の時間，コストがかかっている。

そこで，こういった従来のワークフローに代わるものとして普及してきたのが，PDF形式でのやりとりである。つまり，校正はPDFファイルを通信で授受し，出力／印刷用データの入稿もPDF形式で行うというもので，現在ではこれらが校正や入稿のスタンダードになりつつある。

● PDFの効用

PDF（Portable Document Format）は，1992年にAdobe Systems社が開発した電子文書形式で，MacintoshとWindowsという異なるプラットフォーム間での閲覧や印刷を可能とする文書交換フォーマットとしてスタートしたが，現在では，官公庁や企業などがインターネット上でさまざまな文書を公開するためのスタンダードなファイル形式になっている。

PDFを扱うアプリには，PDF作成・閲覧用であるAcrobat Pro（旧・Adobe Acrobat）と，閲覧機能に限定したAdobe Acrobat Reader（無料配布*）とがある。

＊Adobe Acrobat ReaderはAdobe社のWebサイトからのダウンロードが可能

● PDFの特長

PDFデータは以下のような特長を持つ。

①作成側と印刷側でプラットフォームや作成アプリを統一する必要がない
②同様にフォントを統一する必要がない
③フォントやリンク画像の添付が不要
④出力エラーが少ない
⑤データの容量を小さくすることができる
⑥よって通信での授受が可能になる
⑦（印刷用PDF）CMYK以外のカラー再現環境を排除することができる
⑧（印刷用PDF）画像は実画像が埋め込まれるので，リンクはずれや別の画像が入るようなエラーがなくなる
⑨（印刷用PDF）フォントが埋め込まれるので，出力側にプリンタフォントがないために起こる文字化けなどがなくなる

● PDFの作成

主なDTPアプリには，作業中のデータから直接PDF形式に書き出しないし保存することができるので手順は簡便である。

▼PDFの作成

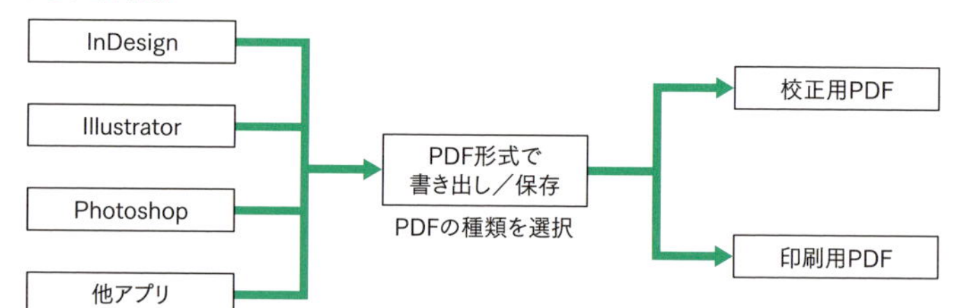

▼PDFによる校正

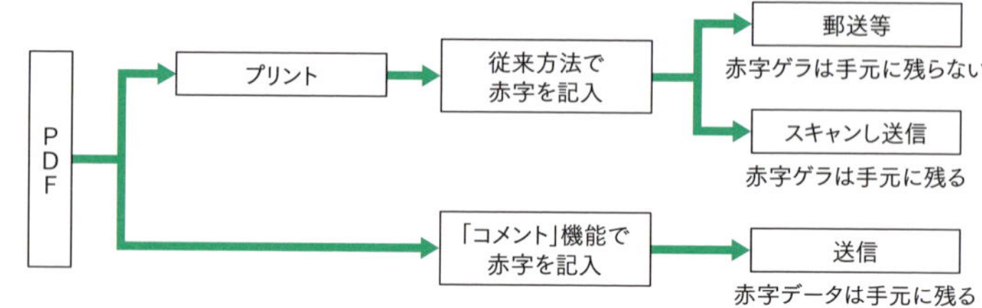

▼Acrobat Pro／Acrobat ReaderによるPDF校正例

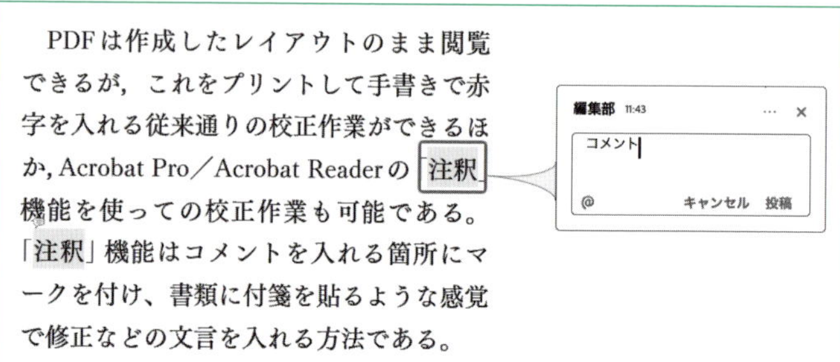
PDFは作成したレイアウトのまま閲覧できるが，これをプリントして手書きで赤字を入れる従来通りの校正作業ができるほか，Acrobat Pro／Acrobat Readerの「注釈」機能を使っての校正作業も可能である。「注釈」機能はコメントを入れる箇所にマークを付け、書類に付箋を貼るような感覚で修正などの文言を入れる方法である。

＊PDFでの校正は，Acrobat Pro／Acrobat Readerの「コメント」機能で文言を入れるなどの方法で行う

PDFの作成では，その目的によっていくつかの形式を選択できる。モニタで見るのか，プリントするのか，印刷物にするのか，など，用途に応じた適切な形式が用意されている。

● PDFによる校正

PDFは作成したレイアウトのまま閲覧できるが，これをプリントして手書きで赤字を入れる従来通りの校正作業ができるほか，Acrobat Pro／Acrobat Readerの「コメント」機能を使っての校正作業も可能である。「コメント」機能はコメントを入れる箇所にマークを付け，書類に付箋を貼るような感覚で修正などの文言を入れる方法である。

● 印刷用PDF

印刷用に特化した形式である「PDF/X」が国際規格となっている。

これは，ドキュメントから印刷用には不要なJavaやハイパーリンクなどのマルチメディア関係の設定を外し，データのリスクを軽減したものである。「PDF/X-1a」ではフォントはすべて埋め込み，画像は実画像，カラースペースはCMYK（Japan Color 2001 Coated*）などの特徴を持ち，従来の出力での基本的問題が解消されている。

さらに「PDF/X」の最新規格として「PDF/X-4」規格があり，現在運用が推奨されている。透明効果の保持，レイヤー，RGB画像などに対応している。

ただし，これら印刷用のPDFであっても，元になるドキュメントに不適切な処理が存在する場合には，適切な印刷物にならない。たとえば低解像度の画像が含まれたままでもPDFは作成できてしまい，仕上りが粗い画像になるなどの事故が発生してしまう。PDFでも入稿時の確認事項はクリアする必要がある。参照▸154ページ

＊DTPではカラーの再現は各装置（デバイス）に依存しない共通のものにする必要があるが，RGB（モニタなど）とCMYK（印刷物）でのカラー再現の統一仕様（プロファイル）が定められている。このプロファイルをデータ作成側と印刷側の双方が持つことにより，カラー再現が統一されることが期待されている。
各DTPアプリの「カラー設定」ではそれぞれのプロファイルを選択できるようになっている。
RGBの標準カラー仕様にはsRGB，Adobe RGBなどがあるが，CMYKについては次のようなものがある。
[Japan Color 2001 Coated]
日本の標準インキでコート紙に印刷する場合のカラー再現の基準。日本のオフセット印刷による印刷色の標準
[Japan Color 2001 Uncoated]
日本の標準インキで上質紙に印刷する場合のカラー再現の基準
[Japan Web Coated（Ad）]
㈳日本雑誌協会の定めた雑誌広告基準カラーを参照して作成された基準
[Japan Color 2002 NewsPaper]　日本の標準インキで新聞用紙に印刷する場合のカラー再現の基準

▼DTPアプリで作成できる主なPDFの種類

形式	PDF互換性	用途・特徴
最小ファイルサイズ	Acrobat 6（PDF 1.5）	Web表示，公開，送信用のPDFを作成。フォントの埋め込みは原則なし。ファイルサイズは最小限。色環境はsRGBに変換
高品質印刷	Acrobat 5（PDF 1.4）	インクジェットやレーザープリンタでの出力に適した画質の高いPDFファイルを作成。カラーの変換はなし
プレス品質	Acrobat 5（PDF 1.4）	高品質の印刷用PDFを作成。PDF/X準拠ではない。使用するフォントのサブセット（使用フォントのキャラクタ）を埋め込み
雑誌広告送稿用	Acrobat 4（PDF 1.3）	雑誌広告デジタル送稿推進協議会がPDF/X-1a形式をベースとして策定した規格
PDF/X-1a:2001（日本）	Acrobat 4（PDF 1.3）	印刷物用に適するPDF（ISO規格PDF/X-1a:2001準拠）を作成。すべてのフォントが埋め込まれ，画像は実画像，カラーはCMYK（および特色），色環境はJapan Color 2001 Coated
PDF/X-3:2002（日本）	Acrobat 4（PDF 1.3）	印刷物用に適するPDF（ISO規格PDF/X-3:2002準拠）を作成。CMYKと特色に加えてカラーマネジメントとデバイスに依存しないカラーの使用可。あまり使われていない
PDF/X-4:2008（日本）	Acrobat 7（PDF 1.6）	印刷物用に適するPDF（ISO規格PDF/X-4:2008準拠）を作成。透明効果やレイヤーをそのまま使える。CMYKと特色に加えカラーマネジメントとデバイスに依存しないカラーの使用可
標準（Acrobatのみ）	Acrobat 6（PDF 1.5）	プリンタ，CD配布，校正刷用のPDFを作成。すべてのフォントのサブセットが埋め込まれ，カラー画像はsRGBに変換
Illustrator初期設定（Illustratorのみ）	Acrobat 6（PDF 1.5）	Illustratorデータがすべて保持されたPDF

＊「PDF1.3」「PDF1.4」はAcrobat 3.0／Acrobat Reader 3.0以降で，「PDF1.5」「PDF1.6」はAcrobat 4.0／Acrobat Reader 4.0以降で開くことができる

＊InDesignの「PDF書き出しプリセット」メニューには各形式のPDFがあらかじめ用意されている

filename extension

データファイルの拡張子

● 拡張子

コンピュータでの作業では，さまざまな種類のデータを扱うことになる。DTPでは素材であるテキスト，画像の各ファイルの他に，レイアウトデータ，それらの授受のための圧縮データなどがあり，またOSにはフォントデータが入っている。

それぞれのデータの種類を簡易に示したものが「拡張子」である。拡張子は，ファイル名の末尾に「.」から始まる2〜5文字のアルファベット（大文字・小文字は任意）によって表す。

拡張子を見ればそのファイルがどのような種類のものか，どんなアプリで作成されたものかがわかるので，ファイルの保存やデータのやりとりでは拡張子を付けるのが望ましい。ファイルを受けた際にそれが作成されたアプリがなくても，拡張子がついていればファイルの種類が判断でき，類似のアプリで内容を確認できる場合もある。

なお，1つの拡張子がいくつかのファイル形式に共通して使われている場合もある。

たとえばDTPで使われる画像形式である「.eps」は，Photoshopで扱われるCMYKカラー，RGBカラー，出力用のDCS（カラーのファイルをCMYK各版に分けた形で保存したもの）などはすべて「.eps」で表されるし，Illustrator，InDesignなどで作成されたデータも「.eps」で保存／書き出しすることができる。PDF保存／書き出しができるアプリならば，どのアプリからも書き出したPDFには「.pdf」の拡張子が付く。

また，作成アプリのバージョンによって拡張子が変わる場合もある。

▼DTPで扱う主なデータファイルの拡張子

分類	拡張子	内容
テキスト関係	.txt	テキストファイル。文字コードだけで構成
	.rtf	リッチテキストファイル。文字の装飾情報を含んでいる
	.doc　.docx	MS Word など文書ファイルのネイティブ形式
	.dot	MS Word のテンプレートファイル
	.xls　.xlsx	MS Excel で作成されたファイル
	.xlt	MS Excel テンプレートファイル
	.htm　.html	Web ページが記述されたファイル
画像関係	.eps	EPS 形式。PostScript 出力に対応するフォーマット
	.ai	Adobe Illustrator のネイティブファイル
	.psd	Adobe Photoshop のネイティブファイル。レイヤー情報などがそのまま保存される
	.tif　.tiff	TIFF（ティフ）形式。古くから Macintosh と Windows の両方で扱えるフォーマットとして使われている
	.jpg　.jpeg	JPEG（ジェイペグ）形式。高解像度画像を圧縮したもの
	.gif	GIF（ジフ）形式。主に Web で使われる
	.png	PNG（ピング）形式。主に Web で使われる。GIF の発展形
	.pict	PICT（ピクト）形式。Macintosh でのビットマップ画像
	.bmp	BMP（ビットマップ）形式。Windows でのビットマップ画像
	.pcd	PhotoCD 形式。フォト CD 用の画像
	.pcx	PCX 形式。IBM のコンピュータでの画像
	.svg	SVG 形式。Web でベクトル情報を表現する形式
	.sct	ScitexCT 形式。サイテックス社のスキャナでの形式
	.wmf	WMF 形式。Windows でのベクトル画像形式
レイアウト関係	.pdf	PDF 形式。Acrobat Pro／Adobe Acrobat Reader 用の形式
	.indd	Adobe InDesign のファイル
	.indt	Adobe InDesign のテンプレートファイル
	.qxd	QuarkXPress のファイル
	.qxt	QuarkXPress のテンプレートファイル
	.p65	Adobe PageMaker 6.5 のファイル
	.pmd	Adobe PageMaker 7.0 のファイル
圧縮関係	.sit	StuffIt で圧縮されたファイル
	.sea	StuffIt による自己解凍型の圧縮ファイル
	.lzh	LHA 形式で圧縮されたファイル
	.zip	Zip 形式で圧縮されたファイル
	.cpt	CompactPro で圧縮されたファイル
	.bin	Macintosh 用のバイナリファイル
	.hqx	バイナリファイルを BinHex 形式でテキストにしたもの
	.exe	Windows で使われる自動解凍型の圧縮ファイル
その他	.ppt　.pptx	MS PowerPoint で作成されたファイル
	.key	Keynote で作成されたファイル
	.ttf	TrueType フォントファイル，OpenType フォントファイル
	.otf	OpenType フォントファイル
	.dfont	MacOS X 以降に搭載されているフォント。TrueType の発展形（Datafork TrueType font）
	.tmp	アプリが一時保存するために作るファイル（テンポラリー・ファイル）

＊画像関係の形式については 参照▶84ページ

単位表

▼編集・DTPで使用される主な単位

	単位	読み方	意味・備考
大きさの単位	mm	ミリメートル	編集・レイアウト実務では通常は cm を使わない
	inch	インチ	1inch ≒ 25.4mm
	Q	キュウ	1Q ＝ 0.25mm 文字の大きさを示す。級
	H	ハ（パ）	1H ＝ 0.25mm 距離や長さを示す。歯
	pt	ポイント（ポ）	1point ＝ 0.3528mm 文字サイズの単位。1pt は 1inch の 1/72。DTP ポイント
	pt	ポイント（ポ）	1point ＝ 0.3514mm 「アメリカンポイント」といい，活字組版時代の文字サイズの単位。JIS で定められている
	pt	ポイント（ポ）	1point ＝ 0.3754mm 「ディドーポイント」といい，ヨーロッパで使われる文字サイズの単位
	pica	パイカ	1pica ＝ 12アメリカンポイント
	cicero	シセロ	1cisero ＝ 12ディドーポイント
	em	エム	1em ＝全角
	en	エン	1en ＝半角
	全角	ゼンカク	文字1字の仮想ボディの正方形の大きさ
	倍角	バイカク	全角の2倍の大きさ（幅）（＝2em）
	半角	ハンカク	全角の半分の大きさ（幅）（＝1/2em）
	二分四分	ニブシブ	全角の3/4の大きさ（幅）（＝3/4em）
	二分	ニブン	全角の半分。半角と同義（＝1/2em）
	三分	サンブン	全角の1/3の大きさ（幅）（＝1/3em）
	四分	シブン	全角の1/4の大きさ（幅）（＝1/4em）
	八分	ハチブン	全角の1/8の大きさ（幅）（＝1/8em）
画像関係の単位	pixel	ピクセル	画素。1画素の表示色数は，1画素に割り当てられているメモリのビット数（深度，右表参照）によって変わる。1画素＝1bit では白と黒（2色），8bit では256色（グレースケール），24bit では RGB それぞれに8bit（＝256^3）≒ 1678万色（フルカラー）となる

	単位	読み方	意味・備考
画像関係の単位	ppi	ピー・ピー・アイ	pixels per inch。通常は dpi と同値。1inch あたりに入る画素（pixel）数
	dpi	ディー・ピー・アイ	dots per inch。画像の密度（解像度）を示す。1inch あたりに入るドット数
	lpi	エル・ピー・アイ	lines per inch。線数（印刷のハーフトーンのきめ細かさ）を示す。1inch あたりに入る網点の数
データ容量の単位	bit	ビット	2進法の最小単位（＝1桁分）。0か1になる
	byte	バイト	1byte ＝ 8bit 情報量を示す基本単位
	（2B ＝漢字1文字）		
	KB	キロバイト	1KB ＝ 10^3byte
	（3KB ＝ A4テキスト1ページ程度）		
	MB	メガバイト	1MB ＝ 10^3KB ＝ 10^6byte
	（1.4MB ＝ 2HD フロッピーディスク） （230MB ＝ MO ディスク） （650MB ＝ MO ディスク） （700MB ＝ CD-R）		
	GB	ギガバイト	1GB ＝ 10^3MB ＝ 10^9byte
	（4.7GB ＝ DVD-R〈片面1層〉） （25GB ＝ BD-R〈ブルーレイ，片面1層〉） （ハードディスク〈HDD〉）（SSD〈solid state drive〉）		
	TB	テラバイト	1TB ＝ 10^3GB ＝ 10^{12}byte
その他	rpm	アール・ピー・エム	revolution per minutes。ハードディスクや CD などの1分間の回転数
	bps	ビー・ピー・エス	bit per second。通信機器のデータ通信速度を示す。1秒間に転送するビット数

▼ビット深度

1ビット画像	1ピクセルが2通り，つまり白黒の色を持つ「モノクロ2階調」
8ビット画像	1ピクセルが256通り（2の8乗）の階調を持つモノクロ画像で「グレースケール」
8ビット画像	1ピクセルが256通り（2の8乗）のカラー表現を持つ「インデックスカラー」
24ビット画像	1ピクセルが1670万通り（2の24乗）のカラー表現を持つ「フルカラー」。8ビット（256色）が3層あり，それぞれに RGB の各色の階調を割り当てることにより256色の3乗＝約1670万色となる

＊ピクセル（画素）が集合し色や形が構成された画像が「ビットマップ画像」

各種印刷物などのサイズ

書籍・雑誌以外の印刷物などにも，大きさの決まりやフォーマットが定められているものがある。

出版業務に関係の深い印刷物などの基本的な大きさやフォーマットをまとめて掲載した。

JISで定められている規格以外のものについては，製作の都度大きさ，仕様などを確認するのが賢明である。

▼名刺

種類	仕上(mm)
小　型　1号	28 × 48
小　型　2号	30 × 55
小　型　3号	33 × 60
小　型　4号	39 × 70
普通型　3号	49 × 85
欧米サイズ	55 × 89
普通型　4号	55 × 91
普通型　5号	61 × 100
普通型　6号	70 × 116
普通型　7号	76 × 121

▼ポスター・チラシ(フライヤー)

種類	仕上(mm)	使用原紙	備考
B倍ポスター	1030 × 1456	B倍判／1085×1530	B0判
A倍ポスター	841 × 1189	A倍判／880×1250	A0判
B全（B1）ポスター	728 × 1030	B列本判／四六判	
A全（A1）ポスター	594 × 841	A列本判／菊判	
B2ポスター	515 × 728	B列本判／四六判	
A2ポスター	420 × 594	A列本判／菊判	
B3ポスター	364 × 515	B列本判／四六判	電車の中吊り
A3ポスター／A4判4ページ	297 × 420	A列本判／菊判	
B4ポスター／B5判4ページ	257 × 364	B列本判／四六判	
A4チラシ／A5判4ページ	210 × 297	A列本判／菊判	3つ折で定形封筒に入る
B5チラシ／B6判4ページ	182 × 257	B列本判／四六判	
A5チラシ	148 × 210	A列本判／菊判	短辺がはがきの長辺に近似

▼CDなどジャケット・レーベル

種類	仕上(mm)
ジャケット フロント部	120 × 120
ジャケット リア部	118 × 150
帯	70 × 120
レーベル	116 × 116

▼フィルム・印画紙

フィルム		サイズ(mm)	呼称
8 ×10		193 × 243	エイトバイテン
5 × 7		120 × 170	ゴーナナ／ゴヒチ
4 × 5		94 × 120	シノゴ
ブローニー	6 × 9	56 × 82	ロクキュウ
ブローニー	6 × 7	56 × 68	ロクナナ
ブローニー	6 × 6	56 × 56	ロクロク
ブローニー	6 ×4.5	42 × 56	ロクヨンゴ／セミ判
35ミリ		24 × 36	35ミリ

印画紙	サイズ(mm)	サイズ(inch)
大全紙	508 × 610	20 × 24
全　紙	457 × 560	18 × 22
半切(はんせつ)	356 × 432	14 × 17
大四切	279 × 356	11 × 14
四　切	254 × 305	10 × 12
六　切	203 × 254	8 × 10
八　切	165 × 216	6½ × 8½
2Lサイズ	127 × 178	5 × 7
キャビネ	120 × 165	4¾ × 6½
4×5	102 × 127	4 × 5
Lサイズ	89 × 127	3½ × 5
手　札	83 × 108	3¼ × 4¼
Eサイズ	82.5 × 117	

＊印画紙の大きさは「JIS K 7523」規格があったが廃止された。現状はメーカーや現像所により違いがある

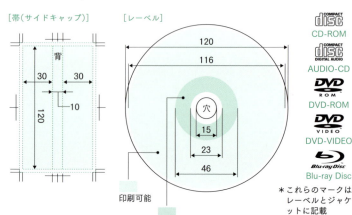

［ジャケット　フロント部］

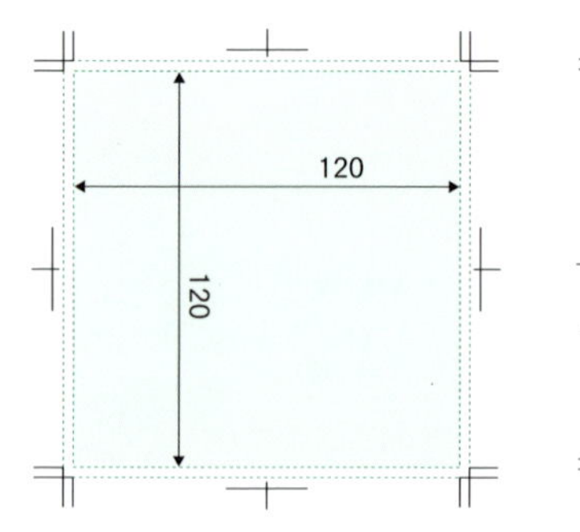

［ジャケット　リア部］

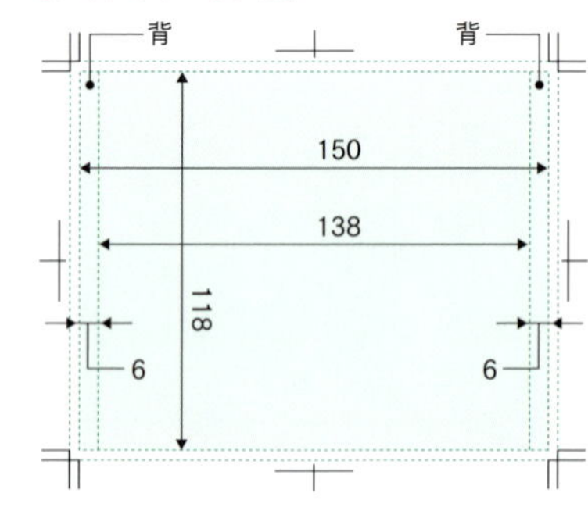

［帯(サイドキャップ)］

［レーベル］

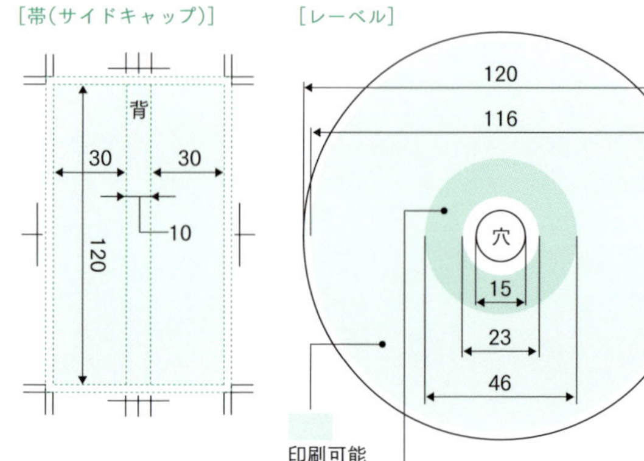

CD-ROM
AUDIO-CD
DVD-ROM
DVD-VIDEO
Blu-ray Disc

＊これらのマークはレーベルとジャケットに記載

▼郵便はがき・封筒

種類(〈 〉は「JIS S 5502 封筒」での記号)		幅×長さ(mm)	封入対象の印刷物など
郵政はがき		100 × 148	往復はがきは200×148　＊旧官製はがき
私製はがき	(最大)	107 × 154	市販のファンシーペーパーのはがきサイズのカット判は100×150のものが多い
	(最小)	90 × 140	
長形　1号		142 × 332	A3判3つ折
長形　2号〈N2〉		119 × 277	B5判(182×257)タテ2つ折
長形　3号〈N3〉	定形(最大)	120 × 235	A4判(210×297)3つ折
長形　30号	定形	92 × 235	
長形　40号〈N40〉	定形	90 × 225	
長形　4号〈N4〉	定形	90 × 205	B5判(182×257)3つ折
長形　5号	定形	90 × 185	
長形　6号〈N6〉	定形	110 × 220	A4判(210×297)3つ折
角形　0号〈K0〉		287 × 382	B4判(257×364)
角形　1号		270 × 382	B4判(257×364)
角形　2号〈K2〉		240 × 332	A4判(210×297)
角形　20号〈K20〉		229 × 324	A4判(210×297)　＊国際規格 C4
角形　3号〈K3〉		216 × 277	B5判(182×257)雑誌
角形　4号〈K4〉		197 × 267	B5判(182×257)
角形　5号〈K5〉		190 × 240	A5判(148×210)書籍
角形　6号〈K6〉		162 × 229	A5判(148×210)　＊国際規格 C5
角形　7号〈K7〉		142 × 205	B6判(128×182)　＊四六判は128×188など
角形　8号〈K8〉	定形	119 × 197	
洋形　1号〈Y1〉	定形	176 × 120	
洋形　2号〈Y2〉	定形	162 × 114	A4判(210×297)4つ折　＊国際規格 C6
洋形　3号	定形	148 × 98	B5判(182×257)4つ折
洋形　4号〈Y4〉	定形	235 × 105	A4判(210×297)3つ折
洋形　5号	定形	217 × 95	A5判(148×210)タテ2つ折
洋形　6号〈Y6〉	定形	190 × 98	B5判(182×257)3つ折
洋形　7号	定形	165 × 92	A5判(148×210)3つ折

＊長形，角形は短辺が「幅」，洋形は長辺が「幅」。定形郵便物の最大は120mm×235mm，最小は90mm×140mm。厚さは最厚部分で10mm以下，重さは50g以下(はがきは2g以上6g以内)に定められている

▼封筒の貼り方(製袋)

[和封筒]

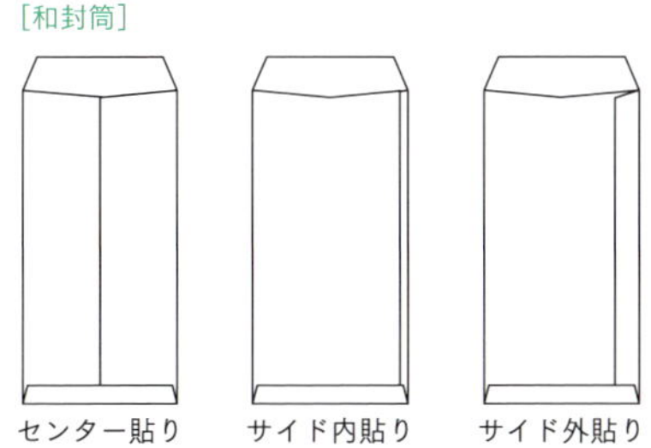

[洋形封筒]

▼料金受取人払郵便の表示

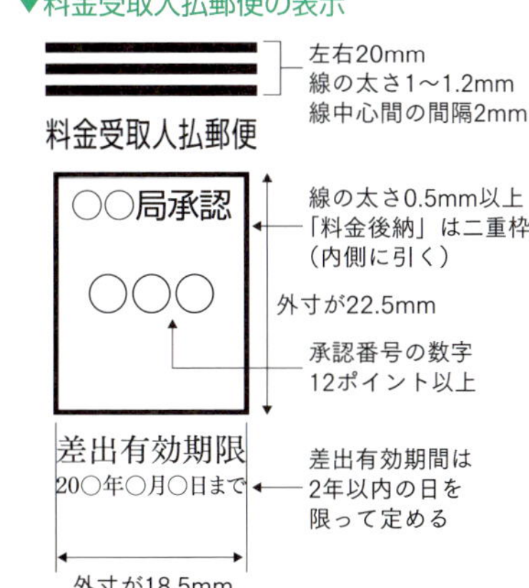

▼料金別納／後納郵便表示

＊「○○○局」は郵便物を差し出す郵便局名
＊郵便物の外部に差出人の住所氏名を明瞭に表示する場合は，「○○○局」を省略できる
＊送達に余裕を持たせてよいと承諾して割引を適用する場合は，3日程度ならば「差出局名」の下を1～2mm間隔の二重線とし，1週間程度であれば，さらに「差出局名」の上に線を加える
＊料金後納郵便の場合は，「別納」の部分を「後納」にする

＊郵便関係の表示規定の詳細は日本郵便㈱のWebサイト(https://www.post.japanpost.jp/)を参照

本の流通・図書コード

出版物は主として出版社→取次→書店というルートで市場に出るが，その他にもいくつかの流通ルートがある。

● 再販制度（再販売価格維持制度）

書籍・雑誌のほとんどは出版社の決めた価格（定価）で販売されている。これは「再販制度」に基づいたしくみで，現在は著作物である新聞，書籍，雑誌，音楽レコード盤，音楽テープ，音楽CDの6品目が公正取引委員会により「法定再販商品」として認められている。ただし，書籍でも定価表示にしないなどの条件で，自由価格にできるしくみもある。

再販商品として販売される書籍には，カバー，スリップなどに定価の総額表示，本体価格，税率を明記する。2024年現在は，

定価○○円（本体○○円＋税10%）

定価○○円 本体○○円 ⑩

などと表示すべきとされ，「定価」でなく「価格」「値段」「¥」などの表記では再販商品とはならない。

● 日本図書コード

日本で流通しているほとんどの書籍に表示されている「日本図書コード」は，「国際標準図書番号」（ISBN〈International Standard Book Number〉）数字，日本独自の分類コード数字，本体価格の数字からなり，カバー，奥付，スリップに表示される。

ISBNは世界共通で，当該書籍に固有に割り当てられており，同じコードをもつ本は他にない。

ISBNコードは「ISBN978-」で始まる13桁で，文字サイズは「目視可能な11Q以上」で書体は自由である。

カバー表4などの2段のバーコードは「書籍JANコード」といい，日本図書コードをバーコードリーダーで読みとるためのものである。これらが入る位置は自由だが，流通側の見解としてカバー表4の上部が望ましいとの指針が出されている。

● 雑誌のコード

雑誌の表4に印刷されているコードには，13桁（1行目）＋5桁（2行目）の「定期刊行物コード（雑誌）」と，「雑誌」で始まる「雑誌コード」があり，ユネスコの提唱による逐次刊行物に与えられる固有の8桁番号である「ISSN」（国際標準逐次刊行物番号〈International Standard Serial Number〉）が付いているものもある。

①定期刊行物コード（雑誌）

491：定期刊行物用フラグ

0：予備コード

5桁：雑誌コード

2桁：月号

1桁：年号

▼スリップ（短冊）

書籍には2つ折りのスリップが挟み込まれている。引き抜きやすいように丸型の切り込みが飛び出しており（ボーズ），書名・著者名・出版社名・定価・コード（書籍JANコードと日本図書コード）などが記されている。
スリップは片方が「売上カード」，もう片方が「（補充）注文カード」になっている。
「売上カード」は売上の集計に使われるが，これを貯めて出版社に送ることで報奨金を受け取れる場合もある。
「（補充）注文カード」は追加（補充）注文用であり，注文時に書店印を捺し，注文部数を記入して取次に渡すというしくみであるが，現在では売上集計はPOSで行い，注文はオンラインで行うことが多くなっている。

▼出版物の流通ルート

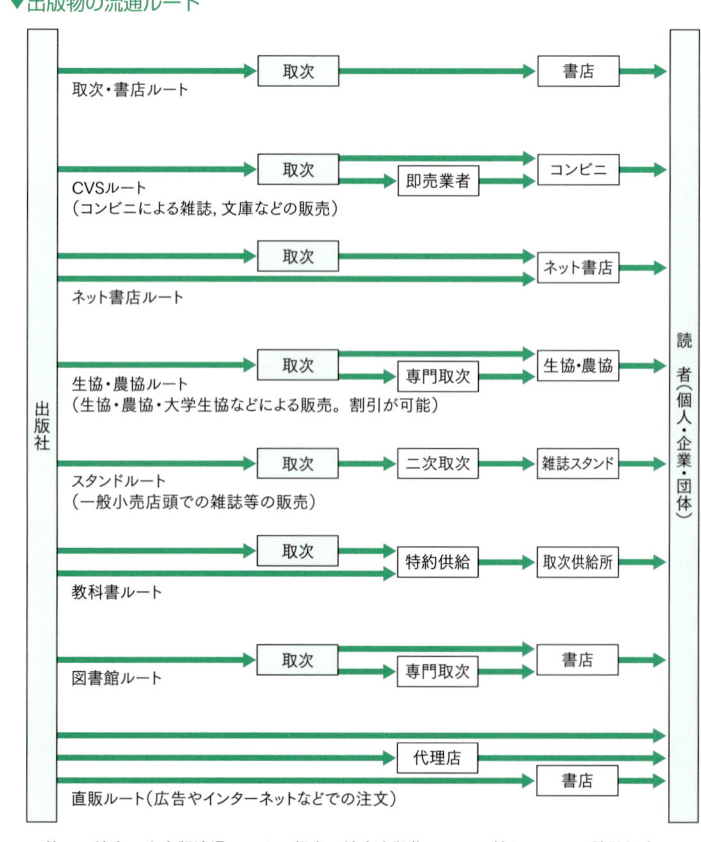

＊他に，地方・小出版流通センター経由の地方出版物ルート，輸入ルート，訪問販売ルート，新聞販売店ルートなどがあり，直販ルートも多様に存在している。各ルート，中間業者等の名称は一般的な呼称

1桁：チェック数字
0：予備コード
4桁：本体価格
という構成で，この中には次の②「雑誌コード」(5桁）が含まれている。

②雑誌コード
雑誌：雑誌コードであることを示す
1桁：発行形態コード
4桁：雑誌名コード（月刊か週刊かで末桁の数値の意味が変わる）
末桁：月刊なら発行月，週刊なら発行日

③ISSN：7桁の数字に1桁のチェック数字からなる8桁。4桁ずつハイフンで結んで頭にISSNを付けて表示する。

▼ISBNコードと書籍JANコード

ISBN978-4-999-12345-2
C0235 ¥3500E

下に入れる場合
（1行にしてもよい）

＊②他の国番号は，
0，1：英語圏　2：フランス語圏
3：ドイツ語圏　5：ロシア語圏
7：中国　88：イタリア　89：韓国

＊③出版社番号は出版社によって桁数が違い，それに応じて④の桁数が変わり，全体の13桁は維持

＊JANコードの刷色は，白地にスミ100％が原則。その他の色については，日本図書コード管理センターの指針を参照

＊コードの地を白マドにする場合は，枠辺（4辺）をコードから5mm以上空ける

▼日本図書コードの「C」以下の分類コード

第1桁（販売対象）		第2桁（発行形態）		第3・4桁（内容）					
コード	販売対象	コード	発行形態	コード	内容	コード	内容	コード	内容
0	一般	0	単行本	00	総記	40	自然科学総記	70	芸術総記
1	教養	1	文庫	01	百科事典	41	数学	71	絵画・彫刻
2	実用	2	新書	02	年鑑・雑誌	42	物理学	72	写真・工芸
3	専門	3	全集・双書	04	情報科学	43	化学	73	音楽・舞踊
4	検定教科書・その他	4	ムック・その他			44	天文・地学	74	演劇・映画
5	婦人	5	事・辞典	10	哲学	45	生物学	75	体育・スポーツ
6	学参 I（小中）	6	図鑑	11	心理（学）	47	医学・歯学・薬学	76	諸芸・娯楽
7	学参 II（高校）	7	絵本	12	倫理（学）			77	家事
8	児童	8	磁性媒体など	14	宗教	50	工学・工学総記	79	コミックス・劇画
9	雑誌扱い	9	コミック	15	仏教	51	土木		
				16	キリスト教	52	建築	80	語学総記
						53	機械	81	日本語
				20	歴史総記	54	電気	82	英米語
				21	日本歴史	55	電子通信	84	ドイツ語
				22	外国歴史	56	海事	85	フランス語
				23	伝記	57	採鉱・冶金	87	各国語
				25	地理	58	その他の工業		
				26	旅行			90	文学総記
						60	産業総記	91	日本文学　総記
				30	社会科学総記	61	農林業	92	日本文学　詩歌
				31	政治（含む国防軍事）	62	水産業	93	日本文学　小説・物語
				32	法律	63	商業	95	日本文学　評論・随筆・その他
				33	経済・財政・統計	65	交通・通信	97	外国文学　小説
				34	経営			98	外国文学　その他
				36	社会				
				37	教育				
				39	民族・風習				

＊コードのアキ部分はジャンルが割り当てられていない
（参考）日本図書コード管理センター『ISBNコード／日本図書コード／書籍JANコード利用の手引き』（2019年）所収「分類記号一覧表」

▼雑誌のコード

［定期刊行物コード（雑誌）］

フラグ　予備　雑誌コード　月号　年号　チェック数字

4910123451274　JANコード
00476　アドオンコード

予備　本体価格

［雑誌コード］

月刊誌では奇数で末尾に1を加えると別冊，臨増号を表す

雑誌12345-12

雑誌名　発行月／発行日

発行形態（0，1:月刊誌　2，3:週刊誌　4，5:コミックス　6:ムック　など）

［ISSNコード］

ISSN9876-5439

チェック数字

原価計算

● 原価計算と定価

本の定価を定めるには，原価計算をする必要がある。

大まかな手順は，製作に関わる「製造直接費」を算出して1冊あたりの「製造単価」を出す。印税，製造間接費（人件費），販売費などの諸費用をそれに加えるが，人件費や諸費用は，その本に特定される額の算出は困難なので，経験則により平均的な率で勘案されることが多い。この数値を元にして定価を定め利益を算出するが，出版社はその規模や経営状態に応じてそれぞれに算出の方針をもっている。製造単価の定価に対する割合の基準値をもつところが多い。

初版での利益の見込みも必要となる。増刷時には固定費はほとんどかからず，経費も初版時より少なくなるので，利益は大きくなるが，増刷の見込みが小さければ初版である程度の利益を得なければならない。

また，発行部数のすべてが売れるわけではなく，近年は返品率も高いので，実売部数は正確に予測する必要がある。

さらに定価は，類書の存在や販売対象にも左右される。類書と競合できる定価が考慮され，また，たとえば低年齢層向けの本は安価であることが求められる。販売戦略をふまえた定価の調整が必要となる。

● 固定費と変動費

原価計算の基本となるのが，その本をつくるために直接かかる費用であり，これが「製造直接費」である。

製造直接費の中には，発行部数に左右されない「固定費」と，部数により変動する（部数の増加で増える）「変動費」とがある。

固定費には，編集料，原稿料（使用料の支払いが印税でないもの。図版，写真などを含む），組版・レイアウト料，装丁料，校正料，刷版費などがあり，変動費には，印刷費，製本・加工費，資材費などがある。

▼原価計算での諸費用の概念

＊「人件費」はその本に携わった編集者に関わる費用で「製造間接費」とされる
＊他はいわゆる「経費」であるが，販売関係の費用と一般管理費に分けて把握する考え方もある
＊人件費やその他の経費については，その本に関係する金額を正確には算出できないため，経験則により平均的な率で勘案されることが多い
＊発行部数全体から寄贈本，返品による汚損本など売上にならない部数を減ずる必要がある

＊「印税」は，発行部数を基準にする場合と売上部数を基準にする場合がある

＊「変動費」は，発行部数によって変動する費用のこと

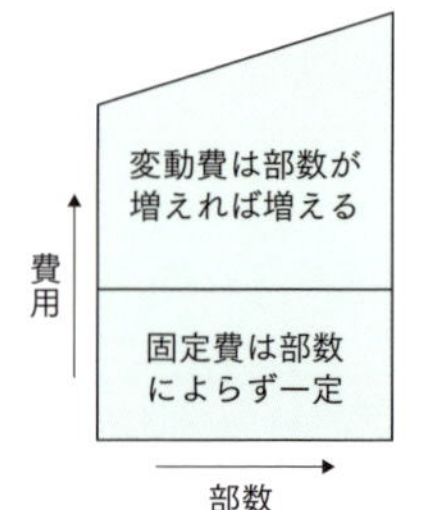

＊「固定費」は，発行部数によって変動しない費用のこと。増刷時には刷版費以外の固定費はほとんどかからない

増刷・重版

● 増刷・重版

増刷とは新刊時の状態のまま印刷するもので，奥付の表記は「初版第○刷」と「刷」が更新される。修正が入った場合には「再版」「第三版」などと「版」が更新されていくが，実際は「刷」と「版」の使い方は混用されている。参照▶19ページ

● 原本とデータ・フィルムの管理

新刊を発行した際には，「訂正原本」(「修正原本」「原本」)を確保し，誤植や著者などからの指摘はこれに集約して記入しておく。

データの管理では，工程の中で複数のデータが存在するので，印刷に供された最終データはどれで，どこにあるのかを明確にしておく必要がある。その際，データが作成された環境(OS，アプリケーションとバージョン，フォントなど)を明示し，データとともに保存しておく。

また，校了後の色校正・製版校正で赤字が入り部分修正した場合は，保存データ上でも修正しておかなければならない。

最終データの保存・管理に厳重を期すのはもちろんのこと，加えて，工程においては素材(テキスト，ビジュアルなど)，校正PDF，色校正などさまざまな中間的生成物のデータが発生するが，これらが無断で目的以外に流用されることがないようそれらの管理にも慎重を心がけたい。

かつて印刷に使用し印刷所などで保管されていた製版フィルム(いわゆる「置き版」)は，現在では製版フィルム→刷版の作製が難しくなったので，フィルムの網点をそのままにスキャニングし，モノクロ2階調の高解像度画像データ(2400dpiなど)にして保存されるケースが増えた。このデータを使ってCTPでの刷版出力が可能である。

● 増刷・重版の流れ

まず訂正原本に修正を漏れなく記入し，データの修正をする。修正ページの校正を行い，校了にする。

保管されているデータで修正するページを新しいデータに差し替え，CTPで刷版を出力する。

印刷，加工・製本を経てできあがる。

● 活字および写植組版の書籍のデジタル化

旧来の組版・印刷方式で製作された本を，重版時にデジタル化することがある。

本文テキストは，OCRアプリで各ページを読み取ってデジタルデータにすれば編集が可能になる。読み取り結果は原本と1字ずつ引き合わせてミスの確認をする。

図版類は，線画であれば元画像を高解像度でスキャンするか，図表は作り直すこともある。参照▶80ページ

写真は元写真の入手が望ましいが，重版原本を高解像度でスキャンして線画の画像にすれば網点もそのままに再現できる。ただしモノクロの原寸使用に限られる。

これらをレイアウト用アプリで組版し，以降は新刊の工程と同様である。

▼OCR

活字・写植・DTPなどで組まれ印刷されたページをスキャナで読み取り，編集できるテキストデータに変換するアプリ。識字率は日進月歩で向上しており，きれいな原稿では99%以上のものもある。「Optical Character Recognition」の略。

▼増刷・重版の流れ

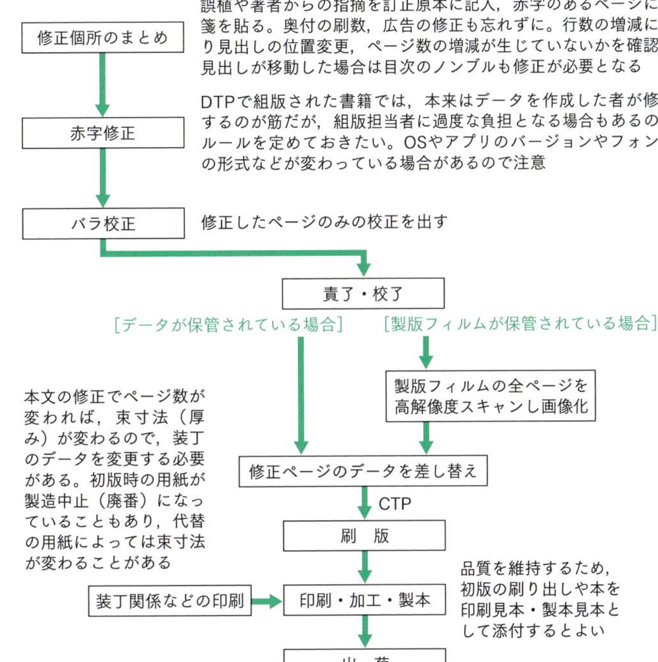

electronic book

電子書籍

書籍・雑誌を紙ではなく画面(PC，スマートフォン，タブレットなど)で読むものが「電子書籍」である。「電子ブック」「デジタル書籍」「ebook」などともいう。

「電子出版」という語もある。これは，かつては出版物をコンピュータによるDTPで作成する工程のことを指していたが，ほどなくその意味するものが変容し，コンテンツをフロッピーディスクやCD-ROMなどのメディアに収めて出版すること，専用機で表示する電子辞書などのこと，さらに書籍的なコンテンツのインターネット配信などを指すようになった。これら旧型の電子出版の形は減少している。

1990年代末よりインターネットを使っての電子書籍の販売がスタートし，2000年代初頭からの「ケータイ小説」などの普及で電子書籍の市場が拡大，2007年にiPhoneが発表され，同年にAmazon Kindleの販売がスタートして電子書籍を受け入れる環境がさらに整った。Appleが2010年にタブレット型端末のiPadをリリースしたが，日本ではこの年「電子書籍元年」といわれた。

電子書籍の普及はコミックが牽引し，2020年頃から電子コミックが紙のコミック市場を上回る規模となっている。

●フィックス型とリフロー型

電子書籍の表示形式には大きく分けて「フィックス型」と「リフロー型」がある。

フィックス型は「固定レイアウト型」ともいわれ紙の本同様にテキストやビジュアルのレイアウトそのままにページ単位で作成される形式で，コミックの電子書籍がその典型である。

フィックス型は紙の本の作成の流れに続けてページを書き出すことで電子書籍化は容易であり，作成コストも抑えられる。

しかし，固定レイアウトなので大画面のPC以外の小型のデバイスではページが小さくなり，テキストなども読みづらい。拡大表示すればスクロールの面倒が生じる。

これに対してリフロー型は，表示されるデバイスの画面サイズに応じて文字の大きさや行間が変更でき，それによって1行の字数や画面に表示される行数などが流動的に変更される。よって，紙の本やフィックス型電子書籍での「ページ」という概念はなくなっている。

デバイスにより文字を大きく表示することでたとえば高齢者などには読みやすいものになる。また，紙の本のように文字にマーキングを付したり，語の検索をしたりすることも可能である。

しかし，図版が多かったり雑誌のような複雑なレイアウトのものでは，テキストの流動により素材の位置が乱れるなど，本が本来持っている紙面の見せ方による情報伝達の役目は果たすことができないというデメリットがある。

2つの形式それぞれにメリット，デメリットがあるが，フィックス型はコミック，図版の多い実用書や専門書，絵本，雑誌などに，リフロー型はテキスト中心の文芸物，学術書などに向いているといえよう。

●リッチコンテンツ

電子書籍では紙の本での対応が不可能な動画，音声，ハイパーリンクなどの「リッチコンテンツ」を扱うことができるが，フォーマット自体や読むためのビューア(リーダー)，アプリの中にはリッチコンテンツに対応していないものもあり，その特長が十分発揮されていないのが現状である。

●電子書籍のフォーマット

電子書籍の国際標準規格としてオープン規格の「EPUB」(Electronic Publication)がある。このフォーマットは，電子出版・電子書籍の国際標準を普及してきた国際国際電子出版フォーラム(IDPF，現在はW3C〈World Wide Web Consortium〉に統合)が2007年に

▼電子書籍の利用に必要な環境

[通信環境] インターネットに接続できること

[端末(デバイス)] パソコン，スマートフォン，タブレット，専用リーダー（利用する電子書籍書店に合せた専用リーダーが必要。大きさ・重さ・読みやすさなど扱いやすいものを選択）

[電子書籍書店] Web上で電子書籍を販売している書店には，それぞれに扱う電子書籍の数や電子書籍のフォーマットなどの特徴がある

[閲覧用アプリ] パソコン，スマートフォン，タブレットにインストールして閲覧に使用する

▼電子書籍のフォーマット

電子書籍のフォーマットには以下のようなものがあるが，日本独自で開発されたフォーマットの伸長は鈍っている。

[EPUB] 電子書籍の国際標準規格でオープンフォーマット。EPUB 3からはタテ組やルビをサポート

[AZW] Amazon Kindle用フォーマット。AZWを修正・拡張したAZW3はKF8（Kindol Format 8）とも呼ばれる

[.book] 日本のボイジャーが1993年に開発した「エキスパンドブック」を受け継ぐリフロー型のフォーマットで広く普及した。タテ組やルビをサポート

[XMDF] シャープが開発したリフロー型のフォーマットで広く普及した。タテ組やルビをサポート

[MCBook] フォントメーカーのモリサワが開発したリフロー型のフォーマット。モリサワのフォントが使える

電子書籍の公式規格とし,2020年にISO(国際標準化機構)の規格となった。

EPUBは2011年にEPUB 3にバージョンアップし,日本語特有のタテ書,ルビなどの組版仕様に対応するようになった。これを日本電子書籍出版社協会(電書協)がブラッシュアップして策定した仕様が現在の業界標準となっている。電子書籍の流通・販売を担う電子書籍書店もEPUB 3準拠のリーダーをリリースするなどEPUB 3の普及基盤が固まってきている。

電子書籍の作成ではレイアウト用アプリのInDesignがデファクトスタンダードになっている。InDesignにはEPUB書き出しの機能があり,フィックス型とリフロー型のいずれかを選択することができる。

また,フィックス型限定だがPDFの書き出しをすれば簡易に電子書籍を作成することができる。この際,ハイパーリンクなどを有効にするには「Adobe PDF(インタラクティブ)」の選択が必要となる。

電子書籍のフォーマットには,EPUB, PDF以外にもAmazon Kindle専用で独自仕様の「AZW3(KF8)」,1990年代に日本のボイジャーが開発した「エキスパンドブック」の流れをくむ「.book」,日本のシャープが開発した「XMDF」などがあり,いずれも一定の普及がある。

● 電子書籍の流通

電子書籍にも紙の本同様に出版社と電子書籍書店との間に電子書籍取次があり仕入や販売を担うが,物体としての本がないだけに出版社から読者への流れは柔軟なものとなっている。たとえば,

出版社→電子書籍取次→電子書籍書店
出版社→電子書籍書店(直接取引)
出版社経営の電子書籍書店
著者→電子書籍書店(直接取引)
著者経営の電子書籍書店

などからそれぞれ読者に渡る流通の実態がある。参照▶162ページ

出版社にとっては従来の要員で紙の本の製作～販売とは別に電子書籍関連も担うのは,業務の負担が増す,ノウハウの蓄積がないなどとして,電子書籍作成も含めた電子書籍関連の業務を専門業者に委託することも多いが,電子書籍取次業者がその業務を担う例も多い。

そして電子書籍は出版物といっても紙の本のような再販制度による定価販売ではないのも大きな特徴である。

● 電子書籍と著作権

電子書籍はデジタル情報だけに紙の本よりも複製物を作成しやすいなど著作権が侵害されやすい。そのため電子書籍の普及にあたっては,オンラインによるユーザー認証やダウンロード先のデバイスを限定して複製や印刷ができないようにするなど,著作権侵害を予防する策がとられている。

また,紙の既刊本を電子書籍化する際は,紙の本の出版時に電子書籍化が想定されていなければ,本来ならば改めて電子書籍についての出版契約を締結した上で,著作者には著作権使用料を,イラストレーションや写真などがあればそれらの制作者に使用料を支払うべきであるが,年月が経っていたり権利関係が複雑になっているものもあり,その対応方法は明確に確立しておらず現状は模索のさなかにある。

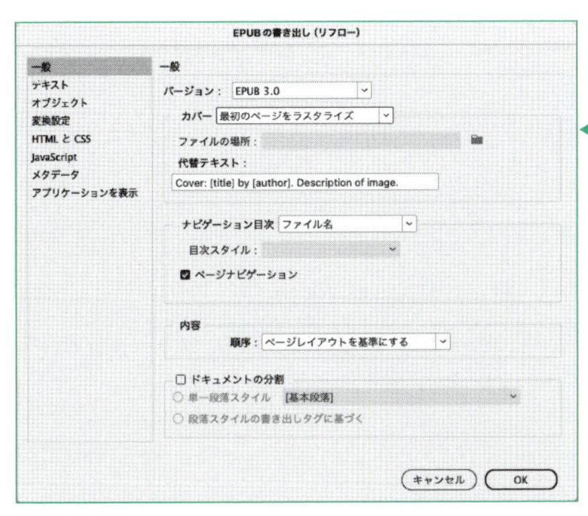

▼電子書籍へのISBNの適用

ISBNは書籍に割り当てられる固有のコードで,「ISBN」で始まる13桁の数字列である。参照▶162ページ

このISBNは電子書籍にも付与しなければならないが,その方法は紙の書籍の運用基準に準拠する。加えて電子書籍特有の場合について「日本図書コード管理センター」の指針があるが,主なものは以下の通り。

[異なるファイル形式] EPUB, PDFなどの異なる形式があり,それぞれが独立して利用可能ならばそれぞれに異なるISBNコードの付与が必要

[異なる著作権上の制限] 同一の電子書籍でも著作権上の制限に異なるものがある場合は,それぞれにISBNコードの付与が必要

[リッチコンテンツの有無] 同一の内容でもリッチコンテンツの有無の違いがあるものがある場合は,それぞれに異なるISBNコードの付与が必要

▼InDesignでのEPUBの書き出し

＊InDesignで「ファイル」→「書き出し」から「EPUB(リフロー可能)」または「EPUB(固定レイアウト)」を選択,それぞれ必要な設定をすることでEPUBデータの作成ができる。書き出しの選択肢には「PDF(インタラクティブ)」も用意されている

著作権

● 知的財産権

「著作権」は，人間の精神的な所産に与えられた権利である「知的財産権」（知的所有権）に含まれる，著作者が有する排他的な権利である。「知的財産権」には，著作権のほか，「著作隣接権」「工業所有権」などがあり，それぞれを保護する法律がある。

● 著作権法

現在の著作権法は1971（昭和46）年に施行されたもので，1899（明治32）年の「著作権法（旧法）」を全面改正したものである（その後何度か改正され，最新の改正は2023年）。

著作権法は全9章と「附則」からなり，

第一章　総則

第二章　著作者の権利

第三章　出版権

第四章　著作隣接権

第五章　著作権等の制限による利用に係る補償金

第六章　裁定による利用に係る指定補償金管理機関及び登録確認機関

第七章　紛争処理

第八章　権利侵害

第九章　罰則

附則

という構成である。

● 著作物

著作権法は，「著作物」を保護の対象としている法律で，その他，著作物を使った実演，レコード製作，放送などを「著作隣接権」として保護している。

著作権法で保護される「著作物」とは，第2条第1項第1号で，「思想又は感情を創作的に表現したものであつて，文芸，学術，美術又は音楽の範囲に属するものをいう。」と定義されている。「創作的に表現されたもの」であるから，表現方法については保護されず，事実やデータといった思想・感情を表現していないものについては保護の対象にならない。さらに，その創作

▼知的財産権

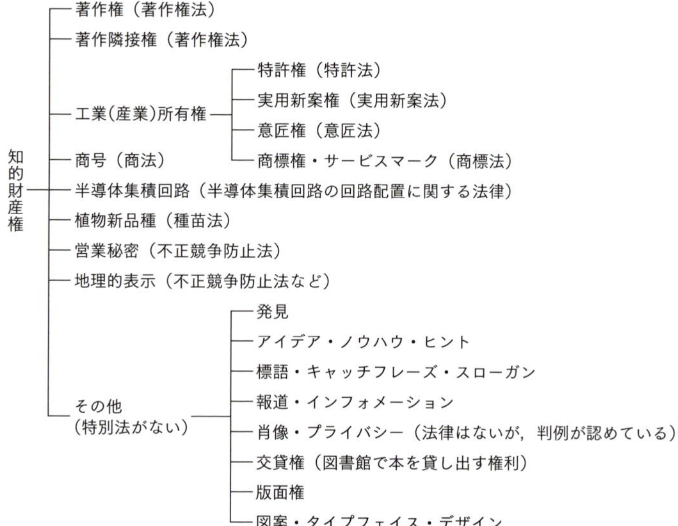

＊「版面権」とは，出版物の組方・レイアウトに創作性があるとし，著作権の切れた著作物と全く同じ体裁のものを複製されてしまうのを防ぐ趣旨で，出版社が主張している

▼著作物の種類

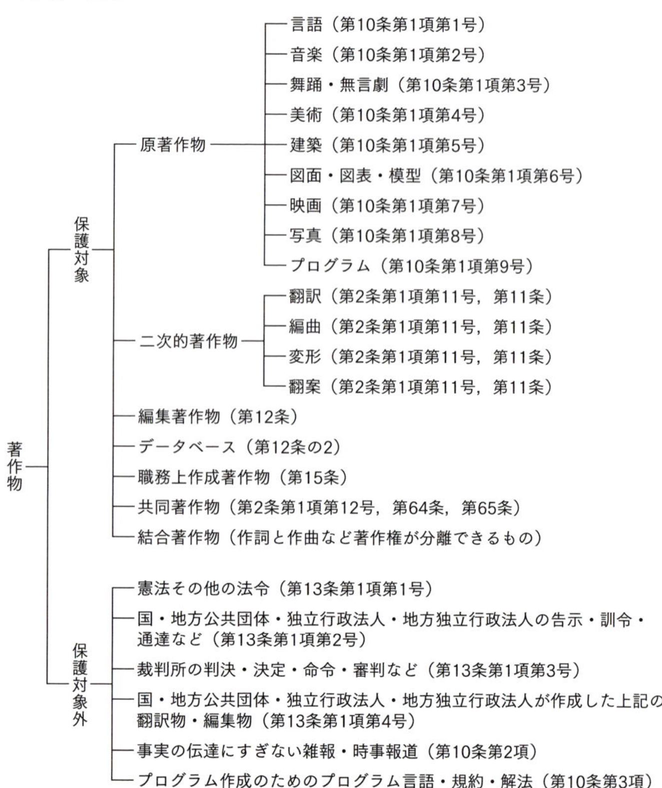

性は芸術的な価値は問われないため，子どもの絵や作文でも保護の対象となる。

アイデア，ヒント，着想など，表現の基礎となったもの自体は保護の対象ではない。これらの保護については，「不正競争防止法」「特許法」などが対象としている。

● 著作権の発生と©記号

「©記号を付していないものには著作権がない」という考えは正しくない。

著作権は，著作物を創作した時点で自動的に権利が発生して保護対象となり，登録などは不要で（より著作権の保護を明確にするために，実名，公表年月日，著作権の移転・処分の制限，プログラム著作物の登録などは可能〈第75条～第78条の2〉），これを「無方式主義」という。これは日本が加盟している「ベルヌ条約（文学的及び美術的著作物の保護に関するベルヌ条約）」での定義で，ほとんどの国がこの制度を適用している。

著作権に関する国際条約には，もう1つ「万国著作権条約」があり，日本はこれにも加盟している。万国著作権条約では著作権の存在を「©」で明示する「方式主義」を採用しており，この条約のみに加入している国では，著作権の登録や公証人による証明などが必要となる。

ベルヌ，万国の両条約に加入している場合は，ベルヌ条約の規定が優先されるが，無方式主義国の著作物を方式主義国に持ち込んだ場合の著作権保護のために，万国著作権条約は無方式主義国の著作物でも「©」が付いていれば方式主義国でも保護対象になると定めている（条約第3条）ため，この規定に基づいて，無方式主義国の著作物にも「©」が表示されているのである。

「©」を使った著作権表記の方法は，万国著作権条約で，「©」「著作権者」「発行年（最初の発行年）」の3つをセット表示することが定められている（順序は自由）。発行年は通常，西暦が使われる。

● 著作者人格権と著作権（財産権）

著作者の権利には，「著作者人格権」と「著作権（財産権）」とがある。

著作者人格権とは，著作権者の人格的利益を保護するもので，著作権者が固有に持つ権利であり，譲渡や相続はできない。

①公表権：著作物を公表するか否か，いつどのような形で公表するかを決められるのは著作者のみ（第18条）
②氏名表示権：著作物の著作権者名の表示・変名表示・非表示などを決められるのは著作者のみ（第19条）
③同一性保持権：著作物は著作したそのままで公表しなければならない。著作物の名称や内容の改変を決められるのは著作者のみ（第20条）

が骨子である。著作者の没後も，著作者が存命ならばその意を害するような著作者人格権の侵害にあたる行為は禁止されている。

著作権（財産権）は，著作物の財産的性質の保護を目的とした権利で，複製権他の権利（支分権）が規定されており，譲渡可能なものである。

● 著作権の保護期間

著作物は，一定期間は著作者の独占的利益を保障し，その後は社会・文化の発展に寄与させるという趣旨になっている。

基本的には著作物の創作時から保護期間が始まり，著作者の生存間および死後70年間が著作権の保護期間となっている。

● 著作権の制限

著作物の公益性を鑑み，著作物の利用の際に権利者の許諾が不要な場合が定められている。私的使用目的の複製，図書館での複写，引用，教科書への掲載のための複製，点字での複製などである（第30条～第50条）。

ただし，引用などにおいては出所・著作者名の明示が求められている（第48条）。また，これら著作権の制限は著作者人格権には影響を及ぼさないとされている（第50条）。

▼著作権（財産権）の種類

著作権（財産権）の種類
複製権（第21条）
上演権・演奏権（第22条）
上映権（第22条の2）
公衆送信権（第23条）
口述権（第24条）
展示権（第25条）
頒布権（第26条）
譲渡権（第26条の2）
貸与権（第26条の3）
翻訳権・翻案権等（第27条）
二次的著作物の利用に関する原著作者の権利（第28条）

＊同一の複製，細部のみの改変で再現したと思わせるもの，原著作物を参考にしており類似しているもの，原著作物の本質的な部分を使っているもの，などを著作権者の許諾なく製作すれば，複製権の侵害＝著作権侵害となる

▼著作権の保護期間

著作物	保護期間
実名・周知の変名の著作物	創作時～著作者の生存期間・死後70年 共同著作物は最終死亡者の死後70年（第51条）
無名・変名の著作物	創作時～公表後70年（期間満了前に著作者の死後70年経過と認められる時はその時点）（第52条）
団体名義の著作物	創作時～公表後70年 創作後70年間公表されない時は創作後70年（第53条）

＊保護期間は，死亡・公表・創作年の翌年から起算する（第57条）

▼出版権

著作権法には「出版権」が規定されている（第79条～第88条）。
出版は著作物を複製し公衆に頒布することであり，手間や費用を相当要することから，著作権者は出版社（者）に著作物の複製・頒布を委ねる場合が多い。
一方，出版者は他者から別途に出版されては困るため，著作物について排他的・独占的に出版できるようにしたい。そこで著作権法には，著作権者と出版者との間で出版契約を締結し出版権の設定ができると規定されている。
出版契約の締結により，著作物の他者からの出版を防止するとともに，出版者（出版権者）には発行義務が課せられる。
2014年の著作権法改正で出版権の範囲が紙の出版物に加えて電子書籍（の公衆送信）も対象に含められるようになった。
出版契約は以下のような内容から成り立つが，これらを具体的に文書化したものが「出版契約書」である。

①著作権者が著作物の出版権を出版権者に対して設定する
②出版権者は著作物を出版物として排他的・独占的に複製・頒布する権利を有する
③出版権者は著作物の複製・頒布の責任を負う
④著作物の発行期日について（著作権法での原則は6ヶ月以内〈第81条〉）
⑤著作人格権の尊重
⑥増刷の通知義務
⑦著作権使用料の価額と支払方法・時期
⑧複写・電子的使用・二次的使用
⑨その他著作権者と出版権者の権利・義務

1ページ目

出版権設定契約書ヒナ型1（紙媒体・電子出版一括設定用）一般社団法人 日本書籍出版協会作成 2017

出版契約書

著作物名＿＿＿＿＿＿＿＿＿＿＿＿＿＿＿＿

著作者名＿＿＿＿＿＿＿＿＿＿＿＿＿＿＿＿

著作権者名＿＿＿＿＿＿＿＿＿＿＿＿＿＿＿

＿＿＿＿＿＿＿＿（以下「甲」という）と＿＿＿＿＿＿＿＿（以下「乙」という）とは、上記著作物（以下「本著作物」という）に係る出版その他の利用等につき、以下のとおり合意する。

＿＿＿＿年＿＿月＿＿日

甲（著作権者）

住　所

氏　名　　　　　　印

乙（出版権者）

住　所

氏　名　　　　　　印

第１条（出版権の設定）

（１）　甲は、本著作物の出版権を乙に対して設定する。

（２）　乙は、本著作物に関し、日本を含むすべての国と地域において、第２条第１項第１号から第３号までに記載の行為を行う権利を専有する。

（３）　甲は、乙が本著作物の出版権の設定を登録することを承諾する。

第２条（出版権の内容）

（１）　出版権の内容は、以下の第１号から第３号までのとおりとする。なお、以下の第１号から第３号までの方法により本著作物を利用することを「出版利用」といい、出版利用を目的とする本著作物の複製物を「本出版物」という。

① 紙媒体出版物（オンデマンド出版を含む）として複製し、頒布すること

② DVD-ROM、メモリーカード等の電子媒体（将来開発されるいかなる技術によるものをも含む）に記録したパッケージ型電子出版物として複製し、頒布すること

③ 電子出版物として複製し、インターネット等を利用し公衆に送信すること（本著作物のデータをダウンロード配信すること、ストリーミング配信等で閲覧させること、および単独で、または他の著作物と共にデータベースに格納し検索・閲覧に供することを含むが、これらに限られない）

（２）　前項第２号および第３号の利用においては、電子化にあたって必要となる加工・改変等を行うこと、見出し・キーワード等を付加すること、プリントアウトを可能とすること、および自動音声読み上げ機能による音声化利用を含むものとする。

（３）　甲は、第１項（第１号についてはオンデマンド出版の場合に限る）の利用に関し、乙が第三者に対し、再許諾することを承諾する。

第３条（甲の利用制限）

（１） 甲は、本契約の有効期間中、本著作物の全部または一部と同一もしくは明らかに類似すると認められる内容の著作物および同一題号の著作物について、前条に定める方法による出版利用を、自ら行わず、かつ第三者をして行わせない。

（２） 前項にかかわらず、甲が本著作物の全部または一部を、甲自らのホームページ（ブログ、メールマガジン等を含む。また甲が所属する組織が運営するもの、あるいは他の学会、官公庁、研究機関、情報リポジトリ等が運営するものを含む）において利用しようとする場合には、甲は事前に乙に通知し、乙の同意を得なければならない。

（３） 甲が、本契約の有効期間中に、本著作物を著作者の全集・著作集等に収録して出版する場合には、甲は事前に乙に通知し、乙の同意を得なければならない。

第４条（著作物利用料の支払い）

（１） 乙は、甲に対し、本著作物の出版利用に関し、別掲のとおり発行部数等の報告および著作物利用料の支払いを行う。

（２） 乙が、本出版物を納本、贈呈、批評、宣伝、販売促進、業務等に利用する場合（____部を上限とする）、および本著作物の全部または一部を同様の目的で電子的に利用する場合については、著作物利用料が免除される。

第５条（本出版物の利用）

（１） 甲は、本契約の有効期間中のみならず終了後であっても、本出版物の版面を利用した印刷物の出版または本出版物の電子データもしくは本出版物の制作過程で作成されるデータの利用を、乙の事前の書面による承諾なく行わず、第三者をして行わせない。

（２） 前項の規定は、甲の著作権および甲が乙に提供した原稿（電磁的記録を含む）の権利に影響を及ぼすものではない。

第６条（権利許諾管理の委任等）

（１） 本著作物が以下の方法で利用される場合、甲はその権利許諾の管理を乙に委任する。

① 本出版物のうち紙媒体出版物の複製（複写により生じた紙媒体複製物の譲渡およびその公衆送信、ならびに電子媒体複製等を含む）

② 本出版物のうち紙媒体出版物の貸与

（２） 甲は、前項各号の利用に係る権利許諾管理については、乙が著作権等管理事業法に基づく登録管理団体（以下「管理団体」という）へ委託しその利用料を受領すること、および管理団体における著作物利用料を含む利用条件については、管理団体が定める管理委託契約約款等に基づいて決定されることを、それぞれ了承する。

（３） 乙は、前項の委託によって乙が管理団体より、本著作物の利用料を受領した場合は、別掲の記載に従い甲への支払いを行う。

第７条（著作者人格権の尊重）

乙は、本著作物の内容・表現または書名・題号等に変更を加える必要が生じた場合には、あらかじめ著作者の承諾を得なければならない。

第８条（発行の期日と方法）

（１） 乙は、本著作物の完全原稿の受領後____ヵ月以内に、第２条第１項第１号から第３号までの全部またはいずれかの形態で出版を行う。ただし、やむを得ない事情があるときは、甲乙協議のうえ出版の期日を変更することができる。また、乙が本著作物が出版に適さないと判断した場合には、乙は、本契約を解除することができる。

（２） 乙は、第２条第１項第１号および第２号の場合の価格、造本、製作部数、増刷の時期、宣伝方法およびその他の販売方法、ならびに同条同項第３号の場合の価格、宣伝方法、配信方法および利用条件等を決定する。

第９条（贈呈部数）

（１） 乙は、本出版物の発行にあたり、紙媒体出版物（オンデマンド出版を除く）の場合は初版第一刷の際に____部、増刷のつど____部を甲に贈呈する。その他の形態の出版物については、甲乙協議して決定する。

2ページ目

▼出版契約書

ここに掲載したのは(一社)日本書籍出版協会（書協）の作成した「出版契約書」のヒナ型（2017年版，本書出版時の最新）で，多くの出版社で使用されている。実物はA4判4ページで書協のWebサイトからPDFおよびWordファイルをダウンロードできる。
事情に応じて改変は可能で，これを元に実態に合うよう必要な加除修正をし出版社独自の契約書を作成している場合も多い。
これは紙媒体での出版のみならず各形式による電子媒体での出版も対象とした契約書式であるが，紙媒体での出版のみ用の「出版契約書（紙媒体）」，配信型の電子出版のみ用の「出版契約書（電子配信）」のヒナ型も用意されている。電子配信のヒナ型は，先行して紙媒体の契約のみで紙本が出版され，後からそれを電子書籍などで出版する場合の契約にも使うことができる。
詳細は書協のWebサイト（https://www.jbpa.or.jp/）を参照。

（2） 甲が寄贈等のために紙媒体出版物（オンデマンド出版を除く）を乙から直接購入する場合、乙は、本体価格の____%で提供するものとする。

第 10 条（増刷の決定および通知義務等）

（1） 乙は、本出版物のうち紙媒体出版物の増刷を決定した場合には、あらかじめ甲および著作者にその旨通知する。

（2） 乙は、前項の増刷に際し、著作者からの修正増減の申入れがあった場合には、甲と協議のうえ通常許容しうる範囲でこれを行う。

（3） 乙は、オンデマンド出版にあっては、著作者からの修正増減の申入れに対しては、その時期および方法について甲と協議のうえ決定する。電子出版物（パッケージ型を含む）についても同様とする。

第 11 条（改訂版・増補版等の発行）

本著作物の改訂または増補等を行う場合は、甲乙協議のうえ決定する。

第 12 条（契約の有効期間）

本契約の有効期間は、契約の日から満____ヵ年とする。また、本契約の期間満了の3ヵ月前までに、甲乙いずれかから書面をもって終了する旨の通告がないときは、本契約は、同一の条件で自動的に継続され、有効期間を____ヵ年延長し、以降も同様とする。

第 13 条（契約終了後の頒布等）

（1） 乙は、本契約の期間満了による終了後も、著作物利用料の支払いを条件として、本出版物の在庫に限り販売することができる。

（2） 本契約有効期間中に第2条第1項第3号の読者に対する送信がなされたものについて、乙（第2条第3項の再許諾を受けた第三者を含む）は、当該読者に対するサポートのために本契約期間満了後も、送信を行うことができる。

第 14 条（締結についての保証）

甲は、乙に対し、甲が本著作物の著作権者であって、本契約を有効に締結する権限を有していることを保証する。

第 15 条（内容についての保証）

（1） 甲は、乙に対し、本著作物が第三者の著作権、肖像権その他いかなる権利をも侵害しないことおよび、本著作物につき第三者に対して出版権、質権を設定していないことを保証する。

（2） 本著作物により権利侵害などの問題を生じ、その結果乙または第三者に対して損害を与えた場合は、甲は、その責任と費用負担においてこれを処理する。

第 16 条（二次的利用）

本契約の有効期間中に、本著作物が翻訳・ダイジェスト等、演劇・映画・放送・録音・録画等、その他二次的に利用される場合、甲はその利用に関する処理を乙に委任し、乙は具体的条件について甲と協議のうえ決定する。

第 17 条（権利義務の譲渡禁止）

甲および乙は、本契約上の地位ならびに本契約から生じる権利・義務を相手方の事前の書面による承諾無くして第三者に譲渡し、または担保に供してはならない。

第 18 条（不可抗力等の場合の処置）

地震、水害、火災その他不可抗力もしくは甲乙いずれの責めにも帰せられない事由により本著作物に関して損害を被ったとき、または本契約の履行が困難と認められるにいたったときは、その処置については甲乙協議のうえ決定する。

第 19 条（契約の解除）

甲または乙は、相手方が本契約の条項に違反したときは、相当の期間を定めて書面によりその違反の是正を催告し、当該期間内に違反が是正されない場合には本契約の全部または一部を解除することができる。

3ページ目

第 20 条（秘密保持）
甲および乙は、本契約の締結・履行の過程で知り得た相手方の情報を、第三者に漏洩してはならない。

第 21 条（個人情報の取扱い）
（1）　乙は、本契約の締結過程および出版業務において知り得た個人情報について、個人情報保護法（個人情報の保護に関する法律）の趣旨に則って取扱う。なお、出版に付随する業務目的で甲の個人情報を利用する場合は、あらかじめ甲の承諾を得ることとする。
（2）　甲は、乙が本出版物の製作・宣伝・販売等を行うために必要な情報（出版権・書誌情報の公開を含む）を自ら利用し、または第三者に提供することを認める。ただし、著作者の肖像・経歴等の利用については、甲乙協議のうえその取扱いを決定する。

第 22 条（契約内容の変更）
本契約の内容について、追加、削除その他変更の必要が生じても、甲乙間の書面による合意がない限りは、その効力を生じない。

第 23 条（契約の尊重）
甲乙双方は、本契約を尊重し、解釈を異にしたとき、または本契約に定めのない事項については、誠意をもって協議し、その解決にあたる。

第 24 条（著作権等の侵害に対する対応）
第三者により本著作物の著作権が侵害された場合、または本契約に基づく甲または乙の権利が侵害された場合には、甲乙は協力して合理的な範囲で適切な方法により、これに対処する。

第 25 条（特約条項）
本契約書に定める条項以外の特約は、別途特約条項に定めるとおりとする。

（別掲）著作物利用料等について

著作物利用料	部数等の報告、支払方法およびその時期
本出版物について 実売部数 1 部ごとに 保証部数　　　　部 保証金額　　　　円	保証金の支払いについて 保証分を超えた分の支払いについて
本出版物について 発行部数 1 部ごとに	
電子出版について	
第 6 条の利用について 乙への本著作物に係る入金額の	

以上

▼原稿料と印税

出版者が著作権者に支払う著作権利用料には，大別して「原稿料」と「印税」とがある。

［原稿料］
著作権利用料が，原稿の受領および掲載に対して1回で支払われる方式。定期刊行物（雑誌），著作者が多い出版物，キャリアの浅い著者の原稿などに対してこの方式がなされている例が多い。
原稿料で支払うケースを「買取り」と称することがあるが，これによって著作権が出版者に譲渡されたことにはならない。雑誌への掲載など当該の使用についてのみ許諾がなされただけであるので，出版者が原稿を目的外に使用することはできない。著作権（財産権）が譲渡されるためには，その旨の契約を交す必要がある。

［印税］
著作権利用料が，印税率と部数に基づいて算出されて支払われる方式。
印税の算出式は，
「本体価格×印税率×部数」
となる。
印税率は本体価格の10％前後が一般的であるが，売れ行きの見込みや著作者のキャリアによって案配されたり，新人による持ち込み原稿などの場合には初版は低率にし，重版される度に印税率を上げていくこともある。出版者の経営状況に左右されることもある。
部数については，「発行印税」（製作部数が基準）と「売上印税」（実売部数が基準）の考え方があり，売上印税の場合には保証部数分の印税は支払われる。
「印税」はもとより税金ではないが，かつての書籍の奥付には著者が製作部数分の捺印をした「検印紙」が貼付されており，その捺印枚数を基にして原稿料が支払われた方法が印紙税に似ていたことに由来する。

4ページ目

博物館・参考文献・サイト

＊参考文献リストでの「一般社団法人」「公益社団法人」「株式会社」などは省略

● 博物館・美術館・ギャラリー・ショールーム

印刷博物館
東京都文京区水道1-3-3
https://www.printing-museum.org/

市谷の杜 本と活字館
東京都新宿区市谷加賀町1-1-1
https://ichigaya-letterpress.jp/

紙の博物館
東京都北区王子1-1-3
https://papermuseum.jp/

印刷図書館
東京都中央区新富1-16-8
https://www.print-lib.or.jp/

お札と切手の博物館（国立印刷局）
東京都北区王子1-6-1
https://www.npb.go.jp/museum/

ミズノ・プリンティング・ミュージアム
東京都中央区入船2-9-2
https://www.mizunopritech.co.jp/mpm/

ギンザ・グラフィック・ギャラリー（ggg）
東京都中央区銀座7-7-2
https://www.dnpfcp.jp/gallery/ggg/

日本近代文学館
東京都目黒区駒場4-3-55
https://www.bungakukan.or.jp/

神奈川近代文学館
横浜市中区山手町110
https://www.kanabun.or.jp/

特種東海製紙㈱「Pam」（用紙）
静岡県駿東郡長泉町本宿437
https://www.tt-paper.co.jp/pam/
＊「Pam」は他に東京，島田（静岡）

㈱竹尾「見本帖本店」（用紙）
東京都千代田区神田錦町3-18-3
https://www.takeo.co.jp/
＊「見本帖」は他に青山（東京），淀屋橋（大阪），博多（福岡）

平和紙業㈱「ペーパーボイス東京」（用紙）
東京都中央区新川1-22-11
https://www.heiwapaper.co.jp/
＊「ペーパーボイス」は他に大阪，名古屋

OJI PAPER（SAMPLE）LIBRARY（用紙）
東京都中央区銀座5-12-8

村田金箔「HAKU-TION」（箔押し）
大阪市阿倍野区松崎町3-14-21
https://haku-tion.com/

大英図書館（英・ロンドン）
The British Library
https://www.bl.uk/

ロンドン科学博物館（英）
The Science Museum
https://www.sciencemuseum.org.uk/

セント・ブライド・ライブラリ（英・ロンドン）
St Bride Library
https://sbf.org.uk/library/

グーテンベルク博物館（ドイツ・マインツ）
Gutenberg-Museum
https://www.gutenberg.de/

ドイツ博物館（ミュンヘン）
Deutsches Museum
https://www.deutsches-museum.de/

リヨン印刷博物館（フランス）
Musée de l'Imprimerie et de la Communication graphique
https://www.imprimerie.lyon.fr/

プランタン-モレトゥス博物館（ベルギー・アントウェルペン）
The Museum Plantin-Moretus
https://museumplantinmoretus.be/

バーゼル製紙印刷博物館（スイス）
Basler Papiermühle
https://www.baslerpapiermuehle.ch/

アメリカ歴史博物館（ワシントンD.C.）
National Museum of American History
https://americanhistory.si.edu/

中国印刷博物館（北京）
北京市大興区黄村鎮興華北路25号

清州古印刷博物館（韓国）
https://cheongju.go.kr/jikjiworld/index.do

▼文献の表記法

本文中の引用文献や参考文献などの表記方法は，大学などで論文の書き方として教示されるが，出版物では必ずしもその通りである必要はなく，出版社の方針や本の内容により多様な方法でなされている。以下は本書で採用した例であるが配列の順序が入れ替わることもある。洋書では論文名は“　”でくくった立体にし，書名・雑誌名はイタリック体にする場合が多い。

[書籍]　著者名『書名』発行所名，発行年，[掲載ページ]
[書籍の論文]　執筆者名「論文名」，編著者名『書名』発行所名，発行年
[雑誌の論文・記事]　執筆者名「論文（記事）名」，『雑誌名』巻数・号数，発行所名，[掲載ページ]
[Webサイトの記事など]　執筆者名「記事名」，『Webサイト名』更新日付，URL

● 参考文献

[全般]

出版事典編集委員会『出版事典』出版ニュース社，1971年
関善造『増補　編集印刷デザイン用語事典』誠文堂新光社，1980年
紀田順一郎『日本語大博物館』ジャストシステム，1994年
荒瀬光治『図書をデザインする』日本ジャーナリスト専門学校，1994年
大日本印刷編『図解印刷技術用語事典　第2版』日刊工業新聞社，1996年
視覚デザイン研究所編『編集デザインの基礎知識』視覚デザイン研究所，1996年
日本エディタースクール編『新編　出版編集技術（上，下）』日本エディタースクール出版部，1997年
デザインの現場編集部『本づくり大全』美術出版社，1999年
野村保惠『本づくりの常識・非常識』印刷学会出版部，2000年
凸版印刷編『印刷博物誌』凸版印刷，2001年
日本印刷学会編『印刷事典』印刷朝陽会，2002年
J. Michael Adams and Penny Ann Doli “*Printing Technology, Fifth Edition*” Delmar，2002年
オラリオ『DTP検定公式ガイドブックII種』ワークスコーポレーション，2002年
岩波書店編集部編『カラー版　本ができるまで』岩波書店，2003年
日本エディタースクール編『本の知識』日本エディタースクール，2009年
樺山紘一編『図説 本の歴史』河出書房新社，2011年
田澤拓也『活字の世紀』精興社ブックサービス，2013年
荒瀬光治『編集デザイン入門　改訂2版』出版メディアパル，2015年
生田信一，板谷成雄，近藤伍壱，髙木きっこ『印刷メディアディレクション　改訂版』ボーンデジタル，2017年
野瀬奈津子，松岡宏大，矢萩多聞『タラブックス』玄光社，2017年
鳥海修，高岡昌生，美篶堂，永岡綾『本をつくる』河出書房新社，2019年
日本書籍出版協会生産委員会編『本づくり　第5版』日本書籍出版協会，2020年
生田信一，板谷成雄，スズキアサコ，西村希美，山本州『印刷＆WEBコンテンツ制作

の基礎知識』玄光社，2020年
凸版印刷印刷博物館編『日本印刷文化史』講談社，2020年
日本書籍出版協会生産委員会編『2021年書籍の出版企画・製作等に関する実態調査（第6回）』日本書籍出版協会，2022年
生田信一ほか『グラフィックデザイナーのためのDTP & 印刷しくみ事典』ボーンデジタル，2022年
Alessandro Marzo Magno著，清水由貴子訳『初めて書籍を作った男』柏書房，2022年
阿部卓也『杉浦康平と写植の時代』慶應義塾大学出版会，2023年
凸版印刷印刷博物館編集『印刷の世界史』凸版印刷印刷博物館，2023年
イレネ・バジェホ著，見田悠子訳『パピルスのなかの永遠』作品社，2023年
日本書籍出版協会生産委員会編『出版社の日常用語集　第5版』日本書籍出版協会，2024年
松田行正『書物とデザイン』左右社，2024年

[文字・編集・組版]

安木茂編『用字便覧』小桜書房，1972年
写研・写植ルール委員会『組みNOW　写植ルールブック』写研，1975年
James Craig著，組版工学研究会監訳『欧文組版入門』朗文堂，1989年
府川充男『組版原論』太田出版，1996年
藤野薫（代表編者）『便覧文字組の基準』日本印刷技術協会，1999年
逆井克己『基本日本語文字組版』日本印刷新聞社，1999年
工藤強勝監修，日経デザイン編『編集デザインの教科書』日経BP社，1999年
府川充男，小池和夫『たて・ヨコ組版自由自在』グラフィック社，2000年
『字の匠』（Adobe InDesign付属ブックレット）アドビシステムズ，2001年
日本エディタースクール編『パソコンで書く原稿の基礎知識』日本エディタースクール出版部，2001年
日本エディタースクール編『文字の組方ルールブック　タテ組編』日本エディタースクール出版部，2001年
日本エディタースクール編『文字の組方ルールブック　ヨコ組編』日本エディタースクール出版部，2001年
デザインの現場編集部『文字大全』美術出版社，2002年
芝野耕司編著『増補改訂　JIS漢字字典』日本規格協会，2002年
日本エディタースクール編『標準編集必携　第2版』日本エディタースクール出版部，2002年
日本エディタースクール編『原稿編集のためのパソコン操作の基礎知識』日本エディタースクール出版部，2003年
『JIS X 4051日本語文書の組版方法』日本規格協会，2004年
野村保惠『編集者の組版ルール基礎知識』日本エディタースクール出版部，2004年
『記号・約物事典』（『フォントスタイルブック2005』別冊付録）ワークスコーポレーション，2005年
野村保惠『誤記ブリぞろぞろ』日本エディタースクール出版部，2005年
小林章『欧文書体』美術出版社，2005年
『JIS Z 8208印刷校正記号』日本規格協会，2007年
日本エディタースクール編『校正記号の使い方　第2版』日本エディタースクール出版部，2007年
小学館辞典編集部編『句読点、記号・符号活用事典。』小学館，2007年
向井裕一『日本語組版の考え方』誠文堂新光社，2008年
酒井道夫編『教養としての編集』武蔵野美術大学出版局，2009年
高岡昌生『欧文組版』美術出版社，2010年
鈴木一誌『［新版］ページネーションのための基本マニュアル』鈴木一誌，2010年
小宮山博史編『タイポグラフィの基礎』誠文堂新光社，2010年
白石大二編『例解辞典　改訂新版』ぎょうせい，2010年
日本エディタースクール編『標準校正必携　第8版』日本エディタースクール出版部，2011年
日本エディタースクール編『新編　校正技術（①，②，③，④）』日本エディタースクール出版部，2012年
日本エディタースクール編『日本語表記ルールブック　第2版』日本エディタースクール出版部，2012年
日本エディタースクール編『原稿編集ルールブック　第2版』日本エディタースクール出版部，2012年
日本エディタースクール編『欧文表記ハンドブック　第2版』日本エディタースクール，2012年
モリサワ編『文字組版入門　第2版』日本エディタースクール出版部，2013年
板谷成雄，大里浩二，清原一隆，トモ・ヒコ『デザインを学ぶ 3 文字とタイポグラフィ』エムディエヌコーポレーション，2013年
「印刷雑誌」編集部編『印刷技術基本ポイント　文字・書体編』印刷学会出版部，2014年
和田文夫，大西美穂『たのしい編集』ガイア・オペレーションズ，2014年
「印刷雑誌」編集部編『印刷技術基本ポイント　組版・ページネーション編』印刷学会出版部，2015年
編集の学校，文章の学校監修『エディターズ・ハンドブック　編集者・ライターのための必修基礎知識』雷鳥社，2015年
都築響一『圏外編集者』朝日出版社，2015年
鳥海修『文字を作る仕事』晶文社，2016年
アンドリュー・ポセケリ，生田信一，コントヨコ，川下城誉『新標準欧文タイポグラフィ入門』エムディエヌコーポレーション，2020年
雪朱里『時代をひらく書体をつくる。』グラフィック社，2020年
共同通信社『記者ハンドブック　第14版』共同通信社，2022年
前田年昭「「ベタ組み」は誰がつくったのか」，日本図書館協会現代の図書館編集委員会編『現代の図書館』243号，日本図書館協会，2022年
牟田都子『文にあたる』亜紀書房，2022年
鳥海修『明朝体の教室』Book & Design，2024年
植木賀生，大石十三夫，桂光亮月，宮地知『邦文写植機発明百年　資料編』大阪DTPの勉強部屋，2024年
印刷博物館『写真植字の百年』印刷博物館，2024年
髙橋秀実『ことばの番人』集英社インターナショナル，2024年

[レイアウト・DTP・色]

田村健一監修，エディトリアルデザイン研究所編『カラー製版指定ルールブック』印刷学会出版部，1984年
Vincent Steer著，海川津一郎編著，村野謙吉訳『プリンティングデザイン アンド レイアウト』情報出版研究会，1986年
梶広幸，小野塚浩一『印刷営業マンのためのDTPはやわかり図鑑』日本印刷技術協会，1994年
青柳英明『デジタル時代のカラーディレクシ

ョンはやわかり図鑑』日本印刷技術協会，1995年
鹿野一則編『明解　クリエイターのための印刷ガイドブック（製版・印刷編，DTP基礎編，DTP実践編）』玄光社，1998～1999年
井上明『座右版DTPの智慧袋』毎日コミュニケーションズ，2002年
田中為芳編『色彩大全』美術出版社，2002年
『彩の匠』（Adobe InDesign付属ブックレット）アドビシステムズ，2002年
Far, Inc. 編，板谷成雄，大橋幸二共著『［実践］レイアウトデザイン』オーム社，2003年
生田信一，板谷成雄『標準DTPデザイン講座　基礎編』翔泳社，2004年
板谷成雄，生田信一『標準DTPデザイン講座　InDesign CS』翔泳社，2004年
『デザイナーのためのPhotoshop補正ハンドブック』（『MdN』2005年6月号特別付録小冊子），MdN，2005年
工藤強勝監修『デザイン解体新書』ワークスコーポレーション，2006年
『印刷屋さんのDTP・PDF印刷用データ作成マニュアル』吉田印刷所，2006年
大橋幸二『Adobe Indesign「文字組み」徹底攻略ガイド　第2版』ワークスコーポレーション，2007年
日本図書設計家協会研究委員会編集『入稿データの責任は誰にある？』日本図書設計家協会，2008年
富士フィルムグローバルグラフィックシステムズ編『印刷技術基本ポイント　プリプレス編』印刷学会出版部，2012年
石田恭嗣『デザインを学ぶ 2 色彩と配色セオリー』エムディエヌコーポレーション，2013年
ファー・インク『レイアウト＆ブックデザインの教科書』ボーンデジタル，2015年
色彩技術研究会編『印刷技術基本ポイント　カラーコミュニケーション編』印刷学会出版部，2018年
青木直子，生田信一，板谷成雄，清原一隆，井上悠『デザインを学ぶ　グラフィックデザイン基礎　改訂版』エムディエヌコーポレーション，2023年
福田邦夫著，日本色彩研究所監修『増補改訂版 色の名前事典519』主婦の友社，2023年

［製版・印刷］

日本印刷技術協会編集『製版指定用語集』日本印刷技術協会，1979年
玄光社編集企画室編『クリエイターのための印刷ガイドブック（①基礎編，②実戦編，③応用編，④ハイテク編，⑤デジタル編）』玄光社，1986～1993年
大塚治雄，玉虫幸雄『製版・印刷はやわかり図鑑』日本印刷技術協会，1992年
美術出版社「クリエイターズ・バイブル」編集室『デザイン・編集・印刷のためのクリエイターズ・バイブル（①ベーシック編，②テクニック編，③テクニカル編，④クリエイティブ編，⑤スペシャル編）』美術出版社，1994～1995年
ジーイー企画センター編集『2色印刷カンとコツ』ジーイー企画センター，1995年
共同印刷編『特殊印刷はやわかり図鑑』日本印刷技術協会，1996年
デザインの現場編集部『印刷大全』美術出版社，2001年
「本とコンピュータ」編集室編『オンデマンド出版の実力』トランスアート，2001年
松田哲夫『印刷に恋して』晶文社，2002年
インフォメディア『2色印刷デザイン&テクニック』ワークスコーポレーション，2003年
日本印刷産業連合会編『印刷技術基本ポイント　枚葉オフセット印刷編』印刷学会出版部，2010年
「印刷雑誌」編集部編『印刷技術基本ポイント　オフセットインキ編』印刷学会出版部，2011年
「印刷雑誌」編集部編『印刷技術基本ポイント　UVオフセット印刷編』印刷学会出版部，2011年
コニカミノルタビジネスソリューションズ編『印刷技術基本ポイント　POD編』印刷学会出版部，2014年
日本複写産業協同組合連合会監修『プリントオンデマンドガイドブック』ワークスコーポレーション，2014年
フレア，西村希美，島崎肇則『特殊印刷・加工事典［完全保存版］』SBクリエイティブ，2019年
高栁昇『編集者，写真家，デザイナーのための写真印刷術』東京印書館，2019年

［加工・製本］

牧経雄『製本ダイジェスト』印刷学会出版部，1964年
関根房一『製本加工はやわかり図鑑』日本印刷技術協会，1993年
大貫伸樹『製本探索』印刷学会出版部，2005年
松田哲夫『本に恋して』新潮社，2006年
MdN編集部編，大日本印刷監修『デザイナーのための特殊印刷・加工見本帳』エムディエヌコーポレーション，2006年
製本加工編集委員会『製本加工ハンドブック技術概論編』日本印刷技術協会，2006年
「印刷雑誌」編集部編『印刷技術基本ポイント　製本編』印刷学会出版部，2013年
Franziska Morlok，Miriam Waszelewski著，岩瀬学監修，津田淳子協力，井原恵子訳『製本大全』グラフィック社，2019年
デザインのひきだし編集部編『ポケット製本図鑑』グラフィック社，2023年
東京製本倶楽部編『製本用語集　改訂新版』東京製本倶楽部，2024年

［用紙］

『紙を知ろう』紙の博物館，1991年
陳舜臣『紙の道』読売新聞社，1994年
原啓志『印刷用紙とのつきあい方』印刷学会出版部，1997年
『紙の大百科』美術出版社，2000年
小宮英俊『トコトンやさしい紙の本』日刊工業新聞社，2001年
『知っておきたい紙パの実際』紙業タイムス社，2001年
小倉一夫編纂『KAMI The History of Oji Paper』王子製紙，2004年
尾鍋史彦総編集『紙の文化事典』朝倉書店，2006年
日本図書設計家協会研究委員会編集『本文用紙は誰が決める？』日本図書設計家協会，2006年
東京用紙店，日本エディタースクール編集『印刷発注のための紙の資料』日本エディタースクール出版部，2024年

［流通］

佐野眞一『だれが「本を殺す」のか』プレジデント社，2001年
日本図書コード管理センター『ISBNコード／日本図書コード／書籍JANコード利用の手引き』日本図書コード管理センター，2019年
松井祐輔『よくわかる出版流通の実務』H.A.B，2021年
『出版営業入門　第4版』日本書籍出版協会，2021年
『よくわかる出版流通のしくみ』メディアパル，2023年

［装丁・ブックデザイン］

菊地信義『装幀談義』筑摩書房，1986年
平野甲賀『平野甲賀装丁術』晶文社，1986年

田中一光，勝井三雄，柏木博監修『日本のブックデザイン1946―95』大日本印刷，1996年
和田誠『装丁物語』白水社，1997年
臼田捷治『装幀時代』晶文社，1999年
西野嘉章『装釘考』玄風舎，2000年
特種製紙，日本図書設計家協会『BOOK DESIGN NOW』六曜社，2003年
臼田捷治『現代装幀』美学出版，2003年
臼田捷治『装幀列伝』平凡社，2004年
臼田捷治監修『疾風迅雷　杉浦康平雑誌デザインの半世紀』，DNPグラフィックデザイン・アーカイブ，2004年
『ブックデザイン復刻版』ワークスコーポレーション，2006年
熊澤正人，清原一隆『デザイナーをめざす人のための装丁・ブックデザイン』エムディエヌコーポレーション，2007年
酒井道夫監修『背文字が呼んでいる　編集装丁家田村義也の仕事』武蔵野美術大学資料図書館，2008年
長友啓典『装丁問答』朝日新聞出版，2010年
鈴木成一『装丁を語る。』イースト・プレス，2010年
杉浦康平監修『杉浦康平・脈動する本』武蔵野美術大学美術館・図書館，2011年
横尾忠則『横尾忠則全装幀集』パイインターナショナル，2013年
菊地信義『菊地信義の装幀1997～2013』集英社，2014年
鈴木成一『鈴木成一デザイン室』イースト・プレス，2014年
矢萩多聞『偶然の装丁家』晶文社，2014年
唐澤平吉，南陀楼綾繁，林哲夫編『花森安治装釘集成』みずのわ出版，2016年
小林真理『画家のブックデザイン』誠文堂新光社，2018年
鈴木一誌『ページと力　増補新版』青土社，2018年
間村俊一『彼方の本』筑摩書房，2018年
桂川潤『本は物である　装丁という仕事』新曜社，2010年
林哲夫編著『書影でたどる関西の出版100』創元社，2010年
河野通義編集『平野甲賀の仕事1964-2013展』武蔵野美術大学美術館・図書館，2013年
祖父江慎『祖父江慎＋コズフィッシュ』パイインターナショナル，2016年
桂川潤『装丁、あれこれ』彩流社，2018年
山福康政の仕事実行委員会編集『山福康政の仕事』裏山書房，2018年
『現代日本のブックデザイン史　1996-2020』（『アイデア』387号）誠文堂新光社，2019年
臼田捷治『〈美しい本〉の文化誌』Book & Design，2020年
和田誠展制作チーム『和田誠展』ブルーシープ，2021年
『坂川事務所の仕事展（①，②，③）図録』坂川事務所／クー・ギャラリー，2021年
菊地信義『装丁余話』作品社，2023年
別冊太陽編集部『日本のブックデザイン一五〇年』平凡社，2023年
デザインノート編集部『美しいブックデザイン』誠文堂新光社，2024年

［和装本・和紙］
府川次男『和装本の作り方』綜芸舎，1989年
久米康生『和紙文化辞典』わがみ堂，1995年
共同企画受注センター編集『和紙の手帖』全国手すき和紙連合会，1995年
わがみ堂編集『和紙の手帖 II』全国手すき和紙連合会，1996年
上田徳三郎，武井武雄『製本』(HONCO レアブックス3）大日本印刷 ICC 本部，2000年
日本図書設計家協会研究委員会編集『和装本は誰でもできる？』日本図書設計家協会，2010年

［著作権］
宮辺尚，豊田きいち『新版　編集者の著作権基礎知識』太田出版，2022年

［雑誌等］
『MdN』エムディエヌコーポレーション，1989～2019年
『DTP WORLD』ワークスコーポレーション，1996～2009年
『本とコンピュータ』（第1期1～16，第2期1～16），トランスアート，1997～2005年
『DTP& 印刷スーパーしくみ事典』ワークスコーポレーション／ボーンデジタル，2000～2021年
『+DESIGNING』マイナビ，2006年～
『デザインのひきだし』グラフィック社，2007年～
『Book Arts and Crafts』本づくり協会，2016年～

● 参考Webサイト

(一社)日本書籍出版協会（書協）
https://www.jbpa.or.jp/
(一社)日本雑誌協会（雑協）
https://www.j-magazine.or.jp/
(一社)日本出版取次協会（取協）
http://www.torikyo.jp/
日本書籍商業組合連合会（日書連）
https://www.n-shoten.jp/
(一社)日本電子出版協会（JEPA）
https://www.jepa.or.jp/
(一社)デジタル出版者連盟（電書連，DPFJ）
https://dpfj.or.jp/
(一社)電子出版制作・流通協議会（電流協，AEBS）
https://aebs.or.jp/
日本出版学会
https://www.shuppan.jp/
(公社)全国出版協会
https://www.ajpea.or.jp/
出版科学研究所
https://shuppankagaku.com/
(公社)日本印刷技術協会
https://www.jagat.or.jp/
(一社)日本印刷産業連合会（印刷用語集）
https://www.jfpi.or.jp/webyogo/
(一社)日本出版インフラセンター
https://jpo.or.jp/
日本図書コード管理センター
https://isbn.jpo.or.jp/
(一社)日本図書設計家協会
https://www.tosho-sekkei.gr.jp/
(公社)日本グラフィックデザイン協会
https://www.jagda.or.jp/
(NPO法人)日本タイポグラフィ協会
https://www.typography.or.jp/
(公社)著作権情報センター
https://www.cric.or.jp/
㈲日本エディタースクール
https://www.editor.co.jp/
Apple Japan ㈿
https://www.apple.com/jp/
アドビ㈱
https://www.adobe.com/jp/
㈱モリサワ
https://www.morisawa.co.jp/
フォントワークス㈱
https://fontworks.co.jp/
ダイナコムウェア㈱
https://www.dynacw.co.jp/
㈱イワタ
https://www.iwatafont.co.jp/
㈱写研
https://sha-ken.co.jp/
㈲字游工房
http://www.jiyu-kobo.co.jp/

(一社)本づくり協会
https://www.honzukuri.org/
東京都製本工業組合(製本のひきだし)
https://sei-hon.jp/
東京製本倶楽部
https://bookbinding.jp/
DIC グラフィックス㈱
https://www.dic-graphics.co.jp/
東洋インキ(artience㈱)
https://www.artiencegroup.com/ja/group/toyo-ink/
村田金箔グループ
https://murata-kimpaku.com/
王子製紙㈱
https://www.ojipaper.co.jp/
日本製紙㈱
https://www.nipponpapergroup.com/
大王製紙㈱
https://www.daio-paper.co.jp/
北越コーポレーション㈱
https://www.hokuetsucorp.com/
三菱製紙㈱
https://www.mpm.co.jp/
特種東海製紙㈱
https://www.tt-paper.co.jp/
王子エフテックス㈱
http://www.ojif-tex.co.jp/
ダイニック㈱
https://www.dynic.co.jp/
東洋クロス㈱
https://www.toyocloth.co.jp/
ワールドクロス㈱
https://www.bookcloth.co.jp/
国立国会図書館デジタルコレクション
https://dl.ndl.go.jp/
国立公文書館デジタルアーカイブ
https://www.digital.archives.go.jp/
著作権法
https://laws.e-gov.go.jp/law/345AC0000000048

▼納本制度

国立国会図書館法では，国内で発行されたすべての出版物を国立国会図書館に（発行から30日以内に）納入することが義務づけられている。頒布を目的として発行されたすべての出版物が対象で，自費出版などでも相当部数を製作し配布されているものは納本の対象となる。
納本義務は1部であるが，2部目を寄贈すると，原則として1部目を東京本館で，2部目を関西館（京都府）で所蔵する。納入は取次会社等が一括代行しているが，直接送付・持参も可能。
納本された出版物は，書誌データ，雑誌では記事索引が作成され，データベースとしてオンライン検索できるようになり，閉架式書庫に保存されてさまざまな利用に供される。

index
索引

数字・英字

予備知識 / 文字 / 組版 / 組版原則 / 図表類・写真 / 色 / 用紙 / 書体・記号 / 資料

索引

[本文作成データ]

OS	macOS 14.6.1
Applications	Adobe InDesign 2024 (19.5) (PDF/X-4書き出し)
	Adobe Illustrator 2024 (28.7)
	Adobe Photoshop 2024 (25.12)
Fonts	A-OTF 新ゴ Pro L
	A-OTF 新ゴ Pro R
	A-OTF 新ゴ Pro M
	FOT- 筑紫明朝 Pr5N R
	FOT- 筑紫明朝 Pr5N M
	FOT- 筑紫明朝 Pr5N D
	FOT- 筑紫明朝 Pr5N B
	FOT- 筑紫ゴシック Pr5N M
	FOT- 筑紫ゴシック Pro B
	ヒラギノ明朝 ProN W3
	游築見出し明朝体 E
	Adobe Caslon Pro Regular
	Century Old Style Std Regular
	Century Old Style Std Italic
	Helvetica Neue Light
	Helvetica Neue Regular
	Helvetica Neue Midium
	*書体・記号見本での使用フォントは省略

Special thanks to

Mitsuji Arase
Masato Furuoya
Miki Ikeda
Shinichi Ikuta
Fuyumi Kashimoto
Junko Tanaka
All Japan Art Materials Association
Japan Journalist College
The Society of Publishing Arts

〈著者略歴〉

板谷成雄（いたやしげお）

1955年東京生まれ。中央大学法学部卒，放送大学教養学部卒。出版社勤務を経て，1989年よりフリーランスの装丁デザイナー，編集者。活字〜手動・電算写植の組版・レイアウトを経験し黎明期よりDTPに取り組む。デザイン，編集を手掛けた本多数。画材業界団体の機関広報誌（月刊）の執筆・編集・デザインを32年余・約320号にわたり一人で担当。大学，専門学校，各種団体で編集，エディトリアルデザインなどの専門教育や研修にも携わる。著書に『［実践］レイアウトデザイン』（共著，オーム社），『標準DTPデザイン講座　基礎編』『標準DTPデザイン講座　InDesign CS』（いずれも共著，翔泳社），『グラフィックデザイン必携』『デザインを学ぶ』（いずれも共著，エムディエヌコーポレーション），『印刷メディアディレクション』『DTP & 印刷スーパーしくみ事典』（年度版）（いずれも共著，ボーンデジタル），『ようこそ世界の特急』（あかね書房）など。

本文レイアウト・DTP・装丁　板谷成雄

エディトリアル技術教本
［改訂新版］

2024年11月30日　第1版第1刷発行

著　者　板谷成雄
発行者　村上和夫
発行所　株式会社 オーム社
郵便番号　101-8460
東京都千代田区神田錦町3-1
電話　03(3233)0641(代表)
URL　https://www.ohmsha.co.jp/

印刷　壮光舎印刷　　製本　牧製本印刷
ISBN978-4-274-23267-1　Printed in Japan